21世纪普通高等院校系列教材

数据库原理及MySQL应用教程

（第二版）

主　编　　饶　静

副主编　　王　波　秦礼章　彭芳策　张新艳

西南财经大学出版社

中国·成都

图书在版编目(CIP)数据

数据库原理及 MySQL 应用教程/饶静主编. —2 版.—成都:西南财经大学出版社,2021.8

ISBN 978-7-5504-4982-4

Ⅰ.①数… Ⅱ.①饶… Ⅲ.①关系数据库系统—教材②SQL 语言—程序设计—教材 Ⅳ.①TP311.132.3

中国版本图书馆 CIP 数据核字(2021)第 143420 号

数据库原理及 MySQL 应用教程(第二版)

SHUJUKU YUANLI JI MySQL YINGYONG JIAOCHENG

主编 饶静

策划编辑:邓克虎
责任编辑:邓克虎
封面设计:杨红鹰 张姗姗
责任印制:朱曼丽

出版发行	西南财经大学出版社(四川省成都市光华村街 55 号)
网 址	http://cbs.swufe.edu.cn
电子邮件	bookcj@swufe.edu.cn
邮政编码	610074
电 话	028-87353785
照 排	四川胜翔数码印务设计有限公司
印 刷	郫县犀浦印刷厂
成品尺寸	185mm×260mm
印 张	21.75
字 数	504 千字
版 次	2021 年 8 月第 2 版
印 次	2021 年 8 月第 1 次印刷
印 数	1—2000 册
书 号	ISBN 978-7-5504-4982-4
定 价	48.00 元

第二版前言

在计算机应用中，数据存储和数据处理是计算机最基本的功能，随着软硬件的发展和数据信息处理量的大幅增加，计算机存储和处理数据的方式也发生着巨大的改变，20 世纪 60 年代末，能够科学高效管理数据的数据库技术应运而生。经过 50 余年的迅速发展，数据库技术已经建立起一套较完整的理论体系，生产了一大批商用软件产品，其应用已经深入到国民经济和社会生活的各个方面。数据库课程也成为很多高校计算机类专业的核心课程。本教材主要结合地方本科院校应用型人才培养的特点，以实用为先导，整体设计上"重基础，强实践，突出应用"，在讲清数据库基础知识和基本原理的同时，结合具体案例以 MySQL 数据库管理系统为实施工具介绍数据库的基本操作技巧，以方便学生在实践中更好地掌握所学知识并能加以灵活运用。

本次对教材进行再版主要基于以下几个原因：

一是将实践平台从 MySQL 5.7.17 版本升级到 MySQL8.0.2 版本，这是本次再版的主要原因。

二是在教材使用过程中，发现一些例题和实验项目需要进行适当调整和修改，以更好地切合实际应用，有效提升学生分析问题和解决问题的能力。

三是教材中有少数漏字、错字和个别数据流图需要修正的情况。

本教材是我们数据库课程组老师多年教学和实践工作的总结，此次修订也是各位在繁忙的日常工作之余加班完成的，在此向他们表示感谢。同时，感谢西南财经大学出版社在教材修订过程中的大力支持和帮助。最后真诚的希望读者和同行们对这本教材提出宝贵的建议和意见，督促我们不断加以改进和完善，以便更好地为教学服务。

饶静

2021 年 4 月

第一版前言

　　数据库技术是计算机领域中的一项极为重要的基础技术，也是信息化时代发展最快、应用最广泛的计算机技术之一。当前所有与信息化建设相关的领域均离不开数据库技术的支撑。"数据库原理及应用"是计算机科学与技术、软件工程等计算机类专业的一门专业基础骨干课程，该课程既有系统的理论知识，又有较强的实操内容。编者根据多年的教学体会，发现一些学生在学完课程后，仍然难以胜任数据库设计、开发、维护和管理的基本工作，所学的数据库知识不能较好地加以应用。出现这些现象的原因可能是多方面的，但学生培养类型与教材的搭配问题应该是主要原因之一。作为地方应用型本科院校，人才培养的目标不是造就研究型的知识精英，而是打造实践能力强的应用型人才。因此，编者充分考虑地方本科院校学生自身特点和发展方向，在课程整体设计上"重基础，强实践，突出应用"，并选用 MySQL 这种开源的、使用方便、应用广泛的数据库管理系统来进行讲解，在讲清楚数据库基础知识和基本原理的同时，以 MySQL 为实施工具介绍数据库的基本操作技巧。本书用具体案例来解读理论知识，以开发学生的实践性思维能力和知识概括应用能力。

　　本书内容可分为三大部分，即数据库基本原理（第 1 章、第 2 章、第 8 章）、MySQL 基本操作（第 3~7 章）和综合应用（第 9 章）。

　　第 1 章介绍了数据库技术的基本概念、数据库管理技术的发展、数据模型、数据库系统结构和数据库系统的组成。

　　第 2 章介绍了关系数据模型的基本概念、关系的完整性规则和关系代数。

　　第 3 章介绍了 MySQL 数据库管理系统在数据管理方面的技术和操作，包括数据定义、数据更新、数据查询、索引和视图的创建及使用。

　　第 4 章结合 MySQL 数据库管理系统介绍了数据安全性方面的技术和保障，包括用户权限管理、日志的使用、数据库备份与恢复。

　　第 5 章介绍了 MySQL 编程知识，包括 select 输出表达式、常量与变量、流程控制语句、存储过程、自定义函数和内部函数等。

　　第 6 章介绍了 MySQL 数据库管理系统中触发器和事件的概念、创建和使用。

　　第 7 章介绍了 MySQL 事务与并发控制技术。

　　第 8 章介绍了基于数据依赖的关系数据库规范化理论。

　　第 9 章介绍了数据库设计的步骤并结合"图书馆管理系统"实例进行讲解。

本书具有由浅入深、简明易懂、结构清晰、条理清楚、重点突出、技术性和实践性强的特点，同时又兼顾应有的理论基础知识，理论与实践有机融合，再配以大量经过精心筛选的实例、习题和实验，不仅方便老师教学，也便于学生自学。相信通过本书的学习，地方本科院校计算机类专业学生能在正确理解数据库原理的基础上，熟练掌握 MySQL 数据库管理系统的应用技术，提升数据库应用系统的设计和开发能力。

本书由饶静、王波、秦礼章、彭芳策和张新艳编写，第 1 章由张新艳执笔，第 2 章、第 8 章由饶静执笔，第 3 章、第 4 章由王波执笔，第 5 章、第 6 章、第 7 章由秦礼章执笔，第 9 章由彭芳策执笔。饶静撰写本书的编写大纲，并对全书初稿进行修改、补充和审定。

需要说明的是，在第 3~7 章中为了举例方便，在图书管理数据库的图书信息表（book_info）中索书号（CallNo）这一属性没有按照图书馆的约定进行取值，但在第 9 章图书管理系统实例中该属性值是严格按规定编码的。另外，第 9 章中所用实例的完整代码，如读者有需要可与编者联系，联系 QQ 号是 992579157。

在本书的编写过程中，得到兴义民族师范学院信息技术学院师生的支持，特别是岳丹丹老师、王远敏老师对本书的编写提出了宝贵的意见，张南彬同学和邹健心同学参与了图书管理系统的设计，在此向他们表示感谢。同时，感谢西南财经大学出版社的领导和编辑，为本书的编写和出版提供了很大的帮助。

饶静

2020 年 4 月

目　录

1　数据库系统概述 （ 1 ）
1.1　数据库技术的基本概念 （ 1 ）
1.2　数据库管理技术的发展 （ 6 ）
1.3　数据模型 （ 10 ）
1.4　数据库系统结构 （ 21 ）
1.5　数据库系统的组成 （ 25 ）
1.6　小结 （ 26 ）
习题 （ 28 ）

2　关系模型与关系代数 （ 31 ）
2.1　关系数据结构的形式化定义 （ 32 ）
2.2　关系的完整性 （ 37 ）
2.3　关系代数 （ 41 ）
2.4　小结 （ 54 ）
习题 （ 55 ）

3　MySQL 数据操作管理 （ 61 ）
3.1　MySQL 简介及安装 （ 62 ）
3.2　图书借阅数据库 （ 78 ）
3.3　数据的定义 （ 81 ）
3.4　数据库完整性 （ 93 ）
3.5　数据的更新操作 （100）
3.6　数据的查询 （107）
3.7　索引 （129）
3.8　视图 （138）
3.9　小结 （147）
习题 （147）

4　数据库的安全性 （156）
4.1　数据库安全性概述 （156）
4.2　存取控制机制 （157）
4.3　用户与权限管理 （158）

4.4　日志功能 ....（168）

4.5　数据库的备份与恢复 ....（173）

4.6　小结 ....（176）

习题 ....（176）

5　MySQL 编程 ....（179）

5.1　MySQL 编程基础知识 ....（179）

5.2　MySQL 内部函数 ....（204）

5.3　存储过程 ....（212）

5.4　自定义函数 ....（219）

5.5　小结 ....（221）

习题 ....（222）

6　MySQL 触发器与事件 ....（225）

6.1　MySQL 触发器 ....（225）

6.2　事件 ....（233）

6.3　小结 ....（238）

习题 ....（238）

7　MySQL 事务与多用户并发控制 ....（242）

7.1　事务 ....（242）

7.2　并发控制 ....（249）

7.3　小结 ....（259）

习题 ....（259）

8　关系数据库规范化理论 ....（262）

8.1　问题引入 ....（263）

8.2　函数依赖和多值依赖 ....（267）

8.3　关系模式的规范化 ....（272）

8.4　关系模式的分解 ....（281）

8.5　数据库模式求精 ....（286）

8.6　小结 ....（288）

习题 ....（289）

9　数据库设计及案例讲解 ....（291）

9.1　图书管理系统的整体开发设计分析 ....（292）

9.2　数据库设计 ....（295）

9.3　图书管理系统的实现 ....（321）

9.4　小结 ....（337）

习题 ....（338）

参考文献 ....（340）

1 数据库系统概述

【学习目的及要求】

本章介绍数据库系统的一些基本概念。通过学习，要达到下列目的：

● 理解数据库系统的基本概念。

● 了解数据处理技术各个发展阶段的不同特点。

● 掌握数据模型的基本概念；理解什么是概念模型及概念模型的表示方法；重点掌握关系模型、E-R 模型；掌握数据库系统的模式结构，熟悉数据库系统的独立性。

● 了解数据库系统的组成。

【本章导读】

随着互联网的发展和社会信息量的不断增长，数据库技术得到了迅速的发展，数据库技术已经成为每个人生活中不可缺少的部分，在各个领域发挥着它的强大功能。数据库课程不仅是计算机类专业、信息管理专业的重要课程，也是许多非计算机专业的选修课程。

本章是后续章节的准备和基础，主要介绍数据库技术的产生、数据库系统的基本概念、数据库管理技术的发展过程和数据库系统的组成等。读者通过学习可以了解数据库技术的重要性及为什么要使用数据库进行数据管理。

本章 1.1 节介绍了与数据库技术相关的 5 个基本概念，分别是信息、数据、数据库、数据库管理系统和数据库系统；1.2 节介绍了数据库管理技术的发展过程；1.3 节对数据模型的组成要素和分类进行介绍，并重点讲解了概念数据模型及其表示方法和三类逻辑数据模型（层次模型、网状模型和关系模型）；1.4 节介绍了数据库系统的内部系统结构和外部体系结构；1.5 节介绍了数据库系统的组成；1.6 节是本章小结。

1.1 数据库技术的基本概念

1.1.1 数据库技术的产生

数据库技术是信息系统的一个核心技术，是一种计算机辅助管理数据的方法，是计算机科学的重要分支。它是研究数据库的结构、存储、设计、管理以及应用的基本理论和实现方法，并利用这些理论和方法来对数据库中的数据进行处理、分析和理解的技术。数据库技术是研究如何科学地组织和存储数据，如何高效地获取和处理数据的一门软件科学。在当今信息高速发展的时代，数据库技术被广泛应用于各个行业和领域。

数据库好比人的大脑记忆系统，保存了大量的数据信息，随着计算机技术和信息化建设的发展，它已成为人们生活中必不可少的一部分，无论是我们网上购物、网上订票、网上挂号，甚至玩游戏，都在和数据库打交道。数据库技术作为信息系统的核心和基础，它的出现极大地促进了计算机应用向各行各业的渗透。如何更好地管理和使用数据库成为企业和政府格外关注的话题。数据库的建设规模、数据库信息量的大小和使用频率已成为衡量一个国家信息化程度的重要标志。

数据库技术产生于 20 世纪 60 年代末，是数据管理的最新技术。1964 年，美国通用电气公司的查尔斯·贝克曼（Charles Bachman）成功开发了第一个网状数据库管理系统（integrated data store，IDS），从而奠定了网状数据库的基础。

20 世纪 60 年代末 IBM 公司推出了第一个商业化的层次数据库管理系统（information management system，IMS），标志着数据管理技术进入了数据库系统阶段。

1970 年，美国 IBM 公司的库德（E. F. Codd）博士发表了名为《大型共享系统的关系数据库的关系模型》的论文，首次提出了关系数据库模型，开创了数据库关系方法和关系理论的研究，为关系数据库技术奠定了理论基础。

20 世纪 80 年代以来，几乎所有新开发的数据库系统均是关系数据库，这也使数据库技术广泛地应用于企业管理、情报检索、辅助决策等方面，成为实现和优化信息系统的基本技术。

当今数据库系统是一个大家族，数据模型丰富多样，新技术层出不穷，应用领域也日益广泛。数据库技术与其他相关技术的结合产生了许多新的数据库类型，如图 1.1 所示。

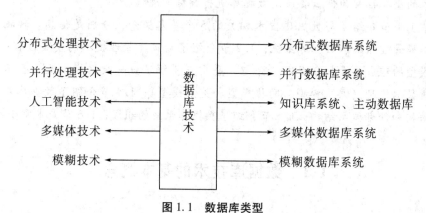

图 1.1　数据库类型

1.1.2　与数据库技术密切相关的几个基本概念

1.1.2.1　信息

信息是现实世界事物存在方式或运动状态的反映。例如，我们上课用的黑板是黑色的，形状是矩形，尺寸是长 3 米、高 1.2 米，材料是木材，这些都是关于黑板的信息，是黑板存在状态的反映。

信息有以下重要的特征：

①信息来源于物质和能量。

②信息是可以感知的。

③信息是可以存储的。

④信息是可以加工、传递和再生的。

这些特点，构成了信息最重要的自然属性。信息已成为各行各业不可缺少的重要资源之一。

1.1.2.2　数据

数据（data）是描述事物的符号记录，是指用物理符号记录下来的、可以鉴别的信息。数据有多种表现形式，可以是包括数字、字母、文字、特殊字符组成的文本数据，也可以是图形、图像、动画、影像、声音、语言等多媒体数据。例如，日常生活和工作中使用的客户档案记录、商品销售记录、学生的学籍记录等都是数据。各种形式的数据经过数字化处理后可存入计算机，便于进一步加工、处理、使用。

在现实世界中，人们可直接用中文、英文等自然语言描述客观事物、交流信息，但是这种信息表达方式过于繁琐，不便于形式化，也不利于使用计算机来表达。因此，为了能在计算机中有效地存储和处理客观事物，人们通常只抽取那些感兴趣的事物特征或属性来描述事物。例如，在客户档案中，人们关注客户的姓名、性别、年龄、籍贯、所在城市、联系电话等特征，那么由这些具体的特征值所构成的一组数据，就构成一条记录。

例如：（李明，男，30，北京，广东，133×××××××），表示客户李明的信息。

需要注意的是，仅有数据记录往往不能完全表达其内容的含义，有些数据记录还需要经过解释才能明确其表达的含义。例如，对于上面的客户记录，了解其含义的人会得到这样的信息：李明是男性，今年30岁，北京人，目前居住在广东，他的联系电话是133×××××××；而不了解数据含义的人，则难以直接从北京、广东两个地名理解其所表达的意思。由此可见，数据以及关于该数据的解释是密切相关的。数据的解释是对数据含义的说明，也称为数据的语义，即数据所蕴含的信息。数据与其语义密不可分，没有语义的数据是没有意义的、不完整的。

因此，数据是信息存在的一种形式，只有通过解释或处理的数据才能成为有用的信息。

信息和数据之间的联系：

①数据表示了信息，数据是信息的一种特定符号的表示形式。

②数据是信息的载体，而信息只有通过数据的形式表示出来才能被人们理解和接受。尽管两者在概念上不尽相同，但通常人们并不严格去区分它们。

1.1.2.3　数据库

数据库（database，DB）通俗地被称为存储数据的仓库，只是这个仓库是存储在计算机存储设备上的，并且其所存储的数据是按一定的格式进行存储的。若从严格意义上讲，数据库是指长期储存在计算机中的有组织的、可共享的数据集合，且数据库中的数据按一定的数据模型组织、描述和存储，具有较小的冗余度、较高的数据独立性，系统易于扩展，并可以被多个用户共享。数据是数据库中存储的基本对象。

以前，人们在收集并抽取一个应用所需的数据之后，往往是将这些数据以文件的形式存放在文件柜里，以供下一步加工和处理，而此方式随着数据量的剧增、应用需求的扩展，显现出许多弊端。如今，人们可以借助飞速发展的计算机和数据库技术科学地存储和管理大量复杂的数据，方便、快捷、高效地利用数据资源。例如，把客户的档案、客户订购的商品信息、商品库存等数据有序地组织并存储在计算机内，构造客户订单的数据库，能够为企业的经营活动提供高效、准确的业务数据支持。

数据库具有如下特点：

①按一定的数据模型组织、描述和存储。

②能够为各类用户共享。

③具有最小的冗余度。

④具有较高的数据独立性。

⑤具有较强的扩展性。

1.1.2.4　数据库管理系统

数据库管理系统（database management system，DBMS）是专门用于建立和管理数据库的一套软件，介于应用程序和操作系统之间。它负责科学有效地组织和存储数据，并帮助数据库的使用者从大量的数据中快速地获取所需数据，以及提供必要的安全性和完整性等统一控制机制，实现对数据的有效管理与维护。

与操作系统一样，数据库管理系统也是计算机的基础软件，即一类系统软件，其主要功能包括如下几个方面：

（1）数据定义功能。

用户可通过数据库管理系统提供的数据定义语言（data definition language，DDL）定义数据库中的数据对象，包括表、视图、存储过程、触发器等。例如：创建数据库、修改数据库、删除数据库、创建表、修改表、删除表等。

（2）数据操纵功能。

用户可通过数据库管理系统提供的数据操作语言（data manipulation language，DML）操作数据库中的数据，实现对数据库的基本操作。基本的数据操作有四种：插入、修改、删除和查询，也简称为：增、改、删、查。

（3）数据库的运行管理功能。

数据库中的数据是可供多个用户同时使用的共享数据，为保证数据的安全性、可靠性，数据库管理系统提供了统一的控制和管理机制，使数据在不被相互干扰的情况下能够并发使用，并且在发生故障时能够对数据库进行完整的恢复。

（4）数据库的建立和维护功能。

数据库的建立和维护功能主要包括创建数据库及对数据库空间的维护、数据库的备份与恢复功能、数据库的重组织功能和性能监视、分析等。这些功能一般是通过数据库管理系统中提供的一些实用工具来实现的。

（5）数据组织、存储和管理功能。

为提高数据的存储效率，数据库管理系统需要对数据进行分类存储和管理。一般的数据库管理系统都会根据具体组织和存储方式提供多种数据存储方法，例如索引查找、顺序查找等。

（6）其他功能。

其他功能主要包括与其他软件的网络通信功能、不同数据库管理系统之间的数据传输以及相互访问功能等。例如，数据库管理员可通过相应的软件工具对数据库进行管理，编程人员可通过程序开发工具与数据库接口编写数据库应用程序等。

数据库管理系统的本质：它是一个专门用于存储数据和管理数据的软件系统。

DBMS 是数据库系统的核心组成部分，如图 1.2 所示。

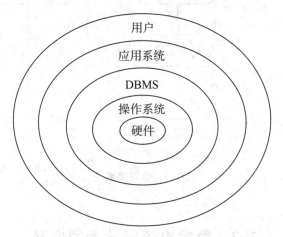

图 1.2　引入数据库后计算机系统层次示意图

1.1.2.5　数据库系统

数据库系统（database system，DBS）是指在计算机中引入数据库技术之后的系统。通常，一个完整的数据库系统包括数据库、数据库管理系统及相关实用工具、应用程序、数据库管理员和用户，如图 1.3 所示。

其中，数据库管理员（database administrator，DBA）不同于普通数据库用户，他们是专门负责对数据库进行维护，并保证数据库正常、高效运行的人员；用户则是数据库系统的服务对象，其通常包括程序员和数据库终端用户两类，程序员通过高级程序设计语言（如 PHP、Java 等）和数据库语言（如 SQL）编写数据库应用程序，应用程序会根据需要向数据库管理系统发出适当的请求，再由数据库管理系统对数据库执行相应的操作，而终端用户则是从客户机或联机终端上以交互方式向数据库系统提出各种操作请求，并由数据库管理系统响应执行，而后访问数据库中的数据。

此外，一般在不引起混淆的情况下，我们常常将数据库系统简称为数据库。

概括地讲，数据库系统是实现有组织地、动态地存储大量关联数据，方便用户访问的由计算机软件、硬件、数据和人员组成的系统。

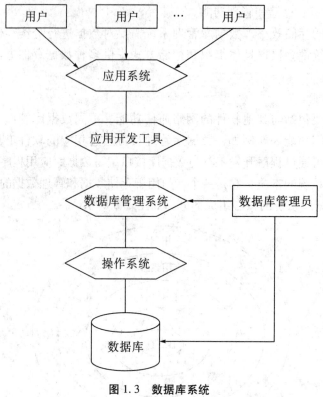

图 1.3　数据库系统

1.2　数据库管理技术的发展

随着计算机技术的发展及应用，数据库管理技术共经历了人工管理、文件系统和数据库系统三个阶段。

1.2.1　人工管理阶段

20 世纪 50 年代中期以前，计算机主要用于科学计算，其所涉及的数据处理工作基本上都是依靠手工方式来进行的。当时，在硬件方面，直接存取数据的存储设备还未出现，数据只能存放在纸带或者卡片上；在软件方面，数据处理只能通过汇编语言来实现，没有操作系统，更没有专门管理数据的软件，数据处理是通过批处理的方式来实现的，并且在程序运行结束后数据一般不会保存。

人工管理阶段具有如下特点：

（1）数据不保存。

由于当时计算机主要用于科学计算，侧重于提高计算的速度和精度，相对而言数据量较少，一般不需要将数据长期保存。此外，限于内存和外存的空间和速度，其数据也不便于长期保存。

（2）人工管理数据。

由于当时没有相应的软件系统负责数据的管理工作，应用程序中涉及的数据需要由程序员自己管理。

（3）数据不共享。

数据共享是指多个用户、多种语言、多个应用程序可以使用一些共同的数据集合。在人工管理阶段，数据是面向应用程序的。如图1.4所示，一组数据只能对应一个程序。当多个应用程序涉及某些相同的数据时，数据必须各自定义，无法互相利用、互相参照，因此程序与程序之间存在着大量的冗余数据。

（4）数据与程序不具有独立性。

数据依赖于程序，程序员不仅要规定数据的逻辑结构，还要设计数据在存储器中的存储结构、存储方法等。如果数据在存储结构和方法上改变了，程序员就必须修改程序。

在人工管理阶段，由于只有程序的概念，没有文件的概念，数据是在程序中定义的，因此一组数据只能对应一个程序。

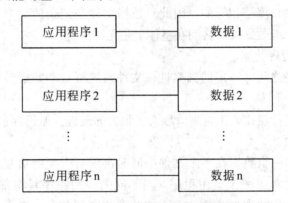

图1.4 人工管理阶段应用程序与数据之间的对应关系

1.2.2 文件系统阶段

20世纪50年代后期至60年代中期，计算机软、硬件技术发展到了一定阶段。其中，计算机在硬件方面配备了磁盘、磁鼓等直接存取存储设备；在软件方面，特别是在操作系统中配备了专门的数据管理软件，即文件系统，如图1.5所示。

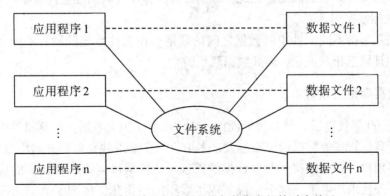

图1.5 文件系统阶段应用程序与数据之间的对应关系

这一阶段实现了数据的长期保存，数据以文件的形式保存在外部存储器上，供程序查询、修改、删除等操作。程序与数据也有了一定的独立性，程序员可以更加专注于算法，减少了维护程序的工作量。但这一阶段，数据共享率也很低，文件是面向应用程序的，必须建立各自的文件，即系统中一个文件只能为一个应用程序服务，即使有重复的数据也不能共享，数据冗余度高。

文件系统阶段具有如下特点：

（1）数据可以长期保存。

由于计算机常用于数据处理，数据需要长期保存以便反复使用。把一批数据以一个文件的形式保存在磁盘等存储设备上，为数据的长期保存和反复使用（查询、修改、插入和删除等）提供了保障。

（2）文件的结构化。

数据文件的存取基本上以记录为单位组织，而记录则是由一些字段按特定的结构组成的，每个记录的长度是相等的。因此，数据文件是记录的集合，文件系统实现了记录内部的结构性，但数据文件之间在整体上是无结构的。

（3）文件系统管理数据。

数据文件和程序之间有一定的独立性，文件系统可自动完成数据文件和程序之间的存取操作。

文件系统的上述特点比人工管理阶段有了很大的改进，但仍存在如下缺点：

（1）数据冗余度大。

数据冗余是指同一组数据在多个文件中同时出现所引起的重复现象。在文件系统中，一个文件基本上对应一个应用程序。当不同的应用程序具有部分相同的数据时，程序员也必须建立各自的数据文件，而不能共享相同的数据。例如，人事文件包含了企业所有雇员的信息，而销售文件则包含了销售人员的雇员信息。

（2）数据独立性较差。

由于文件的逻辑结构是在应用程序中定义的，文件系统中的文件是为某一特定应用程序服务的，一旦数据的逻辑结构发生改变，程序员必须修改应用程序中关于文件结构的定义。反过来，应用程序的改变，例如应用程序改用不同的高级语言编写等，也将引起数据文件结构的改变。因此，数据文件与程序之间的独立性较差。

（3）数据联系弱。

数据联系是指不同文件中的数据之间的联系。在文件系统阶段，不同文件中的数据相互独立且缺乏相互关联，因此数据联系弱。

1.2.3 数据库系统阶段

20 世纪 60 年代以后，计算机的硬件、软件都有了很大发展，计算机性能也越来越好，需要计算机管理的数据量越来越大，多用户、多应用共享数据的需求也越来越强。为了满足多用户、多应用程序共享数据的需求，让数据可以为尽可能多的应用程序服务，数据管理技术产生了。这个阶段实现了数据的结构化，体现了数据之间的逻辑联系。数据由数据库管理系统统一管理；数据冗余少，共享性高；数据的独立性强，应用程序与数据库相互独立；数据的完整性和安全性也有了很大的提高。

数据库系统阶段应用程序与数据之间的对应关系如图 1.6 所示。

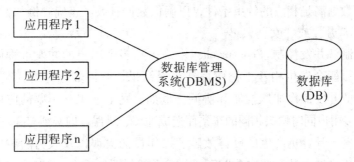

图 1.6　数据库系统阶段应用程序与数据之间的对应关系

从文件系统发展到数据库系统标志着数据管理技术的飞跃。概括起来，与人工管理、文件系统两种数据管理方法相比较，数据库系统具有如下特点：

（1）数据的结构化。

数据库系统采用数据模型表示结构化数据。

数据结构化是数据库系统与文件系统的根本区别，数据库系统中的数据是整体结构化的，以一定的逻辑结构存放，这是由数据库系统的数据模型决定的。而文件系统阶段只有数据文件内部的结构化，没有体现出全体数据文件之间整体上的结构化。

（2）数据独立性高。

数据和程序彼此独立。数据库系统把数据从程序中分离出来，当数据发生变化时，不需要修改应用程序。

例如：在数据库中有一个存储学生成绩的记录（学号、课程名、成绩），若将其修改为（学号、课程名、成绩、使用教材），则原先关于成绩记录（学号、课程名、成绩）的有关应用程序不需要做任何修改仍可使用。

（3）数据共享性高、冗余度小。

从数据库系统角度来看，数据不再面向某个应用程序，而是面向整个系统，因而数据可以被多个用户、多个应用共享，冗余度大大减小，这样不仅节省了存储空间，减少了存取时间，而且还可以避免数据的不一致性和不相容性。例如，在学生学籍管理应用、学校图书管理应用、校园卡管理应用中，每一个应用都拥有一个包含学生信息的文件。而对于数据库存储，这些独立而有冗余的数据文件被集成为单一的逻辑结构，并且每一个数据项的值可以理想地只存储一次，从而节约存储空间，避免数据的重复存储。

（4）数据库管理系统的集中管理。

数据库管理系统具有对数据的统一管理和控制功能，主要包括数据的安全性、完整性、并发控制与故障恢复等，即数据库保护。

①数据的安全性。数据的安全性（security）是指保护数据，以防止不合法的使用而造成数据泄密和破坏，使每个用户只能按规定对某些数据以某种方式进行使用和处理，即保证只有赋予权限的用户才能访问数据库中的数据，防止对数据的非法使用。

②数据的完整性。数据的完整性（integrity）是对数据的正确性、有效性和相容性的要求，即控制数据在一定的范围内有效或要求数据之间满足一定的关系，保证输入到数据库中的数据满足相应的约束条件，以确保数据有效、正确。例如，确保"性别"的取值只能是"男"或"女"。

③并发控制。并发控制（concurrency）是指当多个用户的并发进程同时存取、修改数据库时，可能会发生相互干扰而得到错误结果，并使数据库的完整性遭到破坏，因而对多用户的并发操作加以控制和协调。例如，网上购买火车票的应用系统必须能确保不会由于多用户同时购买相同的车票而造成冲突、错误，即必须有并发控制的能力。

④故障恢复。计算机产生的硬件故障、操作员的失误以及人为的破坏都会影响数据库中数据的正确性，甚至造成数据库部分或全部数据的丢失，DBMS 必须具有将数据库从错误状态恢复到某一已知的正确状态（亦称为完整状态或一致状态）的功能，这就是数据库的故障恢复（recovery）。

从数据库管理技术的发展来看，数据库系统阶段是对前两个阶段的一种完善和补充，其在性能上有了很大的提高。表 1.1 为数据管理三个阶段的比较。

表 1.1　数据管理三个阶段的比较

比　　较	人工管理阶段	文件系统阶段	数据库系统阶段
应用范围	科学计算	科学计算、信息管理	数据处理
硬件	无直接存取存储设备	磁盘、磁鼓	大容量磁盘
软件	没有操作系统	有文件系统	有数据库管理系统
数据的管理者	人	文件系统	数据库管理系统
数据面向的对象	某一个应用程序	某一个应用程序	整个应用系统
数据的共享程度	无共享，冗余度极大	共享性差，冗余度大	共享性高，冗余度小
数据的独立性	不独立，完全依赖于程序	独立性差	独立性高
数据的结构化	无结构	记录内有结构，整体无结构	整体结构化，用数据模型描述
数据控制能力	应用程序自己控制	应用程序自己控制	由数据库管理系统控制

1.3　数据模型

模型（model）是现实世界特征的模拟和抽象表达，其有助于人们更好地认识和理解客观世界中的事物、对象、过程等感兴趣的内容，例如汽车车模、飞机航模、建筑图纸、军事沙盘等。同样，为能表示和处理现实世界中的数据和信息，我们常使用数据模型（data model）这个工具。因此，数据模型也是一种模型，它是现实世界数据特征的抽象表达，它将事物的主要特征抽象地用一种形式化的方式描述表示出来。

1.3.1 数据模型组成要素

一般而言，数据具有静态和动态两种特征。其中，数据的静态特征包括数据的基本结构、数据间的联系以及对数据取值范围的约束；数据的动态特征是指对数据可以进行符合一定规则的操作。相应地，对现实世界数据特征进行抽象的数据模型，需要描述数据的静态特征与动态行为，并为数据的表示和操作提供框架。数据模型通常由数据结构、数据操作和数据约束三个要素组成。

1.3.1.1 数据结构

数据结构描述的是系统的静态特性，即数据对象的类型、内容、属性以及数据对象之间的联系。数据结构反映了数据模型最基本的特征，因此，在数据库系统中，人们常常按照其数据结构的类型来命名数据模型。例如，层次结构、网状结构、关系结构的数据模型分别命名为层次模型、网状模型和关系模型，以及近年来得到广泛应用的面向对象模型。

1.3.1.2 数据操作

数据操作描述的是系统的动态特性，是对数据库中各种数据操作的集合，包括操作及相应的操作规则。数据操作主要分为更新和检索两大类，其中更新包括插入、删除和修改。数据模型必须定义这些操作的确切含义、操作符号、操作规则（如优先级）以及实现操作的语言。

1.3.1.3 数据约束

数据约束描述数据结构中数据间的语法和语义关联，包括相互制约、依存关系以及数据动态变化规则，以保证数据的正确性、有效性和相容性。数据约束包括数据完整性约束、数据安全性约束以及并发控制约束。数据约束既刻画了数据静态特征，也表示了数据动态行为规则。任一数据模型都应该反映和规定本数据模型必须遵守的、基本的、通用的数据约束，特别是数据完整性约束，它是一组完整性规则的集合，例如，在关系模型中，任何关系必须满足实体完整性和参照完整性这两类约束。此外，数据模型还应该提供定义完整性约束条件的机制，以反映在具体应用数据时必须遵守的语义约束条件。例如，在学生数据库中，学生的年龄不得超过40岁。

1.3.2 数据模型的分类

在现实世界中，人们认识、理解的数据和信息，不能直接被计算机所处理，但可通过数据模型这个建模工具进行抽象表达，表示成计算机能够加工和处理的形式，并存入数据库中进行存储和管理。因而，数据模型应满足三个方面的要求，即：能比较真实地模拟现实世界；容易为人们所理解；便于在计算机上实现。然而，目前一种数据模型要很好地满足这三个方面的要求，仍很困难。

为此，人们通常是针对不同的使用对象和应用目的，采取逐步抽象的方法，在不同的抽象层面使用不同的数据模型，从而实现将现实世界中的具体事物逐步抽象、转换、组织成机器世界（计算机）中某一具体数据库管理系统所支持的数据类型。首先，将现实世界中的客观对象抽象为信息世界中的某一种信息结构，这种信息结构并不依赖于具体的计算机系统，也不与具体的数据库管理系统相关，是一种概念级的模型；其次，再将概念级的模型转换为机器世界中某一具体的数据库管理系统所支持的数据模型。这个过程如图 1.7 所示。

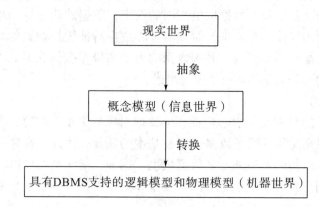

图 1.7　从现实世界到机器世界的过程

由此可见，数据模型是模型化数据和信息的工具，也是数据库系统的核心和基础。事实上，数据库技术的发展正是沿着数据模型的主线推进的。本节主要介绍两大类数据模型，它们分别属于两个不同的层次，第一类是概念层数据模型，第二类是逻辑层数据模型和物理层数据模型。

1.3.3　概念层数据模型

概念层是数据抽象级别的最高层，其目的是按用户的观点来对世界建模。概念层数据模型也称为数据的概念模型（conceptual model）或信息模型，用来描述现实世界的事物，与具体的计算机系统无关，且独立于任何 DBMS，容易向 DBMS 所支持的逻辑数据模型转换。这类模型主要用于数据库的设计阶段，即在设计数据库时，通常用概念模型来抽象、表示现实世界的各种事物及其联系。

1.3.3.1　信息世界中的基本概念

概念模型用于信息世界的建模，是现实世界到信息世界的第一层抽象，是数据库设计人员进行数据库设计的有力工具，也是数据库设计人员之间进行交流的语言，因此概念模型一方面具有较强的语义表达能力，能够方便、直接地表达应用中的各种语义知识；另一方面，它简单清晰、易于用户理解。信息世界涉及的基本概念如下：

（1）实体。

客观存在并能够相互区别的事物称为实体。实体可以是实际的事物，例如学生张、教师李、商品等；也可以是抽象的概念或联系，例如本学期教师李教了哪门课，学生张参加了数学建模竞赛，读者借还书等。

（2）属性。

实体所具有的某种特性称为实体的属性。一个实体可以用多个属性来描述，例如工人具有工号、姓名、性别、出生日期、年龄等属性。

（3）实体型。

具有相同属性的实体必然具有共同的特征和性质。用实体名与属性名集合来抽象和刻画同类实体，称为实体型。例如，工人（工号、姓名、性别、出生日期）就是一个实体型。

（4）实体集。

同类型实体的集合为实体集。例如，所有的工人就是一个实体集。

（5）联系。

在现实世界中，事物内部以及事物之间是有联系的，这些联系在信息世界中反映为实体（型）内部的联系和实体（型）之间的联系。实体内部的联系通常是指实体各属性之间的联系，例如，确定了学号，就一定能知道与之对应的姓名，即学号与姓名这两个属性之间有联系。实体之间的联系是指不同实体型之间的联系，例如，一个班有许多的学生，一个学生只属于一个班级，学生与班级这两个实体之间有联系。实体之间的联系类型共有一对一（1∶1）、一对多（1∶n）和多对多（m∶n）三种。

需要注意的是，在数据模型中有"型"（Type）和"值"（Value）两个不同的概念。"型"指的是对某一类数据的结构和属性的说明，而"值"是型的一个具体赋值。例如，在客户档案中，客户信息定义为（姓名，性别，年龄，籍贯，所在城市，联系电话）这样的记录型，而（李明，男，30，北京，广东，133×××××××）则是该记录型的一个记录值。

1.3.3.2　概念模型的表示方法

最常用的概念模型的表示方法是陈品山（P. Chen）于1976年提出的"实体-联系图（entity-relationship diagram）"，简称E-R模型。该模型是对现实世界的抽象表达，与计算机系统没有关系，是一种易于被用户理解的数据描述方式。用户通过E-R模型图可以了解系统设计者对现实世界的抽象是否符合实际情况。从某种程度上说，E-R模型图也是用户与系统设计者进行交流的工具，E-R模型图已成为概念模型设计的一个重要设计方法。

E-R模型图包含了实体、联系、属性三个成分，其中实体用矩形框表示，在矩形框内写上实体的名称；属性用椭圆框表示，在椭圆框内写上属性名，并用无向边与其对应实体相连；联系用菱形表示，在菱形框内写明联系名，并用无向边分别与有关实体连接起来，同时在无向边标上联系的类型（1∶1，1∶n，m∶n）。

下面先介绍一下两个实体型之间一对一（1∶1）、一对多（1∶n）、多对多（m∶n）三种联系类型，需要注意的是联系属于哪种方式取决于客观实际本身。

一对一联系（1∶1）：实体集E1中的每一个实体在实体集E2中最多只有一个实体与之联系；反之亦然。例如：电影院的座位和观众实体之间的联系，如图1.8所示。

图 1.8 两个实体型之间一对一联系示例

一对多联系（1∶n）：对于实体集 E1 中的每一个实体，实体集 E2 中有多个实体与之对应；反之，对于实体集 E2 中的每一个实体，实体集 E1 中只有一个实体与之对应。

例如：部门和职工两个实体集之间的联系。一个部门有多名职工，而一个职工只能属于一个部门，则实体部门和实体职工之间的联系是一对多的联系，如图 1.9 所示。

多对多联系（m∶n）：表示实体集 E1 中的每一个实体，实体集 E2 都有多个实体与之对应；反之，对于实体集 E2 中的每一个实体，实体集 E1 中也有多个实体与之对应。

例如：工程项目和职工两个实体集之间存在多对多联系，一名职工可以参与多个工程项目，而一个工程项目也可以被多名职工所选择，如图 1.10 所示。

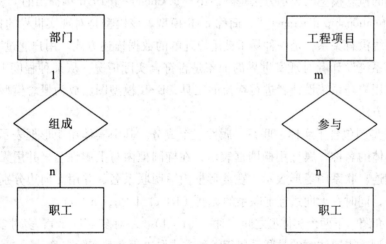

图 1.9 两个实体型之间一对多联系示例   **图 1.10 两个实体型之间多对多联系示例**

一般地，两个以上的实体型之间也存在一对一、一对多、多对多联系。例如，有 3 个实体型：供应商、项目、零件，一个供应商可以供给多个项目、多种零件，而每个项目可以使用多个供应商供应的零件，每种零件可以由不同供应商供给，由此看出供应商、项目、零件三者之间是多对多的联系，如图 1.11 所示。

此外，同一个实体集内的各个实体之间也可以存在一对一、一对多、多对多联系。

例如，职工实体型内部具有领导与被领导的联系，即某一个职工领导若干名其他职工，而每一个职工仅被另外一个职工直接领导，职工实体型就存在着领导这种一对多的内部联系，如图 1.12 所示。

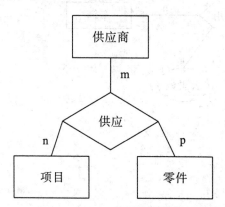

图 1.11　三个实体型之间的联系示例　　　图 1.12　单个实体型内的一对多联系示例

联系实质上也是实体，所以联系也可以具有属性，如学生和课程之间的选修联系就有一个成绩属性，如图 1.13 所示。

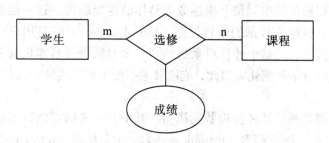

图 1.13　学生与课程的联系示例

下面看一个 E-R 模型图的应用实例。

【例 1-1】用 E-R 模型图表示某个公交车公司车队管理的概念模型。其中实体包括司机、车辆和车队。

司机：司机编号、姓名、电话。

车辆：车牌编号、厂家、出厂日期。

车队：车队号、车队名。

实体之间的联系如下：

一个车队可以聘用多名司机，一名司机只能被聘用在某一个车队，车队和司机之间具有一对多的联系。

一名司机可以使用多个车辆，一个车辆可以供多名司机使用，司机和车辆之间具有多对多的联系。

图 1.14 为公交车公司车队管理 E-R 模型示例图。

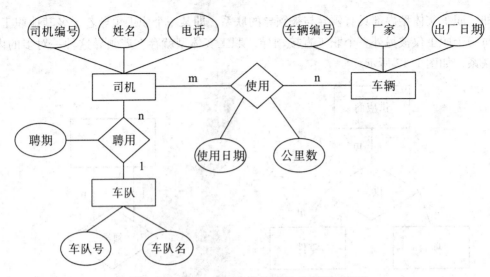

图 1.14 公交车公司车队管理 E-R 模型示例图

1.3.4 逻辑层数据模型

逻辑层是数据抽象的中间层，描述数据整体的逻辑结构。这一层的数据抽象称为逻辑层数据模型，也称为数据的逻辑模型（logical model）。它是用户通过数据库管理系统看到的现实世界，是基于计算机系统的观点来对数据进行建模和表示，是对概念数据模型进一步的分解和细化。因此，它既要考虑便于用户理解，又要考虑便于 DBMS 实现。

任何 DBMS 都是基于某种逻辑数据模型。其中，主要的逻辑数据模型有层次模型（hierarchical model）、网状模型（network model）、关系模型（relationship model）、面向对象模型（object oriented model）等。这里只简要介绍这几类逻辑数据模型的基本概念，而基于关系模型的数据库，即关系型数据库，是本书学习的重点。

1.3.4.1 层次模型

层次模型亦即层次数据模型，是用树状结构来表示实体与实体之间的联系。在树中，每个结点表示一个记录类型，结点间的连线或边表示记录类型间的关系，每个记录类型可包含若干个字段，记录类型描述的是实体，字段描述的是属性。层次模型的特征如下：

（1）模型中有且仅有一个结点没有双亲，该结点就是根结点。

（2）根结点以外的其他结点有且仅有一个双亲结点，这就使得层次数据库系统只能直接处理一对多的实体关系。

（3）任何一个给定的记录值只有按照其路径查看时，才能显示它的全部意义，没有一个子女记录值能够脱离双亲记录值而独立存在。

【例 1-2】如图 1.15 所示，以学校某个系的组织结构为例，说明层次数据模型的结构。

（1）记录类型系是根结点，其属性为系编号和系名。

（2）记录类型教研室和学生分别构成了记录类型系的子结点，教研室的属性有教研室编号和教研室名，学生的属性分别是学号、姓名和成绩。

（3）记录类型教师是教研室这一实体的子结点，其属性有教师编号、教师姓名、教师研究方向。

优点：

（1）层次数据模型的结构简单、清晰、明朗，我们很容易看到各个实体之间的联系。

（2）操作层次数据模型的数据库语句比较简单，只需要几条语句就可以完成数据库的操作。

（3）查询效率较高，在层次数据模型中，结点的有向边表示了结点之间的联系，在 DBMS 中如果有向边借助指针实现，那么依据路径很容易找到待查的记录。

（4）层次数据模型提供了较好的数据完整性支持，正如上所说，如果要删除双亲结点，那么其下的所有子女结点都要同时删除；如图 1.15 所示，如果想要删除教研室，则其下的所有教师都要删除。

缺点：

（1）对数据的插入和删除的操作限制太多。

（2）层次数据模型只能表示实体之间的 1：n 的关系，不能表示 m：n 的复杂关系，因此现实世界中的很多事物之间的联系不能通过该模型方便地表示出来。

（3）查询子女结点必须通过双亲结点，因为层次模型对任一结点的所有子树都规定了先后次序，这一限制隐含了对数据库存取路径的控制。树中父子结点之间只存在一种联系，因此，对树中的任一结点，只有一条自根结点到达它的路径。

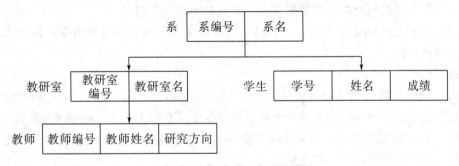

图 1.15　院系人员层次数据模型

1.3.4.2　网状模型

网状模型即网状数据模型，其以网状结构表示实体与实体之间的联系。其实，网状数据模型可以看成是放松对层次数据模型约束性的一种扩展。网状数据模型中所有的结点允许脱离双亲结点而存在，也就是说，在整个模型中允许存在两个或多个没有根结点的结点，同时也允许一个结点存在一个或者多个的双亲结点，网状数据模型中的每个结点表示一个实体，结点之间的有向线段表示实体之间的联系。因此，网状数据模型可以用网状的有向图表示。由于结点之间的对应关系不再是 1：n，而是一种 m：n 的关系，从而克服了层次状数据模型的缺点。网状数据模型的特征如下：

（1）存在一个以上的结点没有双亲结点。

（2）允许一个结点存在多个双亲结点。

【例1-3】同样是以教务管理系统为例，图 1.16 说明了院系的组成中，教师、学生、课程之间的关系。

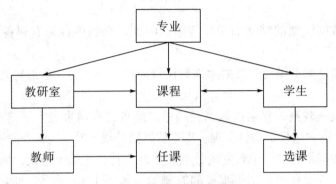

图 1.16　院系的网状数据模型

从图 1.16 中可以看出，课程（实体）的双亲结点有专业、教研室和学生。以课程和学生之间的关系来说，它们是一种 m∶n 的关系，也就是说，一个学生能够选修多门课程，一门课程也可以被多个学生同时选修。

优点：

（1）网状数据模型可以很方便地表示现实世界中很多复杂的关系。

（2）修改网状数据模型时，没有层次数据模型那么多的严格限制，可以删除一个结点的双亲结点而依旧保留该结点；也允许插入一个没有任何双亲结点的结点，这样的插入在层次数据模型中除非是根结点，不然是不被允许的。

（3）实体之间的关系在底层中可以借助指针实现，因此在这种数据库模型中执行操作的效率较高。

缺点：

（1）网状数据模型的结构复杂，不易使用，且随着应用环境的扩大，数据结构越来越复杂，数据的插入、删除涉及的相关数据太多，不利于数据库的维护和重建。

（2）数据独立性差，由于实体间的联系本质上是通过存取路径表示的，因此应用程序在访问数据时要指定存取路径。

1.3.4.3　关系模型

以二维表的形式表示实体及实体之间联系的模型称为关系模型。关系模型是建立在关系代数的基础上的，因而具有坚实的理论基础，与层次模型和网状模型相比，具有数据结构单一、理论基础牢固、易学易用的特点。

关系模型对应的数据库自然就是关系型数据库了，这是目前最流行且应用最多的数据库。支持关系数据模型的数据库管理系统称为关系型数据库管理系统。如 MySQL 就是一种流行的关系数据库管理系统。关系模型的特征如下：

（1）在关系数据模型中，无论是实体还是实体之间的联系都被统一映射成一张二维表。在关系模型中，操作的对象和结果也都是二维表。

（2）一个关系通常对应一张表，例如职工基本信息登记表（见表 1.2）。

表 1.2　职工基本信息登记

职工号	姓名	年龄	性别	部门	入职时间
06001	李小凤	28	女	财务部	2012.01
06002	王大山	25	男	销售部	2013.05
06003	张文兵	33	男	后勤部	2010.06
…	…	…	…	…	…

（3）表中的一行称为一个元组；表中的一列称为一个属性，例如表 1.2 所示的表有 6 列，对应 6 个属性（职工号，姓名，年龄，性别，部门，入职时间）；元组中的一个属性值称为分量。表中的某个属性组可以唯一确定一个元组，该属性组称为码。例如表 1.2 中的职工号可以唯一确定一名职工，也就成为本关系的码。属性的取值范围称为域。例如，职工性别的域是（男，女），职工年龄的域是（18~60 岁）。

（4）关系型数据库可用于表示实体之间的多对多的关系，只是此时要借助第三个关系来实现。如图 1.17 学生选课系统中，学生和课程之间表现出一种多对多的关系，那么我们需要借助第三张表，也就是选课表将二者联系起来。

（5）关系必须是规范化的，关系型数据库要求其每一个分量必须是不可分的数据项，即不允许表中表的存在。

【例 1-4】下面以学生选课系统为例进行说明。学生选课系统的实体包括学生、教师和课程。其联系有学生与课程之间的多对多的关系，教师与课程之间多对多的关系。学生可以同时选修多门课程，一门课程也可以同时被多个学生选修；一位教师可以讲授多门课程，一门课程也可以由多个教师讲授。因此它们之间的联系如图 1.17 所示。

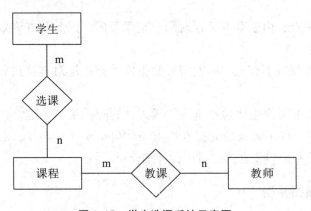

图 1.17　学生选课系统示意图

我们将图 1.17 映射为关系数据模型中的表格，如图 1.18 所示。从图 1.18 中可以看到，学生与课程之间的多对多联系以及教师和课程之间的多对多联系被分别映射成了二维表格。其中选课表中的 stu_id 和 cour_id 分别是引用学生表的 stu_id 和课程表的 cour_id，教课表也与选课表类似。

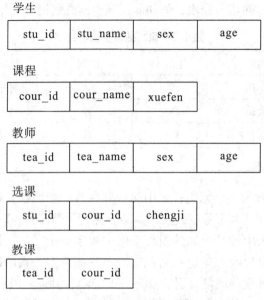

图 1.18 【例 1-4】中对应的表关系

优点：

（1）关系模型是建立在严格的数学概念基础上的，包括逻辑计算、数学计算等。

（2）关系模型的概念单一。无论实体还是实体之间的联系都用关系来表示。对数据库的检索和更新结果也是关系（表）。所以其数据结构简单、清晰，用户易懂易用。

（3）关系模型的存取路径对用户隐蔽，其数据语言的非过程化程度较高，用户只需要指出"干什么"或"找什么"，不必详细说明"怎么干"或"怎么找"，从而大大提高了数据的独立性和安全保密性，也减少了程序员的工作量和数据库开发的工作量。

缺点：

（1）查询效率低，由于存取路径对用户是隐蔽的，因此其查询效率往往不如层次模型和网状模型。

（2）由于其查询效率较低，因此需要数据库管理系统对查询进行优化，增加了开发 DBMS 的难度。

关系模型的数据操作主要包括查询、插入、删除和更新数据。这些操作必须满足关系的完整性约束条件。关系的完整性约束条件包括实体完整性、参照完整性和用户自定义完整性。这些内容将在第二章中做详细介绍。

1.3.5 物理层数据模型

物理层数据模型也称为数据的物理模型（physical model），其描述数据在存储介质上的组织结构，是逻辑模型的物理实现，即每一种逻辑模型在实现时都有与其对应的物理模型。物理模型是数据库最底层的抽象，它确定数据的物理存储结构、数据存取路径，调整、优化数据库的性能。物理模型的设计目标是提高数据库性能和有效利用存储空间。物理层数据模型不但由 DBMS 的设计决定，而且与操作系统、计算机硬件密切相关。物理数据结构一般都不对用户公开，用户不必了解其细节。

概括而言，这三个不同的数据模型之间既相互独立，又相互关联。从现实世界到概念模型的转换是由数据库设计人员完成的；从概念模型到逻辑模型的转换可以由数据库设计人员完成，也可以用数据库设计工具协助设计人员完成；从逻辑模型到物理模型的转换主要是由数据库管理系统完成的。

1.4 数据库系统结构

在一个数据库系统中，各种不同类型的人员（或用户）都需要与数据库打交道。他们从不同的角度、以各自的观点来看待数据库，从而形成了数据库系统不同的视图结构。因此，考察数据库系统的结构可以有多种不同的层次或不同的视角。

若从数据库管理员（DBA）的视角来看，数据库系统可分为内部系统结构和外部体系结构。其中内部系统结构通常采用三级模式结构，而外部体系结构通常表现为集中式结构、分布式结构和并行结构等。

若从数据库应用的用户（如应用程序的编写人员）的角度来看，目前数据库系统通常有客户/服务器结构和浏览器/服务器结构，这也是数据库系统整体的运行与应用结构。

本节主要介绍数据库系统的三级模式结构和运行与应用结构。

1.4.1 数据库系统的三级模式结构

从数据库管理员的角度来审视数据库系统，其内部基本上遵循美国国家标准协会和计算机与信息处理委员会中的标准计划与需求委员会（ANSI/SPARC）的数据库管理系统研究组提出的三级体系结构，即用户级、概念级和物理级。该结构也是目前各个不同数据库管理系统产品所遵循的体系结构准则。也就是说，尽管不同的数据库管理系统产品，可以使用不同的数据库语言、支持不同的数据模型、建立在不同的操作系统之上，但是它们在体系结构上通常具有相同的特征，即采用三级模式结构，并提供二级映像功能。具体而言，数据库系统的三级模式结构是指数据库系统是由模式（schema）、外模式（external schema）和内模式（internal schema）三级构成的，如图1.19所示。

1.4.1.1 模式

在三级模式结构中，模式也称为概念模式或逻辑模式，它是数据库中全体数据的逻辑结构和特征的描述，是所有数据库用户的公共数据视图。如图1.19所示，数据库按照外模式的描述向用户提供数据，按照内模式的描述存储数据，而模式是这两者的中间层，它既不涉及数据的物理存储细节和硬件环境，也与具体的应用程序、所使用的应用开发工具及程序设计语言（如PHP、Java、C）无关，同时一个数据库只有一个模式，且相对稳定。DBMS提供模式描述语言来严格地定义模式。

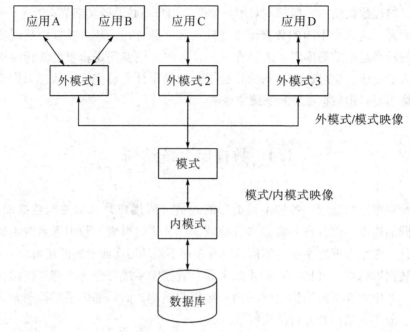

图 1.19 数据库系统的三级模式结构

模式由若干个概念记录类型组成，模式不仅要定义数据的逻辑结构，还要定义数据之间的联系，定义与数据相关的安全性、完整性等要求。

1.4.1.2 外模式

在三级模式结构中，外模式也称为子模式（subschema）或用户模式，它是数据库用户（包括应用程序员和最终用户）能够看见和使用的局部数据的逻辑结构和特征的描述，是与某一应用有关的数据的逻辑表示。外模式实际上是用于满足不同数据库用户需求的数据视图，即用户视图，其通常是模式的子集，也可以是整个模式。如果不同的用户在应用需求、看待数据的方式、对数据保密的要求等方面存在差异，则其外模式描述就不相同，并且模式中同样的数据，在外模式中的结构、类型、长度、保密级别等都可以不同。如 1.19 所示，一个数据库可以有多个不同的外模式，允许它们有一定的重叠，且同一个外模式可以被某一用户的多个应用系统使用，但一个应用程序只能使用一个外模式。

外模式由若干个外部记录类型组成。外部模式最接近用户，是单个用户所能看到的数据特性。外模式是用户与数据库系统的接口，是用户用到的那部分数据的描述，用户使用数据操纵语言（DML）语句对数据库进行操作，实际上是对外模式的外部记录进行操作。

例如，在一个学校的管理信息系统中，教务处子系统用户只能看到教师的授课信息、学生的选课及成绩信息，人事处子系统用户只能看到教师的基本资料信息，学生处子系统用户只能看到学生的基本资料信息，而学校管理信息系统的数据库则存储的是这些信息数据的总集合。

因此，外模式是保证数据库安全的重要措施，每个用户只能看见和访问所对应的外模式中的数据，而数据库的其余数据是不可见的。同时，外模式简化了数据库系统的用户接口，便于用户使用，并有效支持了数据的独立性和共享性。相应地，DBMS 提供子模式描述语言来严格地定义子模式。

1.4.1.3　内模式

在三级模式结构中，内模式也称为存储模式（storage schema），它是数据库中数据物理结构和存储方式的描述，是数据在数据库内部的表示方式，涉及物理数据存储的结构和物理存储数据视图的描述。一个数据库只有一个内模式，数据库的二进制信息最终还是要存储到存储设备上，内模式就是考虑用什么算法、什么存储方式来储存这些数据，储存的数据是否要压缩或者加密。内模式实际上是整个数据库的最底层表示，但它不同于物理层，不是存储设备上的物理记录或物理块，也不涉及任何具体设备限制，是数据库管理员（DBA）所见到的，特定的 DBMS 所处理的数据库的内部结构。内模式定义所有内部记录类型、索引和文件的组织方式，以及数据控制方面的细节。相应地，DBMS 提供内模式描述语言来严格地定义内模式。

1.4.1.4　三级模式结构的二级映像

概括而言，模式（概念级）概括出一个数据库所需的所有数据，并抽象出这些数据间的逻辑结构和各个数据的特征。依此模式，我们才能开始建立数据库。外模式（用户级）是用户能看到的数据库中的各个表，这些表中包含的数据以及数据之间的联系（表的逻辑结构）是跟某个应用或用户具体的需求相关的。内模式（物理级）其实就是描述数据库中的所有数据在物理介质上的存储形式。

构成数据库系统三级模式结构的三个模式彼此间具有如下一些特点：

（1）一个数据库的整体逻辑结构和特征的描述（概念模式，即模式）是独立于数据库其他层次结构（内/外模式）的描述，它是数据库的核心，也是数据库设计的关键。

（2）一个数据库的内部存储模式依赖于概念模式，但存储模式独立于外部模式，也独立于具体的存储设备。

（3）用户逻辑结构（外模式）是在全局逻辑结构描述的基础上定义的，它面向具体的应用程序，独立于内部模式和存储设备。

（4）特定的应用程序是在外模式的逻辑结构上编写的，它依赖于特定的外模式，与数据库的模式和存储结构独立。

为了有效支持数据的三级抽象以及它们之间的联系和转换，DBMS 通过在内部提供三级模式之间的二级映像来实现，即外模式/模式映像与模式/内模式映像。

（1）外模式/模式映像。所谓映像，就是一种对应规则，它指出映像双方是如何进行转换的。外模式/模式映像定义了各个外模式与概念模式之间的对应关系。由于一个数据库模式可以有多个外模式，因此对于每一个外模式，数据库系统都会有一个外模式/模式映像。这些映像定义通常在各自的外模式中加以描述。

数据库系统的模式如若发生改变，例如增加新的关系、新的属性、改变属性的数据类型等，数据库管理员（DBA）通常会对各个外模式/模式映像做出相应的改变，以使那些对用户可见的外模式保持不变，而应用程序是根据外模式编写的，应用程序不必修改，保证了数据与程序的逻辑独立性。

（2）模式/内模式映像。模式/内模式映像定义了数据库全局逻辑结构和物理存储之间的对应关系，这种映像定义通常是在模式中加以描述的。由于数据库中只有一个模式，且只有一个内模式，所以模式/内模式映像是唯一的。数据库系统的物理存储如若发生改变，例如选用另外一种存储结构或更换另外一个存储位置，数据库管理员（DBA）通常也会对模式/内模式映像做出相应的修改，以使数据库系统的模式保持不变，从而也不必去修改应用程序，进而实现了概念模式不受内模式变化的影响，保证了数据与程序的物理独立性。

由此可见，正是二级映像保证了数据库系统中的数据具有较高的逻辑独立性和物理独立性，使得数据的定义和描述可以从应用程序中分离出去，从而简化了数据库应用程序的开发，也减少了维护应用程序的工作量。

内模式、模式、外模式三者之间的关系：

（1）模式是数据库的中心与关键。

（2）内模式依赖于模式，独立于外模式和存储设备。

（3）外模式面向具体的应用，独立于内模式和存储设备。

（4）应用程序依赖于外模式，独立于模式和内模式。

1.4.2 数据库系统的运行与应用结构

从数据库系统应用的用户角度来看，目前数据库系统常见的运行与应用结构有客户/服务器结构、浏览器/服务器结构。

1.4.2.1 客户/服务器结构

在数据库系统中，数据库的使用者（如 DBA、程序编写者）可以使用命令行客户端、图形化界面管理工具、应用程序等来连接数据库管理系统，并可以通过数据库管理系统查询和处理存储在底层数据库中的各种数据。数据库系统的这种工作模式采用的就是客户/服务器结构。其中，数据库的使用者是与命令行客户端、图形化界面管理工具、应用程序等直接交互，而不与数据库管理系统直接联系。因而，在这种结构中，命令行客户端、图形化界面管理工具、应用程序等称为"客户端""前台"或"表示层"，主要完成与数据库使用者的交互任务；而数据库管理系统则称为"服务器""后台"或"数据层"，主要负责数据管理。这种操作数据库的模式称为客户/服务器（client/server，C/S）模式。

1.4.2.2 浏览器/服务器结构

浏览器/服务器结构是一种基于 Web 应用的客户/服务器结构，也称为三层客户/服务器结构。在数据库系统中，它将与数据库管理系统交换的客户端进一步细分为"表示层"和"处理层"。其中，"表示层"是数据库使用者的操作和展示界面，通常由用于上网的各种浏览器构成，由此减轻数据库系统中客户端的工作负担；而"处理层"也称为"中间层"，主要负责处理数据库使用者的具体应用逻辑，它与后台的数据库管理系统共同组成功能更加丰富的"胖服务器"。数据库系统的这种工作模式就称为浏览器/服务器（browser/server，B/S）模式。

1.5　数据库系统的组成

我们在1.1节中简单介绍了数据库系统的组成。数据库系统主要包括数据库、数据库管理系统（及相应的实用工具）、应用程序和数据库管理员等。数据库是数据的汇集，它以一定的组织形式保存在存储介质上；数据库管理系统是管理数据库的系统软件，它可以实现数据库系统的各种功能；应用程序专指以数据库数据为基础的程序，数据库管理员负责整个数据库系统的正常运行。

下面从数据库系统的硬件、软件及人员角度介绍其组成要素。

1.5.1　硬件

由于数据库中的数据量一般都比较大，且由于DBMS丰富的功能从而使数据库自身的规模也很大，因此整个数据库系统对硬件资源的要求很高。硬件系统必须要有足够大的内存存放操作系统、数据库管理系统、数据缓冲区和应用程序，要有足够大的磁盘或磁盘阵列存放数据库，要有足够大的外存设备存放备份数据。此外，硬件系统要有较强的通道能力，以提高数据的传送率。

1.5.2　软件

数据库系统的软件主要包括以下几部分：

（1）数据库管理系统。它是整个数据库系统的核心，是建立、使用和维护数据库的系统软件。

（2）支持数据库管理系统运行的操作系统。数据库管理系统中的很多底层操作是靠操作系统完成的，数据库中的安全控制等功能也是与操作系统共同实现的。因此，数据库管理系统要与操作系统协同工作。不同的数据库管理系统需要的操作系统平台不尽相同，比如SQL Server只支持在Windows平台上运行，而MySQL有支持Windows平台和Linux平台的不同版本。

（3）具有数据库访问接口的高级语言及其编程环境，以便于开发应用程序。

（4）以数据库管理系统为核心的实用工具，这些实用工具一般是数据库厂商提供的，且与数据库管理系统软件一起发行的。

（5）为特定应用环境开发的数据库应用系统。

1.5.3　人员

数据库系统包含的人员主要有：数据库管理员（DBA）、系统分析人员、数据库设计人员、应用程序编程人员和最终用户。

（1）数据库管理员负责维护整个系统的正常运行，负责保证数据库的安全性和可靠性。

（2）系统分析人员主要负责应用系统的需求分析和规范说明。这些人员要与最终用户以及数据库管理员配合，以确定系统的软件、硬件配置，并参与数据库系统的概要设计。

（3）数据库设计人员主要负责确定数据库数据、设计数据库结构等。数据库设计人员也必须参与用户需求调查和系统分析。在很多情况下，数据库设计人员由数据库管理员担任。

（4）应用程序编程人员负责设计和编写访问数据库的应用系统程序模块，并对程序进行调试和安装。

（5）最终用户是数据库应用程序的使用者，他们是通过应用程序提供的操作界面来操作数据库中数据的人员。

1.6　小结

本章介绍的主要内容是数据库系统的基本概念和基本知识，是学习后面各个章节的理论基础。

本章主要内容包括：

（1）重点介绍了数据库的 4 个基本概念，即数据、数据库、数据库管理系统、数据库系统。数据是数据库中存储的基本对象，是描述事物的符号记录。数据库数据具有三个基本特点：永久存储、有组织、可共享。数据库管理系统的功能包括：数据定义功能、数据操纵功能、数据组织存储和管理、数据库的建立和维护功能、数据库的事务管理和运行管理。数据库系统是指在计算机系统中引入数据库后的系统，主要由数据库、数据库管理系统、应用程序、数据库管理员构成。

（2）数据库管理技术的发展是与计算机技术及其应用发展联系在一起的，它经历了三个阶段：人工管理阶段、文件系统阶段、数据库系统阶段。

数据库系统有如下三个特点：

①数据结构化：这是数据库系统与文件系统的本质区别。

②最小的冗余度：通过数据共享减少数据的冗余，节约存储空间。数据共享还能避免数据之间的不相容性与不一致性。

③较高的数据独立性。

（3）信息世界的基本概念包括：

①实体：客观存在并互相区别的事物。

②属性：实体所具有的某一特性。

③实体型：用实体名及其属性名集合来抽象和刻画同类实体。

④实体集：同一类型实体的集合。

⑤联系：实体间的联系通常指不同实体集之间的联系，包括一对一、一对多、多对多三种联系。

（4）数据模型。数据模型是数据库系统的核心和基础。根据模型应用的不同目的，我们可以将这些模型划分为两类，且它们分别属于两个不同的层次，分别是：

①概念模型。概念模型也称信息模型，它是按照用户的观点来对数据和信息建模，用于数据库设计。概念模型采用实体-联系图，即 E-R 模型图来表示。

②逻辑模型和物理模型。逻辑模型主要包括网状模型、层次模型、关系模型、面向对象模型等。它按照计算机系统的观点进行数据建模，用于 DBMS 实现。物理模型是对数据最底层的抽象表达，描述数据在系统内部的表示方式和存取方法，在磁盘或磁带上的存储方式和存取方法。

（5）客观对象的抽象过程。其分为两步：

①将现实世界中的客观对象抽象为概念模型。

②把概念模型转换为某一 DBMS 支持的数据模型。

（6）数据模型的三要素。

①数据结构。它是对数据库系统静态特征的描述，描述数据库的组成对象以及对象之间的联系。

②数据操作。它是对数据库系统动态特征的描述，是指对数据库中各种对象（型）的实例（值）允许执行的操作集合，包括操作及有关的操作规则，主要有查询和更新（插入、删除、修改）两大类。

③数据的完整性约束条件。这是一组完整性规则的集合。

（7）常用的数据模型。

常用的数据模型包括层次模型（树结构）、网状模型（图结构）和关系模型（二维表结构）。

（8）关系模型中的基本概念。

①关系：一个关系通常对应一张表。

②元组：表中的一行即为一个元组。

③属性：表中的一列即为一个属性。

④域：属性的取值范围。

⑤分量：元组中的一个属性值。

⑥码：表中的某个属性组，它可以唯一确定一个元组。

关系模型要求关系必须是规范化的，关系的每一个分量必须是一个不可分的数据项。

（9）数据库系统的三级模式结构。

①模式。其也称逻辑模式，是数据库中全体数据的逻辑结构和特征的描述，是所有用户的公共数据视图，是数据库系统模式结构的中间层，既不涉及数据的物理存储细节和硬件环境，又与具体的应用程序、所使用的应用开发工具及高级程序设计语言无关。一个数据库只有一个模式。

②外模式。其也称子模式或用户模式，是数据库用户（包括应用程序员和最终用户）能够看见和使用的局部数据的逻辑结构和特征的描述，是数据库用户的数据视图，是与某一应用有关的数据的逻辑表示。一个数据库可以有多个外模式，但一个应用程序只能使用一个外模式。

③内模式。其也称存储模式，一个数据库只有一个内模式。它是数据物理结构和

存储方式的描述，是数据在数据库内部的组织方式。

④数据库的二级映像。外模式/模式映像保证了数据与程序的逻辑独立性，简称数据的逻辑独立性。模式/内模式映像保证了数据与程序的物理独立性，简称数据的物理独立性。

（10）数据库系统的组成。

①硬件。

②软件。其包括数据库管理系统、支持数据库管理系统运行的操作系统、具有访问数据库接口的高级语言及其编译系统、以数据库管理系统为核心的应用开发工具、为特定应用环境开发的数据库应用系统。

③人员。其包括数据库管理员、系统分析员、数据库设计员、应用程序员、最终用户。

习题

1. 单选题

（1）数据管理技术的发展经历了人工管理阶段、文件系统阶段和数据库系统阶段。在这几个阶段中，数据独立性最高的是（　　）阶段。

A. 数据库系统　　　　　　　　B. 文件系统

C. 人工管理　　　　　　　　　D. 数据项管理

（2）数据库的概念模型独立于（　　）。

A. 具体的机器和 DBMS　　　　B. E-R 模型图

C. 信息世界　　　　　　　　　D. 现实世界

（3）数据库的基本特点是（　　）。

A. ①数据结构化；②数据独立性；③数据共享性高、冗余大、易移植；④统一管理和控制

B. ①数据结构化；②数据独立性；③数据共享性高、冗余小、易扩充；④统一管理和控制

C. ①数据结构化；②数据互换性；③数据共享性高、冗余小、易扩充；④统一管理和控制

D. ①数据非结构化；②数据独立性；③数据共享性高、冗余小、易扩充；④统一管理和控制

（4）（　　）是存储在计算机内有结构的数据的集合。

A. 数据库系统　　　　　　　　B. 数据库

C. 数据库管理系统　　　　　　D. 数据结构

（5）数据库中存储的是（　　）。

A. 数据　　　　　　　　　　　B. 数据模型

C. 数据及数据间的联系　　　　D. 信息

（6）在数据库中，数据的物理独立性是指（   ）。

  A. 数据库与数据库管理系统的相互独立

  B. 用户程序与 DBMS 的相互独立

  C. 用户的应用程序与存储在磁盘上数据库中的数据是相互独立的

  D. 应用程序与数据库中数据的逻辑结构相互独立

（7）数据库的特点之一是数据的共享，严格地讲，这里的数据共享是指（   ）。

  A. 同一个应用中的多个程序共享一个数据集合

  B. 多个用户、同一种语言共享数据

  C. 多个用户共享一个数据文件

  D. 多种应用、多种语言、多个用户相互覆盖地使用数据集合

（8）数据库系统的核心是（   ）。

  A. 数据库   B. 数据库管理系统

  C. 数据模型   D. 软件工具

（9）下列关于数据库系统的正确叙述是（   ）。

  A. 数据库系统减少了数据冗余

  B. 数据库系统避免了一切冗余

  C. 数据库系统中数据的一致性是指数据类型一致

  D. 数据库系统比数据库管理系统能管理更多数据

（10）数据库（DB）、数据库系统（DBS）和数据库管理系统（DBMS）三者之间的关系是（   ）。

  A. DBS 包括 DB 和 DBMS   B. DBMS 包括 DB 和 DBS

  C. DB 包括 DBS 和 DBMS   D. DBS 就是 DB，也就是 DBMS

（11）在数据库中，产生数据不一致的根本原因是（   ）。

  A. 数据存储量太大   B. 没有严格保护数据

  C. 未对数据进行完整性控制   D. 数据冗余

（12）数据库管理系统（DBMS）是（   ）。

  A. 数学软件   B. 应用软件

  C. 计算机辅助设计   D. 系统软件

（13）数据库管理系统（DBMS）的主要功能是（   ）。

  A. 修改数据库   B. 定义数据库

  C. 应用数据库   D. 保护数据库

（14）数据库系统的最大特点是（   ）。

  A. 数据的三级抽象和二级独立性   B. 数据共享性

  C. 数据的结构化   D. 数据独立性

（15）数据库管理系统能实现对数据库中数据的查询、插入、修改和删除等操作，这种功能称为（   ）。

  A. 数据定义功能   B. 数据管理功能

  C. 数据操纵功能   D. 数据控制功能

（16）数据库管理系统是（　　　）。

    A. 操作系统的一部分

    B. 在操作系统支持下的系统软件

    C. 一种编译程序

    D. 一种操作系统

（17）数据库的三级模式结构中，描述数据库中全体数据的全局逻辑结构和特征的是（　　　）。

    A. 外模式   B. 内模式   C. 存储模式   D. 模式

（18）数据库系统的数据独立性是指（　　　）。

    A. 不会因为数据的变化而影响应用程序

    B. 不会因为系统数据存储结构与数据逻辑结构的变化而影响应用程序

    C. 不会因为存储策略的变化而影响存储结构

    D. 不会因为某些存储结构变化而影响其他存储结构

2. 填空题

（1）数据管理技术经历了＿＿＿＿＿＿、＿＿＿＿＿＿＿和＿＿＿＿＿＿＿三个阶段。

（2）数据库是长期存储在计算机内、＿＿＿＿＿＿＿、＿＿＿＿＿＿＿的数据集合。

（3）DBMS 是指＿＿＿＿＿＿＿，它是位于＿＿＿＿＿＿＿和＿＿＿＿＿＿＿之间的一层管理软件。

（4）数据独立性又可分为＿＿＿＿＿＿＿和＿＿＿＿＿＿＿。当数据的物理存储改变，应用程序不变，而由 DBMS 处理这种改变，这是指数据的＿＿＿＿＿＿＿。

（5）数据模型是由＿＿＿＿＿＿＿、＿＿＿＿＿＿＿和＿＿＿＿＿＿＿三部分组成的。

（6）＿＿＿＿＿＿＿是对数据系统的静态特性的描述，＿＿＿＿＿＿＿是对数据库系统的动态特性的描述。

（7）数据库体系结构按照＿＿＿＿＿＿＿、＿＿＿＿＿＿＿和＿＿＿＿＿＿＿三级结构进行组织。

（8）实体之间的联系可抽象为三类，它们是＿＿＿＿＿＿、＿＿＿＿＿＿＿和＿＿＿＿＿＿＿。

（9）数据冗余可能导致的问题有＿＿＿＿＿＿＿、＿＿＿＿＿＿＿和＿＿＿＿＿＿＿。

3. 简答题

（1）简述数据、数据库、数据库管理系统、数据库系统的概念。

（2）在数据管理技术发展阶段中，与人工管理、文件系统相比，数据库系统有什么优点？

（3）简述关系模型与网状模型、层次模型的区别。

2　关系模型与关系代数

【学习目的及要求】

本章主要围绕数据模型的三要素，即数据结构、数据操作和完整性约束，介绍关系数据模型的基本概念、关系的完整性规则、关系操作和关系代数等方面的内容。通过学习，学生要达到以下目的：

● 理解关系数据模型中的基本概念，掌握关系形式化定义的相关概念及含义。

● 理解关系模型的三类完整性约束。

● 理解关系代数中传统的集合运算和专门的关系运算，并熟练构造关系代数的表达式。

【本章导读】

关系数据库是创建在关系模型基础上的数据库，借助于集合代数等数学概念和方法来处理数据库中的数据。最早描述将这种数学方法用于处理数据的是 1962 年数据系统语言会议（CODASYL）发表的《信息代数》，之后在 1968 年戴维德·查尔德（David Child）在 IBM 7090 机上实现了集合论数据结构。而真正系统、严格地提出关系模型的是 IBM 公司 San Jose 研究室的研究员 E. F. Codd。在 1970 年，E. F. Codd 在美国计算机学会会刊上发表了题为 *A Relational Model of Data for Shared Data Banks* 的论文，开创了数据库的关系方法和关系数据理论的研究，此后，他连续发表了多篇论文，为关系数据库技术奠定了理论基础。由于 E. F. Codd 的杰出工作，1981 年他获得了国际计算机学会（ACM）图灵奖。

20 世纪 70 年代末，关系方法的理论研究和软件系统的研制均取得极大的成果，IBM 公司 San Jose 实验室在 IBM 370 系列机上研制的关系数据库实验系统 System R 历时六年获得成功，于 1981 年基于 System R 的数据库软件产品 SQL/DS 由 IBM 公司推向市场。同期，美国加州大学伯克利分校也研制了 INGRES 关系数据库实验系统，并由 IN-GRES 公司推出相应的数据库产品。20 世纪 80 年代以来，关系数据库系统获得了长足的发展，成为社会上应用最广泛、最重要的数据库系统，计算机厂商新推出的数据库管理系统几乎都支持关系模型，非关系系统的产品也大都加上了关系接口。因此，关系数据模型的基本概念和原理非常重要，是本书理论部分的重点。

在第 1 章的学习中我们已经知道数据模型所描述的内容有三个方面，分别是数据结构、数据操作和完整性约束，称为数据模型三要素。在关系数据模型中，其数据结构比较单一，就是关系。简单地说，其就是一种符合规范要求的二维表，这些规范要求中最基本的一条就是不允许表中有表。关系操作包括了对数据的查询操作和更新操作两大部分，其中关系的查询表达能力很强，是关系操作中最主要的部分。本章将通过关系代数这种抽象查询语言的讲解，使大家理解和掌握查询的相关运算。关系的完整性规则包括了实体完整性、参照完整性和用户自定义完整性三类，其中前两类是任何一个关系模型都必须满足的完整性约束条件，称为关系的两个不变性。

在这一章，我们将围绕关系模型的三要素分别进行介绍。其中 2.1 节讲解关系数据结构的形式化定义及其相关概念；2.2 节讲解关系的三类完整性约束；2.3 节重点讲解关系代数这种抽象的查询语言。

2.1 关系数据结构的形式化定义

在前面的学习中，我们已经知道，在关系模型中，只有关系这一种单一的数据结构，无论是实体还是实体间的联系均由关系来表示。从用户的角度来说，关系就是一张规范化的二维表格，其中规范化的最基本要求是不允许表中有表。如表 2.1 所示的学生信息表就是一个关系。

表 2.1 学生信息表

学号	姓名	年龄	性别	专业	年级
201701001	贺万红	20	女	汉语言文学	2017
201702002	王小丽	19	女	外语	2017
201803003	张鑫鑫	19	男	物联网工程	2018
…	…	…	…	…	…

关系数据模型是建立在集合论的理论基础上的，所以从数学的角度来说，关系是一种特殊的集合，虽然结构简单却能够表达丰富的语义，能够描述现实世界的实体及实体间的各种联系。下面我们将围绕关系的形式化定义，学习和理解如下概念。

2.1.1 基本概念

2.1.1.1 域（domain）

定义 2.1 域是一组具有相同数据类型的值的集合，通常记为 D_n，n 为自然数。

例如，长度小于 10 的字符串集合；{男，女}；1 到 100 的正整数集合；小写英文字母集合等都可以看成是域。

在关系模型中，域有两个特点，一是域可以命名，目的是方便理解和区分。例如：D_1 = {张丽，王涛，李海，陈晓}，表示某些姓名的集合，可给域 D_1 命名为"姓名"或"Name"等。

D_2 = {男，女}，表示性别的集合，可给域 D_2 命名为"性别"或"Sex"等。

D_3 = {市场部，销售部，维修部}，表示某公司部门名称的集合，可给域 D_3 命名为"部门""Department"或"Dept"等。

二是域中的元素个数叫作这个域的基数（cardinal number）。如上述域中 D_1 的基数为 4；D_2 的基数为 2；D_3 的基数为 3。

2.1.1.2 笛卡尔积（cartesian product）

笛卡尔积是一种在域上的集合运算。

定义 2.2 设 D_1，D_2，…，D_n 为给定的一组域，允许其中某一些域是相同的，则 D_1，D_2，…，D_n 的笛卡尔积为

$$D_1 \times D_2 \times \cdots \times D_n = \{(d_1, d_2, \cdots, d_n) \mid d_i \in D_i, i = 1, 2, \cdots, n\}。$$

其中，该集合中的每一个元素（d_1，d_2，…，d_n）叫作一个 n 元组，简称元组（tuple）。元组中的每个值 d_i 叫作一个分量（component）。

若 $D_i(i = 1, 2, \cdots, n)$ 为有限集，其基数记为 $m_i(i = 1, 2, \cdots, n)$，则 $D_1 \times D_2 \times \cdots \times D_n$ 的基数 M 为

$$M = \prod_{i=1}^{n} m_i$$

【例 2-1】设 $D_1 = \{1, 2\}$，$D_2 = \{a, b, c\}$，求笛卡尔积 $D_1 \times D_2$。

解：$D_1 \times D_2 = \{(1,a),(2,a),(1,b),(2,b),(1,c),(2,c)\}$

笛卡尔积可对应表示为一张二维表，表中的一行就是一个元组，表中每一列的值来自同一个域。

下面我们再来看一个例子。

【例 2-2】如给出如下两个域：

$D_1 = Department(部门) = \{市场部，销售部，维修部\}$

$D_2 = Staff(员工) = \{张丽，王涛，李海，陈晓\}$。求笛卡尔积 $D_1 \times D_2$。

解：$D_1 \times D_2 = \{$（市场部，张丽），（市场部，王涛），（市场部，李海），（市场部，陈晓），（销售部，张丽），（销售部，王涛），（销售部，李海），（销售部，陈晓），（维修部，张丽），（维修部，王涛），（维修部，李海），（维修部，陈晓）$\}$

在【例 2-2】中每一个元素就是一个元组，如（市场部，张丽）、（市场部，王涛）等都是元组，而元组中的每一个值，如市场部、销售部、张丽、王涛等都是分量。

该笛卡尔积的基数为 3×4＝12，也就是说，$D_1 \times D_2$ 一共有 12 个元组。这些元组的集合可对应一张二维表，如表 2.2 所示。

表 2.2 【例 2-2】$D_1 \times D_2$ 的结果表

Department	Staff
市场部	张丽
市场部	王涛
市场部	李海
市场部	陈晓
销售部	张丽
销售部	王涛
销售部	李海

表2.2(续)

Department	Staff
销售部	陈晓
维修部	张丽
维修部	王涛
维修部	李海
维修部	陈晓

从表 2.2 中可以看出,笛卡尔积中会包含一些无意义的元组。如员工张丽不可能同时归属到市场部、销售部、维修部三个部门,其他员工也存在同样的问题。因此,我们需要从笛卡尔积中取出一个子集来构造一个符合现实情况的关系。

2.1.1.3 关系(relation)

定义 2.3 $D_1 \times D_2 \times \cdots \times D_n$ 的子集称为在域 D_1,D_2,…,D_n 上的关系,表示为 $R(D_1,D_2,\cdots,D_n)$。这里 R 是关系名,n 是关系的目或度(degree)。关系中的每个元素是关系中的元组,通常用 t 表示。

我们可以这样理解,n 个域上的笛卡尔积就是一张二维表,但这张表所体现的内容可能与我们的现实不相吻合,没有什么实际意义,如表 2.2 并没有反映员工和部门之间的关系,一般来说一个员工只能归属于一个部门。而关系才是笛卡尔积中有实际意义的子集。因此,关系也是一张二维表,表中的列称为属性或字段(attribute),不同的属性也可以来自相同的域,我们用属性名来加以区分。

表 2.3 就是一个在 D_1、D_2 的笛卡尔积上的工作关系,体现单位员工分别在该单位的哪个部门工作。

把表 2.3 所示的关系起名为 WORK,把域名 Department、Staff 作为这个关系中的两个属性名,分别代表部门和员工,则这个关系可以表示为

WORK(Department、Staff)

表 2.3   WORK (关系名)

根据定义 2.2，关系可以是一个无限集合，但是无限集合在数据库系统中是无意义的，也不符合现实世界的实际情况，因此，当关系作为关系数据模型的数据结构时，必须限定其是有限集合。

另外，在数学集合论中，由于组成笛卡尔积的域不满足交换律，所以（d_1, d_2, …, d_n）≠（d_2, d_1, …, d_n），但在关系中可以通过为其每一列附加一个属性名的方法取消关系属性的有序性。

因此，关系具有以下六个性质：

（1）列的同质性。列的同质性是指每一列中的分量是同一类型的数据，来自同一个域。

（2）列名唯一性。不同的列可出自同一个域，称其中的每一列为一个属性，不同属性要赋予不同的属性名。如教师、学生都属于人（people）这个域，但在教师为学生上课的教学关系中，要把教师、学生分为两列，一列的属性名为教师（teacher），另一列的属性名为学生（student）。

（3）列序无关性。列序无关性是指关系中列的排列顺序可以任意交换。

（4）元组相异性。元组相异性是指关系中任意两个元组不能完全相同。

（5）行序无关性。行序无关性是指元组（表中的行）排列的先后顺序可以任意交换。

（6）分量原子性。分量原子性是指关系的分量值是原子的，每一个分量必须是不可分的数据项，即每一个分量是一个确定的值，而不是值的集合。

关系模型要求关系必须是规范化的，也就是要求关系必须满足一定的规范条件，而这些规范化要求中最基本的一条，就是要求关系的每一个分量必须是不可分的数据项，即不允许出现表中还有表。

关系可以有三种类型：基本关系（也称基本表）、查询表和视图表。

（1）基本表是实际存在的表，它是实际存储数据的逻辑表示。表 2.3 所示的 WORK（工作关系）就是一个基本表。

（2）查询表是查询结果对应的表。

（3）视图表是由基本表或其他视图表导出的表，它本身不独立存储在数据库中，即数据库中只存放视图的定义而不存放视图对应的数据。这些数据仍存放在导出视图的基本表中，因而视图表是一个虚表。

我们将会在后面的章节学习查询表和视图表。

2.1.1.4 码或键（key）

定义 2.4 若关系中的某一属性组的值能够唯一地标识一个元组，而其子集不能，则该属性组称为候选码或候选键（candidate key）。

若一个关系存在多个候选码，则我们需要选择其中一个作为主码（primary key）。

候选码中的诸属性称为主属性（prime attribute），不包含在任何候选码中的属性称为非主属性（non-prime attribute）或非码属性（non-key attribute）。

在最简单的情况下，关系的码只包含一个属性；在最极端的情况下，关系中的所有属性的集合构成这个关系的码，这个码也称为全码（all key）。

如员工（员工号，姓名，性别，年龄，电话号码）这个关系中，每一个员工的员工号就是其唯一性标识，可以用来区分每一个员工，员工号就是这一关系的主码。

又如，图书借阅关系（读者编号，图书编号，借书日期，还书日期）中，因为一个读者可以借阅多本图书，而一本图书可以被多个读者借阅，如果一个读者在借阅某本书到期归还后再次借阅，这个关系的每一个元组仅仅依靠读者编号或图书编号或｛读者编号，图书编号｝属性组都无法区分，而必须是｛读者编号，图书编号，借书日期｝属性组才能作为每个元组的唯一性标识。因此，图书借阅关系的主码就是｛读者编号，图书编号，借书日期｝属性组。

再如，教学关系（T，C，S），其中属性 T 表示教师，属性 C 表示课程，属性 S 表示学生。假设一个教师可以讲授多门课程，某门课程可以由多个教师讲授，学生可以听不同教师讲授的不同课程，那么，要区分关系中的每一个元组，这个教学关系模式主码应为全属性 T、C 和 S 构成的属性集，即全码（all key）。

注意：在实际的数据库开发过程中，数据库设计员有时会向数据表中添加一个没有实际意义的字段作为该表的主码，称为代理码或代理键。代理键通常是在数据表中的候选码都不适合当主码时来进行替代。代理键每次创建时由 DBMS 分配其值，或者由应用程序自动生成，通常是较短的整型数据。MySQL 数据库使用 AUTO_INCREMENT 函数自动分配代理键的数值，在 AUTO_INCREMENT 中，起始值可以是任意值（默认为 1），但增量总是 1。

主码不仅作为关系中元组的唯一性标识，还可以建立与其他关系之间的联系。当关系有多个候选码时，我们应如何选择主码呢？

（1）如果一个关系的候选码既有单一属性键又有多属性构成的组合键时，建议选择单一键作为主码。

（2）如果关系的候选码都是单一键时，尽量选用取值短、简单的候选码作为主码。

（3）当关系中已有的候选码都不适合做主码时，我们可以在关系中添加一个没有实际意义的属性，即代理码来作为该关系的主码。

2.1.2 关系模式与关系数据库

2.1.2.1 关系模式（relation schema）

数据模型有"型"和"值"之分，型是对某一类数据的结构说明，值是型的一个具体赋值。在关系数据库中，关系模式是型，是静态的、稳定的；关系是值，是关系模式在某一时刻的状态或内容，是动态的、随时间不断变化的。因此，关系模式是对关系的描述和定义，那么一个关系的描述需要涉及哪些方面呢？

关系是元组的集合，其中的每个元组就是该关系所涉及的属性集的笛卡尔积中有实际意义的元素。因此，关系模式必须指出这个元组集合的结构，即它由哪些属性构成，这些属性来自哪些域，以及属性与其来自的域之间的映像关系。

另外，由于现实世界总是随着时间在不断地变化，因而在不同的时刻关系模式中的值（关系）也会发生变化。但是，不论怎样变化，现实中已有的事实和规则限定了任何一个关系模式下其所有可能的关系都必须满足一定的完整性约束条件。而这些完整性约束条件或者是通过对属性取值范围的限定，如规定党员的年龄在 18 周岁以上，因此党员表中年龄的取值要大于 18，又或者是通过属性间值的相互关联，如值的相等与否体现出来，如一个关系中如果有两个元组的主码完全相同，则这两个元组其他属性的取值一定相同，因为主码是元组的唯一性标识。

因此，通过以上叙述，关系模式应当是一个五元组。其定义如下：

定义 2.5　对关系的描述称为关系模式。它可以形式化地表示为

R(U, D, DOM, F)

其中 R 是关系名，U 是组成该关系的属性名集合，D 是 U 中属性所来自的域，DOM 是属性向域的映像关系集合，F 为属性间数据的依赖关系集合。

例如，表 2.1 中的关系模式为 R(U, D, DOM, F)，其中，R 为学生。U 为 {学号，姓名，年龄，性别，专业，年级}。D 为属性组 U 的取值域，其中学号来自数字符号组成的字符串域；姓名来自姓氏和名字的集合；年龄来自正整数域；性别的域是 {男、女}；专业来自学校的专业名称的集合；年级的域也是正整数域。DOM 为属性向域的映像关系集合，在关系数据库中，属性向域的映像常常直接在表中定义为属性的类型、长度。因此，该关系模式中 DOM 为 {学号，char(10)；姓名，char(12)；年龄，int；性别，enum('男','女')；专业，char(20)；年级，int}。

F 表现为属性集合 U 上的一组数据依赖的集合，这部分将在第八章专门讲解。

关系模式通常可以简记为 R(U) 或者 R(A_1, A_2, …, A_n)，其中 R 为关系名，A_1, A_2, …, A_n 为属性名。

在实际应用和众多数据库教材中，人们常常会把关系模式和关系都笼统地称为关系，这时可以通过上下文加以理解。

2.1.2.2　关系数据库（relational database）

关系数据库是创建在关系模型基础上的数据库，借助于集合代数等数学概念和方法来处理数据库中的数据。在关系模型中，实体及实体之间的联系都是用关系来表示的，因此关系数据库可以理解为在一个给定的应用领域中，所有实体及实体之间联系所对应的关系的集合。

关系数据库也有型和值之分。关系数据库的型称为关系数据库模式，是对关系数据库的描述，即是它所包含的所有关系模式的集合。关系数据库模式包括以下两方面：

（1）若干域的定义。

（2）在这些域上定义的若干关系模式。

关系数据库的值是这些关系模式在某一时刻所对应的关系的集合，通常称作关系数据库实例。在实际应用中，人们经常把关系数据库模式和关系数据库实例都笼统地称为关系数据库。

2.2　关系的完整性

关系模型的完整性规则是对关系提出的某种约束条件，用于防止不符合规范的数据进入数据库，确保数据库中存储的数据正确、有效、相容。关系的值是动态的、随

着时间变化的，当用户对数据进行插入、修改、删除等操作时，DBMS 自动按照一定的约束条件对数据进行监测，而这些约束条件实际上是现实世界的应用要求，用来保证任何时刻在任何关系中的数据都是有意义的。

关系模型包含三类完整性约束规则：实体完整性、参照完整性、用户自定义完整性。其中前两者是关系模型必须满足的完整性约束条件，被称作关系的两个不变性，由关系数据库管理系统自动支持；用户自定义的完整性规则是应用领域需要遵循的约束条件，体现了具体领域中的语义约束。

2.2.1 实体完整性 (entity integrity)

规则 2.1 实体完整性：若属性（或属性组）A 是基本关系 R 的主属性，则 A 不能取空值。

所谓空值，是"不知道""不存在"或无意义的值。一个关系对应现实世界中一个实体集。现实世界中的实体一定是可以相互区分的，即它们应具有某种唯一性标识。关系模式以主码作为唯一性标识，而主码中的属性为主属性，是不能取空值的；否则，就意味着该关系模式中存在着不可标识的实体，这与现实世界的实际情况相矛盾。因而，对于实体完整性规则可做如下说明：

（1）实体完整性规则是针对基本关系来说的。一个基本关系通常对应现实世界的一个实体集。例如图书关系对应于图书的集合；读者关系对应于读者的集合。

（2）现实世界中的实体是可区分的，即它们具有某种唯一性标识。例如，每个读者都是独立的个体，是可以进行识别的。

（3）关系中以主码作为唯一性标识。例如读者关系中读者编号是主码，其也就是每个读者的唯一性标识。

（4）主码中的属性即主属性不能取空值。如果主属性取空值，就表明存在某个不可标识的实体，即存在无法区分的实体，这与第 2 点相矛盾，这样的实体就不是一个完整实体，因此这个规则称为实体完整性。

按照实体完整性规则的说明，在基本关系 R 中的主码取值有两方面的限制，一是主码作为唯一性标识，每个元组的主码不能取重复值，二是每个主码中的属性值不能为空值。例如，读者关系——读者（读者编号，读者姓名，年龄，性别，联系电话）中读者编号是主码，即是该关系的主属性，所以每个读者编号不能取重复值，也不能取空值。

如果一个基本关系的主码由若干属性组成，则所有的这些主属性都不能取空值。例如，读者借阅关系——借阅（图书编号，读者编号，借书日期，还书日期）中，如果规定允许读者重复借阅某一本书，那么该基本关系的主码是｛图书编号，读者编号，借书日期｝属性组，则"图书编号""读者编号"和"借书日期"三个属性都不能取空值。

2.2.2 参照完整性 (referential integrity)

在现实世界中，实体和实体之间往往存在着某种联系，这种联系转化到关系模型中都是用关系来进行描述的，这样关系之间自然就存在着引用的问题，下面先来看三个例子。

【例2-3】图书信息表和图书表可以用下面的关系来表示，其中主码用下划线标识：

图书信息（<u>索书号</u>，书名，作者，图书类型，出版社，出版年份）

图书（<u>图书编号</u>，索书号，借书状态）

一般说来，图书馆内每一种书都用一个索书号代表，索书号是图书馆藏书排架用的编码，如王珊著的《数据库系统概论》（第四版）假设有五本，那图书馆中这五本图书的索书号一定是相同的，而为了区分它们须给每本书一个唯一性编号。

显然，这两个关系之间存在着属性的引用，即图书关系引用了图书信息关系中的主码"索书号"。这里图书关系中的"索书号"值必须是确实存在的某本书的索书号，即图书信息关系中有该图书的记录。换句话说，图书关系中的"索书号"的取值要参照图书信息关系中的"索书号"来取值。

【例2-4】读者、图书、读者和图书之间借阅的联系可以用如下三个关系来表示：

读者（<u>读者编号</u>，读者姓名，年龄，性别，联系电话）

图书（<u>图书编号</u>，索书号，借书状态）

借阅（<u>图书编号</u>，<u>读者编号</u>，<u>借书日期</u>，还书日期）

这三个关系之间也存在属性的引用，即借阅关系引用了读者关系的主码"读者编号"和图书关系的主码"图书编号"。同样地，这里借阅关系中"读者编号"的值必须是实际存在的读者的编号，即读者关系中有该读者的记录；借阅关系中"图书编号"的值也必须是实际存在的图书的编号，即图书关系中有该图书的记录。也就是说，借阅关系中"读者编号"和"图书编号"属性的取值要参照读者关系、图书关系中的对应属性取值。

不仅是两个或两个以上的关系之间可以存在属性的引用，在同一个关系的内部属性间也可以存在引用关系。

【例2-5】图书管理员表可以用下面的关系来表示：

图书管理员（<u>工号</u>，姓名，性别，出生日期，职称，负责人）

在这个关系中，"工号"属性是主码，"负责人"属性表示该管理员所属科室负责人的工号，其引用了本关系中"工号"属性，即"负责人"的取值必须是确实存在的管理员工号值。

以上三个实例说明关系与关系之间存在着相互引用、相互约束的情况，下面先引入外码的定义，然后再给出表达关系间相互引用约束的参照完整性规则。

定义2.6　设F是基本关系R的一个或一组属性，但不是关系R的码。K_s是基本关系S的主码。如果F与K_s相对应，则称F是R的外码（foreign key），并称基本关系R为参照关系（referencing relation），基本关系S为被参照关系（referenced relation）或目标关系（target relation）。关系R和关系S不一定是不同的关系。

显然，被参照关系S的主码K_s和参照关系R的外码F必须来自相同的域。

在【例2-3】中，图书关系中的属性"索书号"与图书信息关系的主码"索书号"相对应，因此"索书号"是图书关系的外码。这里的图书关系是参照关系，图书信息关系是被参照关系，如图 2.1（a）所示。

在【例 2-4】中，借阅关系中的属性"读者编号"与读者关系的主码"读者编号"相对应；借阅关系中的属性"图书编号"与图书关系的主码"图书编号"相对应，因此"读者编号"和"图书编号"是借阅关系的外码。这里的借阅关系是参照关系，读者关系和图书关系都是被参照关系，如图 2.1（b）所示。

在【例 2-5】中，图书管理员关系中的属性"负责人"与本关系的主码"工号"相对应，因此"负责人"是图书管理员关系的外码。这里的图书管理员关系既是参照关系也是被参照关系，如图 2.1（c）所示。

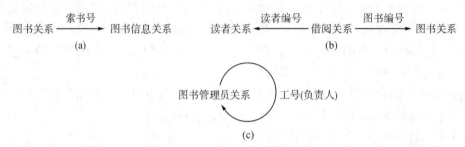

图 2.1 关系间参照与被参照情况图

从【例 2-5】中可以发现，外码并不一定要与对应的主码同名，在图书管理员关系中，工号是主码，负责人是外码。一般在实际应用中，为了便于识别，当外码与对应的主码不属于同一个关系时，它们往往都取相同的属性名。

参照完整性规则就是用来定义建立关系之间联系的外码与主码的引用规则。

规则 2.2 参照完整性：若属性（或属性组）F 是基本关系 R 的外码，它与基本关系 S 的主码 K_s 相对应（基本关系 R 与 S 不一定是不同的关系），则对于 R 中每个元组在 F 上的值必须为：

（1）或者取空值（F 的每个属性值均为空值）。

（2）或者等于 S 中某个元组的主码值。

根据该规则，在【例 2-3】中，图书关系中每个元组的"索书号"属性只能是以下两类值：

（1）空值，表示还未安排对该本图书进行藏书排架，所以索书号暂为空值。

（2）非空值，这时其值必须为图书信息关系中某个元组的"索书号"值，表示该本图书已经在图书馆中进行排架，并按其索书号指定位置存放。即是说，被参照关系"图书信息"中一定存在一个元组，其主码"索书号"的值等于参照关系"图书"中的外码值。

在【例 2-4】中，按照参照完整性规则，借阅关系中"读者编号"和"图书编号"两个属性也可以取两类值：空值或对应的被参照关系"读者"和"图书"中已经存在的主码值。但因为在借阅关系中"读者编号"和"图书编号"同时还是主属性，根据实体完整性规则，它们均不能取空值，所以借阅关系中的"读者编号"和"图书编号"属性就只能取对应的被参照关系中已经存在的主码值。

在【例2-5】中，按照参照完整性规则，图书管理员关系既是参照关系也是被参照关系，其"负责人"属性值可以取两类值：

（1）空值，表示该管理员所在科室还未选出负责人。

（2）非空值，这时该值必须为图书管理员关系中某个元组的"工号"值。

2.2.3　用户自定义完整性（user-defined integrity）

实体完整性和参照完整性适用于任何关系数据库系统，主要是针对关系主码和外码的取值必须有效而做出的约束条件。此外，不同的关系数据库系统由于其应用环境的实际要求不同，往往还需要一些特殊的约束条件。用户自定义完整性就是针对某一具体关系数据库提出的约束性条件，反映某一具体应用所涉及的数据必须满足的语义要求。例如某个属性必须取唯一值；某个非主属性也不能取空值（如【例2-3】图书信息关系中必须给出每本书的书名，就可定义书名不能取空值）；某个属性只能在某范围内取值（如【例2-4】读者关系中性别的取值只能取字符"男"或"女"）。

关系模型应提供定义和检验这一类完整性的机制，以便于用统一的、系统的方法处理它们，保证数据的正确性和有效性，而不是由应用程序来承担这一功能。

2.3　关系代数

关系模型由关系数据结构、关系完整性和关系操作集合三部分组成，前两节学习了关系数据结构和关系完整性，这一节在讲解关系操作的基础上，重点学习用关系的运算来表达查询要求的关系数据语言——关系代数。

2.3.1　关系操作

现实世界总是随着时间在不断地变化，而与之相对应的关系数据库中的数据也会变化，这种变化就是通过关系操作来实现的。

2.3.1.1　关系操作的基本内容

关系模型中常用的关系操作包括查询（query）操作和更新操作两大部分，其中更新操作又包括插入（insert）、删除（delete）和修改（update）。

关系模型的查询表达能力很强，因此查询操作是关系操作中最主要的部分。查询操作又可以分为：选择（select）、投影（project）、连接（join）、除（divide）、并（union）、差（except）、交（intersection）、笛卡尔积（cartesian product）等。其中，选择、投影、并、差、笛卡尔积是五种基本操作，其他关系操作都可以用基本操作来定义和导出。

关系操作的特点是集合操作方式，即操作对象和操作结果都是集合，这种操作方式也称为一次一集合（set-at-a-time）的方式。相应地，非关系数据模型的数据操作方式则为一次一记录（record-at-a-time）的方式。

2.3.1.2　关系操作语言的分类

关系数据库语言可以分为以下三类：

（1）关系代数语言（relational algebra）。它是用对关系的运算来表达查询要求的语言。ISBL（information system base language）是关系代数语言的代表。

（2）关系演算语言（relational calculus）。它是用谓词来表达查询要求的语言。关系演算又可按谓词变元的基本对象是元组变量还是域变量分为元组关系演算语言和域关系演算语言。如 ALPHA 语言就是由 E. F. Codd 提出的一种典型的元组关系演算语言，QBE 是 M. M. Zloof 提出的一个具有特色的域关系演算语言。

关系代数、元组关系演算和域关系演算都是抽象的查询语言，它们在表达能力上完全是等价的。这三种抽象的语言与具体的 RDBMS 中实现的实际语言并不完全一样，但它们能用作评估实际系统中查询语言能力的标准或基础。实际的查询语言除了提供关系代数或关系演算的功能外，还提供了许多附加功能，例如聚集函数、关系赋值、算术运算等，因而实际的查询语言功能十分强大。

（3）结构化查询语言 SQL（structured query language）。它是介于关系代数和关系演算之间的、具有关系代数和关系演算双重特点的语言。SQL 不仅具有丰富的查询功能，而且具有数据定义和数据控制功能，是集 DDL（数据定义语言）、DML（数据操纵语言）和 DCL（数据控制语言）于一体的关系数据语言，充分体现了关系数据语言的特点和优点，是关系数据库的标准语言。

这三类关系数据语言具有的共同特点是：语言具有完备的表达能力，是非过程化的集合操作语言，功能强，能够嵌入高级语言中使用。其中，非过程化这一特点，使用户不必请求 DBA 为其建立特殊的存取路径，而是由 RDBMS 自身的查询优化机制自动选择较优的存取路径，可以提高查询效率。

2.3.2　关系代数概述

关系代数是一种抽象的查询语言，是关系数据操作语言的一种传统表达方式，它以集合代数为基础，通过对关系的运算来构造查询表达式，这种表达式称为关系代数表达式。

任何运算都是将一定的运算符作用于一定的运算对象上，得到预期的运算结果。因此，运算对象、运算符和运算结果是运算的三大要素。关系代数的运算对象和运算结果都是关系。在关系代数中使用四类运算符，它们是：集合运算符、专门的关系运算符、比较运算符和逻辑运算符。具体如表 2.4 所示。

表 2.4　关系代数运算符

运算符		含　义	运算符	含　义
集合运算符	∪ － ∩ ×	并 差 交 广义笛卡尔积	比较运算符	＞ ≥ ＜ ≤ ＝ 〈〉	大于 大于等于 小于 小于等于 等于 不等于
专门的 关系运算符	σ ∏ ⋈ ÷	选择 投影 连接 除	逻辑运算符	¬ ∧ ∨	非 与 或

关系代数的运算按运算符的不同可分为传统的集合运算和专门的关系运算两类。其中传统的集合运算将关系看成元组的集合，其运算是从关系的"水平"方向即行的角度来进行，而专门的关系运算不仅涉及行，而且涉及列。

比较运算符和逻辑运算符是用来辅助专门的关系运算符进行操作的。

2.3.3　传统的集合运算

传统的集合运算是二目运算，包括并、差、交、笛卡尔积四种运算。

假设关系 R 和关系 S 具有相同的目 n（两个关系都有 n 个属性），且相应的属性取自同一个域，t 是元组变量，$t \in R$ 表示 t 是 R 的一个元组。这里基于上述假设讨论关系的并、差、交运算。

2.3.3.1　并（union）

关系 R 与关系 S 的并记作：

$R \cup S = \{t \mid t \in R \vee t \in S\}$

其结果仍为 n 目关系，是由属于 R 或者属于 S 的所有元组组成的集合。

若关系 R 和关系 S 的所有元组合并后有重复的元组，需要把重复的元组删去，即并运算的结果得到的新关系不允许有重复的行。

2.3.3.2　差（difference）

关系 R 与关系 S 的差记作：

$R - S = \{t \mid t \in R \wedge t \notin S\}$

其结果仍为 n 目关系，是由属于 R 但不属于 S 的所有元组组成的集合，即在关系 R 中删去与关系 S 中相同的元组。

2.3.3.3　交（intersection）

关系 R 与关系 S 的交记作：

$R \cap S = \{t \mid t \in R \wedge t \in S\}$

其结果仍为 n 目关系，是由既属于 R 又属于 S 的元组组成的集合，即在两个关系 R 和 S 中取相同的元组，组成一个新关系。关系的交运算还可以通过差运算来表示，

即 $R \cap S = R-(R-S)$。

2.3.3.4 笛卡尔积（cartesian product）

本节所述的笛卡尔积严格地讲应该是广义的笛卡尔积（extended cartesian product）。因为这里参与笛卡尔积运算的集合是关系而不是域。

设 n 目和 m 目的关系分别为 R 和 S，它们的笛卡尔积是一个（n+m）列的元组的集合。元组的前 n 列是关系 R 的一个元组，后 m 列是关系 S 的一个元组。若 R 有 k_1 个元组，S 有 k_2 个元组，则关系 R 和关系 S 的笛卡尔积应当有 $k_1 \times k_2$ 个元组。记作：

$$R \times S = \{\widehat{t_r t_s} \mid t_r \in R \wedge t_s \in S\}$$

【例 2-6】如图 2.2 中（a）、（b）分别为关系 R 和关系 S，两个关系均有三个属性列，且对应的属性列来自相同的域。求 R∪S、R∩S、R-S、S-R 及 R×S。

R

X	Y	Z
x_1	y_1	z_1
x_2	y_1	z_2
x_3	y_2	z_2

(a)

S

X	Y	Z
x_2	y_1	z_1
x_2	y_1	z_2
x_3	y_3	z_3

(b)

图 2.2 【例 2-6】中的关系 R 和关系 S

解：根据并、交、差、笛卡尔积的定义，【例 2-6】中对应的运算结果如图 2.3 所示。图 2.3 中（a）为关系 R 和 S 的并；图 2.3 中（b）为关系 R 和 S 的交；图 2.3 中（c）为关系 R 和 S 的差；图 2.3 中（d）为关系 S 和 R 的差（注意：差运算不满足交换律）；图 2.3 中（e）为关系 R 和 S 的笛卡尔积。

R∪S

X	Y	Z
x_1	y_1	z_1
x_2	y_1	z_2
x_3	y_2	z_2
x_2	y_1	z_1
x_3	y_3	z_3

(a)

R∩S

X	Y	Z
x_2	y_1	z_2

(b)

R-S

X	Y	Z
x_1	y_1	z_1
x_3	y_2	z_2

(c)

S-R

X	Y	Z
x_2	y_1	z_1
x_3	y_3	z_3

(d)

$R \times S$

R.X	R.Y	R.Z	S.X	S.Y	S.Z
x_1	y_1	z_1	x_2	y_1	z_1
x_1	y_1	z_1	x_2	y_1	z_2
x_1	y_1	z_1	x_3	y_3	z_3
x_2	y_1	z_2	x_2	y_1	z_1
x_2	y_1	z_2	x_2	y_1	z_2
x_2	y_1	z_2	x_3	y_3	z_3
x_3	y_2	z_2	x_2	y_1	z_1
x_3	y_2	z_2	x_2	y_1	z_2
x_3	y_2	z_2	x_3	y_3	z_3

(e)

图 2.3　集合运算举例

2.3.4　专门的关系运算

专门的关系运算包括选择、投影、连接、除运算等，为方便叙述，我们先引入几个记号。

①设关系模式为 $R(A_1，A_2，\cdots，A_n)$。它的一个关系实例为 R。$t \in R$ 表示 t 是 R 的一个元组，$t[A_i]$ 则表示元组 t 中属性 A_i 上的一个分量。

②若 $A = \{A_{i1}，A_{i2}，\cdots，A_{ik}\}$，其中 $A_{i1}，A_{i2}，\cdots，A_{ik}$ 是 $A_1，A_2，\cdots，A_n$ 中的一部分，则 A 称为属性列或属性组。$t[A] = (t[A_{i1}]，t[A_{i2}]，\cdots，t[A_{ik}])$ 表示元组 t 在属性组 A 上诸分量的集合。$\bar{A}$ 则表示 $\{A_1，A_2，\cdots，A_n\}$ 中去掉 $\{A_{i1}，A_{i2}，\cdots，A_{ik}\}$ 后剩余的属性组。

③设 R 为 n 目关系，S 为 m 目关系，若 $t_r \in R$，$t_s \in S$，$\widehat{t_r t_s}$ 称为元组的连接或元组的串联。它是一个 n+m 列的元组，其前 n 个分量是关系 R 的一个 n 元组，后 m 个分量是关系 S 的一个 m 元组。

④给定一个关系 $R(X，Z)$，X 和 Z 为属性组。当 $t[X] = x$ 时，x 在 R 中的象集（images set）定义为：

$$Z_x = \{t[Z] \mid t \in R，t[X] = x\}$$

它表示 R 中属性组 X 上值为 x 的诸元组在 Z 上分量的集合。

【例 2-7】关系 R_1 如图 2.4（a）所示，求 R_1 中属性列 X 各分量值在属性列 Y 上的象集。

解：x_1 在 R_1 中的象集 $Y_{x1} = \{y_1，y_2\}$

x_2 在 R_1 中的象集 $Y_{x2} = \{y_3，y_4\}$

x_3 在 R_1 中的象集 $Y_{x3} = \{y_1，y_2，y_3\}$

【例 2-8】关系 R_2 如图 2.4（b）所示，求 R_2 中属性列 A 各分量值在属性组 $\{B，C\}$ 上的象集。

解：设 $Z = \{B，C\}$

a_1在 R_2中的象集 $Z_{a1}=\{(b_1, c_1), (b_1, c_2)\}$

a_2在 R_2中的象集 $Z_{a2}=\{(b_1, c_3), (b_2, c_2), (b_3, c_1)\}$

R_1

X	Y
x_1	y_1
x_1	y_2
x_2	y_3
x_2	y_4
x_3	y_1
x_3	y_2
x_3	y_3

(a)

R_2

A	B	C
a_1	b_1	c_1
a_1	b_1	c_2
a_2	b_1	c_3
a_2	b_2	c_2
a_2	b_3	c_1

(b)

图 2.4　象集举例

2.3.4.1　选择（selection）

选择又称为限制（restriction）。该操作是在关系 R 中选出满足给定条件的所有元组，记作：

$\sigma_F(R)=\{t \mid t \in R \land F(t)='真'\}$

其中 F 表示选择条件，它是一个逻辑表达式，其值为“真”或“假”。

逻辑表达式 F 的基本形式为 XθY，其中 θ 表示比较运算符，包括>、≥、<、≤、=、≠（或<>）；运算对象 X、Y 可以是属性名（这里的属性名也可以用其对应的序号表示）、常量或简单函数。在基本的选择条件基础上我们还可以通过逻辑运算符¬、∧、∨进行求非、与、或运算构造多条件逻辑表达式。

选择操作实际上是根据某些条件对关系做水平分割，即从关系 R 中选取使逻辑表达式 F 为真的所有元组。这是从行的角度进行的运算。

为了便于举例，假设有一个图书借阅数据库，包括图书信息关系（book_info）、图书关系（books）、读者关系（reader）、借阅关系（brw_rtn）。其中 book_info 关系的主码是 CallNo（索书号）；books 关系的主码是 Bno（图书编号），外码是 CallNo（索书号）；reader 关系的主码是 Rno（读者编号）；brw_rtn 关系的主码是｛Bno、Rno、BrwDate｝；外码有两个，分别是 Bno 和 Rno。表 2.5~表 2.8 给出该图书借阅数据库的一个具体实例。

表 2.5　book_info

索书号 CallNo	书名 Bname	作者 Bauthor	图书类型 Btype	出版社 Press	出版年份 PubYear
Art041	摄影艺术教程	龙文可	艺术	人民出版社	2019
Bio091	中国猫科动物	余豪豪	生物科学	中国农业出版社	2017
Cpt081	MySQL 数据库教程	王明东	计算机	科学出版社	2019

表2.5(续)

索书号 CallNo	书名 Bname	作者 Bauthor	图书类型 Btype	出版社 Press	出版年份 PubYear
Cpt082	Java 程序设计	林冬冬	计算机	电子工业出版社	2018
Cpt083	数据库原理及应用	蒙祖强	计算机	清华大学出版社	2018
Cpt084	数据库系统原理与设计	万常选	计算机	清华大学出版社	2017

表 2.6 books

图书编号 Bno	索书号 CallNo	借阅状态 State
Art04101	Art041	是
Art04102	Art041	否
Bio09101	Bio091	否
Cpt08101	Cpt081	是
Cpt08102	Cpt081	否
Cpt08103	Cpt081	否
Cpt08201	Cpt082	否
Cpt08301	Cpt083	是
Cpt08401	Cpt084	否

表 2.7 reader

读者编号 Rno	读者姓名 Rname	年龄 Rage	联系电话 Tel	读者类型 Rtype
8001	赵东来	36	13808590023	教师
8002	韦茗微	46	13808596512	教师
2018408001	李永义	21	13508594621	学生
2018408002	陈娇娇	20	13808512031	学生
2019408001	王丽莉	19	13808553674	学生

表 2.8 brw_rtn

图书编号 Bno	读者编号 Rno	借书日期 BrwDate	还书日期 RtnDate
Art04101	2019408001	2019/9/21	NULL
Cpt08101	8001	2019/3/21	2019/6/9
Cpt08101	8001	2019/9/27	NULL
Cpt08102	2018408002	2019/3/28	2019/4/25
Cpt08201	2018408001	2019/3/25	2019/4/18

表2.8(续)

图书编号 Bno	读者编号 Rno	借书日期 BrwDate	还书日期 RtnDate
Cpt08201	2018408001	2019/4/20	2019/5/19
Cpt08301	2018408002	2019/10/12	NULL

【例 2-9】查询年龄大于 30 岁的读者信息。

解：该查询的关系代数表达式为

$\sigma_{Rage>30}(reader)$ 或 $\sigma_{3>30}(reader)$

其中下角标中的 "3" 为 Rage 属性的序号。查询结果如表 2.9 所示。

表 2.9　[例 2-9]查询结果

Rno	Rname	Rage	Tel	Rtype
8001	赵东来	36	13808590023	教师
8002	韦茗微	46	13808596512	教师

【例 2-10】查询清华大学出版社 2018 年出版的图书信息。

解：该查询的关系代数表达式为

$\sigma_{(Press='清华大学出版社') \wedge (PubYear=2018)}(book\_info)$

或：

$\sigma_{(5='清华大学出版社') \wedge (6=2018)}(book\_info)$

查询结果如表 2.10 所示。

表 2.10　[例 2-10]查询结果

CallNo	Bname	Bauthor	Btype	Press	PubYear
Cpt083	数据库原理及应用	蒙祖强	计算机	清华大学出版社	2018

2.3.4.2　投影（projection）

关系 R 上的投影是从 R 中挑选出若干属性列组成新的关系。记作：

$\pi_A(R) = \{t[A] \mid t \in R\}$

其中 A 为 R 中的属性列。

投影操作是从列的角度进行的垂直分割运算，对原关系消去某些列后得到一个新关系。

【例 2-11】查询图书编号和其当前的借阅状态，即求 books 关系中图书编号和借阅状态这两个属性上的投影。

解：该查询的关系代数表达式为

$\pi_{Bno,State}(books)$ 或 $\pi_{1,3}(books)$

查询结果如图 2.5（a）所示。

投影运算不仅取消了原关系中的某些列，而且还可能会取消某些行（元组）。因为在取消某些属性列后可能会出现重复的元组，这时应该去除重复元组，即完全相同的元组仅保留一行。

【例 2-12】查询该图书馆存放有哪些出版社出版的图书,即是在 book_info 关系中对出版社属性做投影操作。

解:该查询的关系代数表达式为

$\pi_{Press}(book\_info)$ 或 $\pi_5(book\_info)$

查询结果如图 2.5(b)所示。book_info 关系原来有 6 个元组,而投影结果中取消了重复的"清华大学出版社"元组,因而只有 5 个元组。

在对一个关系做投影运算时,我们还可以重新安排属性列的顺序。

【例 2-13】查询读者姓名、读者类型和联系电话。

解:该查询的关系代数表达式为

$\pi_{Rname,Rtype,Tel}(reader)$ 或 $\pi_{2,5,4}(reader)$

查询结果如图 2.5(c)所示,即在 reader 关系中做投影操作,并调整新关系中属性列的顺序。

Bno	State
Art04101	是
Art04102	否
Bio09101	否
Cpt08101	是
Cpt08102	否
Cpt08103	否
Cpt08201	否
Cpt08301	是
Cpt08401	否

(a)

Press
人民出版社
中国农业出版社
科学出版社
电子工业出版社
清华大学出版社

(b)

Rname	Rtype	Tel
赵东来	教师	13808590023
韦茗微	教师	13808596512
李永义	学生	13508594621
陈娇娇	学生	13808512031
王丽莉	学生	13808553674

(c)

图 2.5　投影运算举例

2.3.4.3　连接(jion)

连接也称 θ 连接。它是从两个关系的笛卡尔积中选取属性间满足一定条件的元组。记作:

$$R \underset{A\theta B}{\bowtie} S = \{\widehat{t_r t_s} \mid t_r \in R \wedge t_s \in S \wedge t_r[A] \ \theta \ t_s[B]\}$$

其中 A 和 B 分别为关系 R 和 S 上度数相等且可比的属性组。θ 为比较运算符。连接运算的结果是从 R 和 S 的笛卡尔积中选取 R 关系在 A 属性组上的值与 S 关系在 B 属性组上的值满足给定条件的元组的集合,即它是 R×S 的一个子集。常用且重要的连接运算主要有两种:等值连接(equijion)和自然连接(natural join)。

当 θ 为"="时的连接运算称为等值连接。它是从关系 R 和 S 的笛卡尔积中选取 A、

B 属性值相等的元组，即等值连接可以记为$R_{A=B}^{\bowtie}S=\{\widehat{t_r t_s}\mid t_r\in R\wedge t_s\in S\wedge t_r[A]=t_s[B]\}$。

自然连接是一种特殊的等值连接。它要求关系 R 和 S 中进行比较的分量必须是相同的属性组，并在结果表中要把重复的属性列消去，即若 R 和 S 具有相同的属性组 B，则自然连接记为$R\bowtie S=\{\widehat{t_r t_s}\mid t_r\in R\wedge t_s\in S\wedge t_r[B]=t_s[B]\}$。

一般的连接操作是从行的角度进行运算，但自然连接还需要取消重复列，所以它是同时从行和列的角度来进行运算的。

【例 2-14】设图 2.6（a）和图 2.6（b）分别为关系 R 和关系 S，图 2.6（c）为一般连接$R_{C<D}^{\bowtie}S$的结果，图 2.6（d）为等值连接$R_{R.A=S.A}^{\bowtie}S$的结果，图 2.6（e）为自然连接 R ⋈ S 的结果。

R

A	B	C
a_1	b_1	2
a_2	b_1	5
a_3	b_2	7
a_4	b_2	10
a_5	b_3	12

(a)

S

A	D
a_2	3
a_4	8
a_5	2
a_6	1

(b)

$R_{C<D}^{\bowtie}S$

R.A	B	C	S.A	D
a_1	b_1	2	a_2	3
a_1	b_1	2	a_4	8
a_2	b_1	5	a_4	8
a_3	b_2	7	a_4	8

(c)

$R_{R.A=S.A}^{\bowtie}S$

R.A	B	C	S.A	D
a_2	b_1	5	a_2	3
a_4	b_2	10	a_4	8
a_5	b_3	12	a_5	2

(d)

R ⋈ S

A	B	C	D
a_2	b_1	5	3
a_4	b_2	10	8
a_5	b_3	12	2

(e)

图 2.6　连接运算举例

从图 2.6 中（c）、（d）、（e）所给出的连接运算结果的对比，大家不难比较出这几种连接运算的区别。

两个关系 R 和 S 在做自然连接时，可能会出现关系 R 中的某些元组在关系 S 中找不到公共属性值相等的元组，从而造成 R 中这些元组在操作时被舍弃，不能进入运算结果中。同样，S 关系中也可能会出现类似情况。例如，【例 2-14】的自然连接中关系 R 的第 1、3 个元组，关系 S 的第 4 个元组都被舍弃了。

如果希望把舍弃的元组仍然保留在连接结果中，而在其他属性上填空值（null），那么这种连接就称作外连接（outer join）。如果只把左边关系 R 中要舍弃的元组保留就称为左外连接（left join）；如果只把右边关系 S 中要舍弃的元组保留就称为右外连接（right join）。图 2.7（a）、图 2.7（b）、图 2.7（c）分别是图 2.6 中关系 R 和 S 的外连接、左外连接、右外连接。

A	B	C	D
a_2	b_1	5	3
a_4	b_2	10	8
a_5	b_3	12	2
a_1	b_1	2	null
a_3	b_2	7	null
a_6	null	null	1

(a)外连接

A	B	C	D
a_2	b_1	5	3
a_4	b_2	10	8
a_5	b_3	12	2
a_1	b_1	2	null
a_3	b_2	7	null

(b)左外连接

A	B	C	D
a_2	b_1	5	3
a_4	b_2	10	8
a_5	b_3	12	2
a_6	null	null	1

(c)右外连接

图 2.7 外连接运算举例

2.3.4.4 除（division）

给定关系 R(X，Y) 和 S(Y，Z)，其中 X、Y、Z 为属性组。R 中的 Y 与 S 中的 Y 可以有不同的属性名，但必须来自相同的域。

R 与 S 的除运算会产生这样一个新关系 P(X)，P 是 R 中满足下列条件的元组在 X 属性组上的投影：元组在 X 上的分量值 x 的象集 Y_x 包含 S 在 Y 上的投影的集合，记作：

$$R \div S = \{t_r[X] \mid t_r \in R \wedge \pi_Y(S) \subseteq Y_x\}$$

其中 Y_x 为 x 在 R 中的象集，$x = t_r[X]$。

除操作是同时从行和列的角度来进行运算的。

【例 2-15】设关系 R、S 分别是图 2.8（a）和图 2.8（b），求 R÷S 的结果。

解：根据除运算的定义，首先在关系 R 中求出 A 属性列上各分量值的象集，即：

a_1 的象集为 {（b_1，c_1），（b_1，c_2），（b_1，c_3），（b_2，c_3）}；

a_2 的象集为 {（b_4，c_2）}；

a_3 的象集为 {（b_2，c_1），（b_2，c_3），（b_3，c_4）}。

其次，求出关系 S 在（B，C）属性组上的投影为 {（b_1，c_1），（b_1，c_2），（b_1，c_3）}。

最后通过比较发现，只有 a_1 的象集（B，C）a_1 包含了 S 在（B，C）属性组上的投影，所以 R÷S＝{a_1}，该结果如图 2.8（c）所示。

R

A	B	C
a_1	b_1	c_1
a_1	b_1	c_2
a_1	b_1	c_3
a_1	b_2	c_3
a_2	b_4	c_2
a_3	b_2	c_1
a_3	b_2	c_3
a_3	b_3	c_4

(a)

S

B	C	D
b_1	c_1	d_1
b_1	c_2	d_2
b_1	c_3	d_3

(b)

R÷S

A
a_1

(c)

图 2.8　除运算举例

下面以图书借阅数据库为例，再给出几个综合应用这几种关系代数运算进行查询的具体实例。

【例 2-16】查询计算机类图书的书名、作者及出版社。

解：完成该查询分两步，第一步从 book_info 关系（图书信息关系）中选择计算机类的图书信息；第二步是在第一步的基础上投影得到对应的书名、作者及出版社。因此，该查询的关系代数表达式为

$$\pi_{Bname,Bauthor,Press}(\sigma_{Btype='计算机'}(book\_info))$$

查询结果如表 2.11 所示。

表 2.11　【例 2-16】查询结果

Bname	Bauthor	Press
MySQL 数据库教程	王明东	科学出版社
Java 程序设计	林冬冬	电子工业出版社
数据库原理及应用	蒙祖强	清华大学出版社
数据库系统原理与设计	万常选	清华大学出版社

【例 2-17】查询图书编号为 Cpt08201 的图书基本信息。

解：在 book_info 关系（图书信息关系）中没有包含 Bno（图书编号）属性列，但可以通过其主码 CallNo（索书号）与 books（图书关系）的外码 CallNo 进行两个关系的自然连接，然后在连接结果中选择 Bno 为 Cpt08201 的元组。由于查询结果只需要得到图书基本信息，所以最后还应通过投影操作去掉多余的属性列，因此，该查询的关系代数表达式为 $\pi_{CallNo,Bname,Bauthor,Btype,Press,PubYear}(\sigma_{Bno='Cpt08201'}(book\_info \bowtie books))$。查询结果如表 2.12 所示。

表 2.12　【例 2-17】查询结果

CallNo	Bname	Bauthor	Btype	Press	PubYear
Cpt082	Java 程序设计	林冬冬	计算机	工业出版社	2018

【例 2-18】查询借阅《MySQL 数据库教程》的读者编号。

解：根据题目要求，完成该查询共涉及 book_info（图书信息关系）、books（图书关系）和 brw_rtn（借阅关系）三个关系，其中 books 关系的外码 CallNo 与 book_info 关系的主码相对应；brw_rtn 关系的外码 Bno 与 books 关系的主码相对应。因此，我们可以通过自然连接把三个关系联系在一起，结合书名为《MySQL 数据库教程》这一查询条件，该查询的关系代数表达式为

$\pi_{Rno}(\sigma_{Bname='MySQL数据库教程'}((book\_info \bowtie books) \bowtie brw\_rtn))$

或 $\pi_{Rno}(\sigma_{Bname='MySQL数据库教程'}(book\_info \bowtie books) \bowtie brw\_rtn)$

或 $\pi_{Rno}((\sigma_{Bname='MySQL数据库教程'}(book\_info) \bowtie books) \bowtie brw\_rtn)$。

查询结果如表 2.13 所示。

表 2.13　【例 2-18】查询结果

Rno
8001
2018408002

【例 2-19】查询至少借阅了图书编号为 Cpt08102 和图书编号为 Cpt08301 的读者姓名。

解：首先，建立一个临时关系 T，如表 2.14 所示：

表 2.14　临时关系 T

Bno
Cpt08102
Cpt08301

然后对 brw_rtn（借阅关系）在（Bno，Rno）属性组上投影后与 T 关系做除运算，得到符合条件的读者编号，最后与 reader（读者关系）自然连接后在 Rname 属性上做投影。该查询的关系代数表达式为 $\pi_{Rname}((\pi_{Bno,Rno}(brw\_rtn) \div T) \bowtie reader)$。查询结果如表 2.15 所示。

表 2.15　【例 2-19】查询结果

Rname
陈娇娇

本节介绍了 8 种关系代数运算，其中并、差、笛卡尔积、选择和投影 5 种运算为基本运算，其他 3 种运算（交、连接和除）均可以通过 5 种基本运算来定义。引入这 3 种运算的目的主要是简化表达。关系代数运算理论是关系数据库查询语言的理论基础，

只有掌握了关系代数运算理论，才能深刻理解查询语言的本质和熟练地使用查询语言。因此，关系代数虽然是抽象的查询语言，并不能在实际系统中直接使用，但该部分的内容在本书中的重要性是不言而喻的。

2.4　小结

关系数据库系统是目前使用最广泛的数据库系统，20 世纪 70 年代以后开发的数据库管理系统产品几乎都是基于关系的。因此，关系数据库系统的基本概念是本书的重点，也是后续章节学习的基础。

本章系统讲解了关系数据库的重要概念，包括关系模型的数据结构、关系的三类完整性以及关系操作；详细介绍了用代数方式来表达查询的抽象语言（关系代数），并通过实例对应用关系代数运算构造查询表达式进行讲解。

本章的重要内容包括：

（1）关系模型是建立在集合代数的基础上的，它是以集合论中关系概念为基础发展起来的数据模型。因此，要理解和掌握关系模型的数据结构——关系的形式化定义，以及基本关系所具有的性质。这些性质中最基本的一条就是关系的每个分量必须是原子的，即是不可分的数据项。

（2）对于关系 R 的某一属性组 A，如果属性组 A 的值能够唯一地标识一个元组，而其子集不能，则称该属性组称为候选码；一个关系若存在多个候选码，我们则选择其中一个作为主码；若关系中的所有属性的集合构成这个关系的码，称为全码。

候选码中的诸属性称为主属性，不包含在任何候选码中的属性称为非主属性。

（3）设 F 是基本关系 R 的一个或一组属性，但不是关系 R 的码。K_s 是基本关系 S 的主码。如果 F 与 K_s 相对应，则称 F 是 R 的外码，并称基本关系 R 为参照关系，基本关系 S 为被参照关系。

（4）关系的描述称为关系模式，可以形式化地表示为 R（U，D，DOM，F）。其中 R 是关系名，U 是组成该关系的属性名集合，D 是 U 中属性所来自的域，DOM 是属性向域的映像关系集合，F 为属性间数据的依赖关系集合。关系模式是静态的、稳定的。

（5）关系是关系模式的一个实例，关系中的一个元组是现实世界的一个实体对应于关系模式中各属性在某一时刻的状态和内容，因此，关系是动态的、随时间不断变化的。

（6）空值（用 null 表示）是所有可能的域的一个取值，表示该值无意义或不存在。

（7）关系的三类完整性规则，即实体完整性、参照完整性和用户自定义完整性。

实体完整性规则：若属性（或属性组）A 是基本关系 R 的主属性，则 A 不能取空值。

参照完整性规则：若属性（或属性组）F 是基本关系 R 的外码，它与基本关系 S 的主码 K_s 相对应（基本关系 R 与 S 不一定是不同的关系），则对于 R 中每个元组在 F 上的值必须为：

①取空值（F 的每个属性值均为空值）；

②等于 S 中某个元组的主码值。

用户自定义完整性是应用领域需要遵循的数据完整性约束，体现了具体应用领域中的数据语义约束，需要由用户根据这些数据语义约束来定义完整性约束规则。

（8）关系操作包括查询操作和更新操作两大部分。其中查询操作是关系操作中最主要的部分，更新操作包括插入、删除和修改。

（9）关系代数的运算分为传统的集合运算和专门的关系运算两类，共包括并、差、交、笛卡尔积、选择、投影、连接、除 8 种运算，其中并、差、笛卡尔积、选择和投影是 5 种基本运算，其他 3 种运算可由基本运算导出。连接运算还可分为一般连接、等值连接、自然连接，以及外连接、左外连接和右外连接，我们需要注意几种连接运算的区别。

（10）给定一个关系数据库查询需求，要能运用关系代数运算构造出该查询的关系代数表达式。

习题

1. 简述如下概念并说明它们之间的联系与区别。

（1）域、笛卡尔积、关系、元组、属性；

（2）候选码、主码、外部码；

（3）关系模式、关系、关系数据库。

2. 举例说明关系模式和关系的区别。

3. 试述关系模型的完整性规则。在参照完整性中，为什么外码属性的值也可以为空？什么情况下才可以为空？试举例说明。

4. 关系模型中常用的关系操作主要包括哪些？

5. 关系代数的基本运算有哪些？如何用这些基本运算来表示其他运算？

6. 举例说明等值连接与自然连接的区别和联系。

7. 给定关系 R 和 S，如图 2.9 所示，请回答以下问题。

R

A	B	C	D
a_1	b_1	c_1	d_1
a_1	b_1	c_2	d_2
a_1	b_2	c_1	d_1
a_2	b_1	c_1	d_1
a_2	b_2	c_1	d_1
a_3	b_3	c_1	d_2

S

B	C	D	E
b_1	c_1	d_1	e_1
b_2	c_1	d_1	e_2

图 2.9　关系 R 和 S

(1) $\pi_{2,3,4}(R) \cup \pi_{1,2,3}(S)$；

(2) $\pi_{2,3,4}(R) - \pi_{1,2,3}(S)$；

(3) $\sigma_{A='a_1' \wedge B='b_1'}(R)$；

(4) $R \underset{f}{\bowtie} S$，其中 f 表示 $(R.B=S.B) \wedge (R.C=S.C) \wedge (R.D=S.D)$；

(5) $R \div S$；

(6) $(\pi_{1,2}(R) \times \pi_{2,3}(S)) - R$。

8. 设有学生-课程数据库，包括 Class、Student、Course、SC 共 4 个关系模式：

Class(ClassNo, ClassName, Institute)；

Student(Sno, Sname, Sex, Birthday, Nation, ClassNo)；

Course(Cno, Cname, Ccredit, Cpno)；

SC(Sno, Cno, Grade)。

班级关系（Class）由班级编号（ClassNo）、班级名称（ClassName）、所属学院（Institute）属性列组成。

学生关系（Student）由学号（Sno）、姓名（Sname）、性别（Sex）、出生日期（Birthday）、民族（Nation）、班级编号（ClassNo）属性列组成。

课程关系（Course）由课程号（Cno）、课程名（Cname）、学分（Ccredit）、先修课（Cpno）属性列组成。

选课关系（SC）由学号（Sno）、课程号（Cno）、成绩（Grade）属性列组成。

该数据库现有数据如表 2.16~表 2.19 所示。

表 2.16 Class

ClassNo	ClassName	Institute
EN1803	英语 1803 班	外国语学院
CS1801	计算机 1801 班	信息学院
NE1902	网络工程 1902 班	信息学院

表 2.17 Student

Sno	Sname	Sex	Age	Nation	ClassNo
02180301	李勇	男	20	汉族	EN1803
02180302	王雪	女	21	布依族	EN1803
08180101	李文斌	男	20	汉族	CS1801
08180102	陈晓雨	女	19	苗族	CS1801
08180103	张洪波	男	22	布依族	CS1801
08190201	赵敏	女	19	汉族	NE1902
08190202	钱丽丽	女	20	汉族	NE1902

表 2.18 Course

Cno	Cname	Ccredit	Cpno
EN001	英语语音	3	null
EN002	英语语法	4	null
CS001	数据处理	2	null
CS002	C 语言	4	CS001
CS003	操作系统	3	CS001
CS004	数据结构	4	CS002
CS005	数据库	5	CS004

表 2.19 SC

Sno	Cno	Grade
02180301	EN001	85
02180301	EN002	73
02180302	EN001	68
02180302	EN002	77
08180101	CS001	80
08180101	CS002	91
08180101	CS003	90
08180101	CS004	88
08180101	CS005	86
08180102	CS001	81
08180102	CS002	82
08180102	CS003	78
08180102	CS004	69
08180102	CS005	75
08180103	CS001	72
08180103	CS002	80
08180103	CS003	67
08180103	CS004	70
08180103	CS005	60
08190201	CS001	81
08190201	CS002	92
08190202	CS001	65
08190202	CS002	72

试写出如下查询的关系代数表达式并给出查询结果。

（1）查询所有年龄在 20 岁以上（含 20 岁）的女同学的姓名、年龄和民族；

（2）查询"信息学院"的学生的学号和姓名；

（3）查询考试成绩在 90 分以上（含 90 分）的学生姓名、课程名和成绩；

（4）查询"布依族"学生所修各门课程的情况，要求输出学生姓名、课程号和成绩；

（5）查询选修"数据结构"课程的学生学号、姓名和成绩；

（6）查询班级名称为"计算机 1801 班"的学生选课情况，要求输出学生姓名、课程名和成绩；

（7）查询至少选修了其直接选修课为"CS001"的全部课程的学生的学号和姓名；

（8）查询所选课程至少包含学号为"08190202"的学生所选课程的学生学号和姓名。

9. 设有一个 SPJ 数据库，包括 S、P、J、SPJ 共 4 个关系模式：

S(SNO, SNAME, STATUS, CITY)；

P(PNO, PNAME, COLOR, WEIGHT)；

J(JNO, JNAME, CITY)；

SPJ(SNO, PNO, JNO, QTY)；

供应商关系（S）由供应商代码（SNO）、供应商姓名（SNAME）、供应商状态（STATUS）、供应商所在城市（CITY）组成。

零件关系（P）由零件代码（PNO）、零件名（PNAME）、颜色（COLOR）、重量（WEIGHT）组成。

工程项目关系（J）由工程项目代码（JNO）、工程项目名（JNAME）、工程项目所在城市（CITY）组成。

供应情况关系（SPJ）由供应商代码（SNO）、零件代码（PNO）、工程项目代码（JNO）、供应数量（QTY）组成，表示某供应商供应某种零件给某工程项目的数量为 QTY。

今有若干数据如表 2.20~表 2.23 所示。

表 2.20 S

SNO	SNAME	STATUS	CITY
S1	精益	20	天津
S2	盛锡	10	北京
S3	东方红	30	北京
S4	丰泰盛	20	天津
S5	为民	30	上海

表 2.21 P

PNO	PNAME	COLOR	WEIGHT
P1	螺母	红	12
P2	螺栓	绿	17
P3	螺丝刀	蓝	14
P4	螺丝刀	红	14
P5	凸轮	蓝	40
P6	齿轮	红	30

表 2.22 J

JNO	JNAME	CITY
J1	三建	北京
J2	一汽	长春
J3	弹簧厂	天津
J4	造船厂	天津
J5	机车厂	唐山
J6	无线电厂	常州
J7	半导体厂	南京

表 2.23 SPJ

SNO	PNO	JNO	QTY
S1	P1	J1	200
S1	P1	J3	100
S1	P1	J4	700
S1	P2	J2	100
S2	P3	J1	400
S2	P3	J2	200
S2	P3	J4	500
S2	P3	J5	400
S2	P5	J1	400
S2	P5	J2	100
S3	P1	J1	200
S3	P3	J1	200
S4	P5	J1	100
S4	P6	J3	300
S4	P6	J4	200
S5	P2	J4	100
S5	P3	J1	200
S5	P6	J2	200
S5	P6	J4	500

试写出如下查询的关系代数表达式并给出查询结果。

（1）求供应工程 J1 零件的供应商代码（SNO）；

（2）求供应工程 J1 零件 P1 的供应商代码（SNO）；

（3）求供应工程 J1 零件为红色的供应商代码（SNO）；

（4）求没有使用天津供应商生产的红色零件的工程代码（JNO）；

（5）求至少用了供应商 S1 所供应的全部零件的工程代码（JNO）。

3 MySQL 数据操作管理

【学习目的及要求】

掌握 SQL 语言的基本语法及应用，重点学习数据库管理系统 MySQL 在数据管理方面的技术和操作。学生通过学习和大量的实际动手练习，要熟练掌握以下主要内容：

- 安装配置 MySQL；
- 创建及维护数据库；
- 数据完整性的理解与应用；
- 数据增加、修改和删除等维护；
- 数据各种查询的使用；
- 索引的建立和使用；
- 视图的理解、创建和应用。

【本章导读】

本章围绕 SQL 语言的学习与应用，介绍数据库管理系统 MySQL 在数据管理方面的操作和使用，以数据定义、数据更新、数据查询控制等应用为目录主线，以图书借阅数据库为实例，从初始安装 MySQL 到用户连接登录数据库服务器、创建数据库和数据表、各种数据操作及应用维护，理论联系实际地介绍了主要相关技术和操作。

读者可从本章了解到，如何安装 MySQL；如何创建数据库；数据库的删除操作；常见数据类型的概念和区别；如何向表中插入数据、更新数据和删除数据；基本查询语句，单表查询，多表查询，各种简单和复杂条件等查询的使用和技巧；什么是索引，索引的创建及使用；视图的含义和作用，创建视图和视图应用的方法和技巧。

本章 3.1 节是 MySQL 简介及安装；3.2 节对后续章节将采用的图书借阅数据库中的数据表结构和数据表进行介绍，以方便使用；3.3 节讲解 MySQL 中如何进行数据的定义；3.4 节主要介绍 MySQL 中怎样具体实现三类完整性约束的方法；3.5 节介绍了 MySQL 中的数据更新操作；3.6 节详细介绍了 MySQL 中的数据查询操作；3.7 节介绍了索引的含义、类型，并对 MySQL 中索引的创建和删除操作做了讲解；3.8 节介绍了视图的含义、作用，以及在 MySQL 中如何创建和使用视图；3.9 节是小结部分。

3.1 MySQL 简介及安装

3.1.1 MySQL 简介

结构化查询语言（structured query language，SQL）是关系数据库的标准语言，也是一个通用的、功能极强的关系数据库语言。其不仅仅包括查询功能，而且包括数据库创建、数据的插入与修改、数据库安全性、完整性定义与控制等一系列功能。本章介绍 SQL 的基本功能及在 MySQL 数据库管理系统中的主要应用，并进一步理解关系数据库的基本概念。自 SQL 成为国际标准语言以来，各个数据库厂家纷纷推出各自的 SQL 软件或与 SQL 的接口软件。这就使大多数数据库均使用 SQL 作为共同的数据存取语言和标准接口，使不同数据库系统之间的操作有了共同的基础，SQL 已成为数据库领域中的主流语言，所有数据库管理系统都支持 SQL 语言的基本语法，本书选用 MySQL 数据库管理系统来实现和讲解数据库相关理论及操作。

MySQL 是一个多线程的结构化查询语言（SQL）数据库服务器。MySQL 的执行性能非常高，运行速度非常快，而且容易使用。MySQL 的主要特点如下：

（1）高速。

高速是 MySQL 的显著特性。MySQL 使用了极快的"B 树"磁盘表（MyISAM）和索引压缩；通过使用优化的"单扫描多连接"，能够实现极快的连接。一直以来，高速都是 MySQL 吸引众多用户的特性之一。

（2）支持多平台。

MySQL 支持超过 20 种开发平台，包括 Linux、Windows、FreeBSD、IBM AIX、HP-UX、Mac OS、OpenBSD、Solaris 等，这使得用户可以选择多种平台实现自己的应用，并且在不同平台上开发的应用系统可以很容易地在各种平台之间进行移植。

（3）支持各种开发语言。

MySQL 为各种流行的程序设计语言提供支持，为它们提供了很多 API 函数，包括 C、C++、Java、Perl、PHP 等。

（4）提供多种存储器引擎。

MySQL 提供了多种数据库存储引擎，各引擎各有所长，适用于不同的应用场合，用户可以选择最合适的引擎以得到最高的性能。

（5）功能强大。

强大的存储引擎使 MySQL 能够有效地应用于任何数据库应用系统，无论是大量数据的高速传输系统，还是每天访问量非常大的高强度的搜索 Web 站点，都能够高效完成各种任务。

（6）支持大型数据库。

InnoDB 存储引擎将 InnoDB 表保存在一个表空间内，该表空间可由数个文件创建。这样，表的大小就能超过单独文件的最大容量。表空间还可以包括原始磁盘分区，从而使构建很大的表成为可能，最大容量可以达到 64TB。

（7）安全。

灵活、安全的权限和密码系统，允许基于主机的验证。在连接到服务器时，所有的密码传输均采用加密形式，从而保证了密码的安全性。

（8）价格低廉。

MySQL 采用通用公共许可证（GPL），在很多情况下，用户可以免费使用 MySQL；如果用户是用于商业，则需要购买 MySQL 商业许可，但价格相对低廉。

3.1.2 MySQL 安装

MySQL 支持多种平台，不同平台下的安装与配置过程也不相同。MySQL 在 Windows 平台下可以使用二进制的安装软件包或免安装版的软件包进行安装，二进制的安装包提供了图形化的安装向导，而免安装版直接解压缩后修改一些参数即可使用。用户在 Linux 平台下需要使用命令行安装 MySQL，但由于 Linux 有很多分发版本，不同的 Linux 版本平台需要下载对应的 MySQL 安装包。本节主要介绍 Windows 平台下 MySQL 的安装过程，以便于读者在自己的电脑上安装使用和操作学习。

Windows 平台提供两种安装方式：MySQL 二进制分发版（. msi 安装文件）和免安装版（. zip 压缩文件）。对于初学者而言，推荐使用二进制分发版（. msi 安装文件），因为该版本提供图形化安装向导，过程简单，不易出错。接下来就介绍 MySQL 二进制分发版（. msi 安装文件）的安装过程。

3.1.2.1 下载 MySQL

打开浏览器，输入网址：https：//dev. mysql. com/downloads/，进入 MySQL 的官网下载，官网一般会提供最新版本和个别历史版本，如图 3.1 所示。

图 3.1 MySQL 官网下载

单击 MySQL Community Server 链接，打开 MySQL Community Server 8. 0. 19 的下载页面，如图 3.2 所示。

图 3.2　MySQL Community Server 8.0.19 下载页面

　　读者根据自己的系统平台，选择不同平台、不同安装方式的安装包。这里笔者使用的是 Windows10 操作系统平台，所以选择 Microsoft Windows，选择"Go to Download Page"按钮进入下载页面，如图 3.3 所示。

图 3.3　MySQL 下载版本选择

　　这里选择 32 位的安装程序 Windows（x86，32-bit），MSI Installer。其中有两个版本，分别为：在线安装版本 mysql-installer-web-community-8.0.19.0.msi 和离线安装版本 mysql-installer-community-8.0.19.0.msi。这里选择下载离线安装包，单击右侧"Download"按钮开始下载，如图 3.4 所示。

图 3.4　MySQL 开始下载页面

在进入的开始下载页面中，如果有 MySQL 的账户，读者可以单击"Login"按钮，登录账户后下载，如果没有 MySQL 账户也可以直接单击下方的"No thanks，just start my download."链接，跳过注册步骤，直接下载。

3.1.2.2　安装 MySQL

下载完成后，读者将得到一个名称为 mysql-installer-community-8.0.19.0.msi 的安装文件。双击该文件即可进行 MySQL 的安装，具体的安装步骤如下：

（1）双击已下载好的 mysql-installer-community-8.0.19.0.msi 文件，打开等待安装进度对话框，自动打开安装向导，首先打开"License Agreement"对话框，询问是否接受协议，选中"I accept the license terms"复选框接受协议。如果已接受过协议，再次运行安装程序会跳过此步骤。

（2）单击"Next"按钮，打开"Choosing a Setup Type"对话框，其中列出了 5 种安装类型，分别是 Developer Default（开发者默认安装）、Server only（仅作为服务器）、Client only（仅作为客户端）、Full（完全安装）和 Custom（自定义安装）。这里选择 Developer Default，如图 3.5 所示。

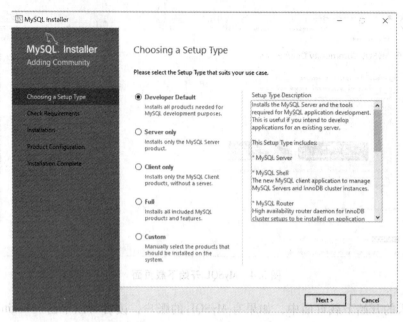

图 3.5　"Choosing a Setup Type" 对话框

（3）单击 "Next" 按钮，打开如图 3.6 所示的 "Check Requirements" 对话框。该对话框将检查系统是否具备安装所必需的组件，如果不存在，单击 "Execute" 按钮，将在线安装所需插件，安装完成后，将显示如图 3.7 所示的对话框。

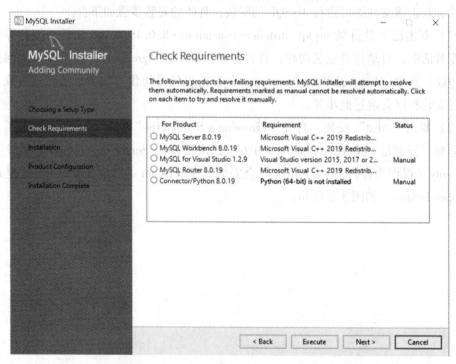

图 3.6　未满足全部安装条件时的 "Check Requirements" 对话框

前面打"√"的组件已具备安装条件，未打"√"的组件如需安装，则要先手动安装好所需条件，然后才能完成相应组件的安装。本书只涉及 MySQL 的数据管理功能和连接 MySQL 的图形工具 Workbench，所以只要 MySQL server 8.0.19 和 MySQL Workbench 8.0.19 具备安装条件，即可进行下一步安装，后期读者可根据需要配置再进行其他组件的安装。

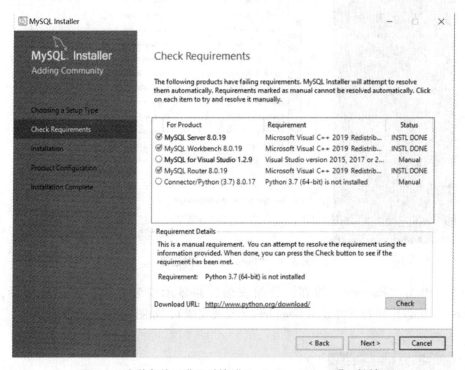

图 3.7　安装条件已满足时的"Check Requirements"对话框

（4）单击"Next"按钮，弹出如图 3.8 所示的"MySQL Installer"对话框。提示不勾选的无法安装相应软件，选择"Yes"继续安装，打开图 3.9 所示的"Installation"对话框。

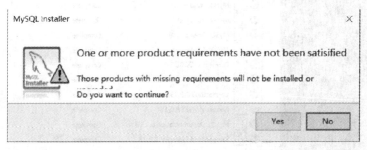

图 3.8　"MySQL Installer"对话框

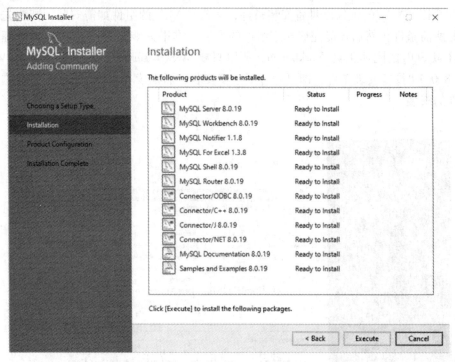

图 3.9 "Installation" 对话框

（5）单击"Execute"按钮，开始安装，并显示安装进度。安装完成后，在〔Status〕（状态）列表下将显示 Complete（安装完成），如图 3.10 所示的对话框。

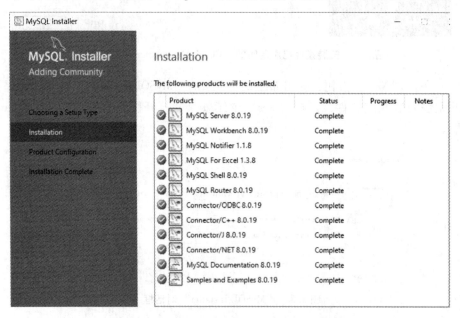

图 3.10 〔Status〕（状态）列表显示完成状态

（6）单击"Next"按钮，打开服务器配置窗口，该配置窗口显示需要进行配置的选项，初学者可用默认选项，逐一单击"Next"按钮完成配置。打开"Type and Net-

Working" 对话框, 该对话框提供了用于选择服务器的类型的 "Server Configuration Type" 下拉列表框, 在该下拉列表框中提供了 Development Computer (开发者类型)、Server Computer (服务器类型) 和 Dedicated Computer (致力于 MySQL 服务类型), 这里选择默认的开发者类型。下方还提供了设置端口号的文本框, 默认端口号为 3306, 如图 3.11 所示。

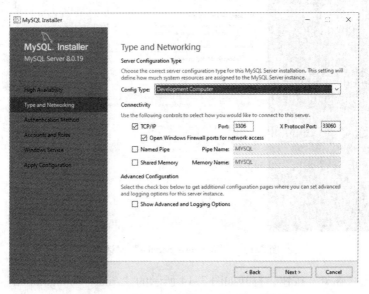

图 3.11   "Type and NetWorking" 对话框

(7) 单击 "Next" 按钮, 打开用于设置用户和安全的 "Accounts and Roles" 对话框, 在该对话框中, 可以设置 root 用户的登录密码, 也可以添加新用户, 这里设置 root 用户的登录密码为 root, 如图 3.12 所示。

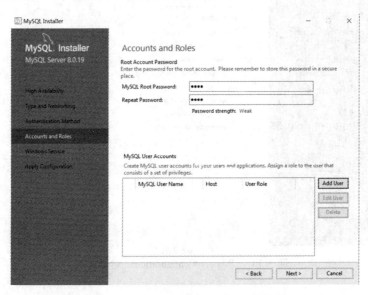

图 3.12   "Accounts and Roles" 对话框

（8）单击"Next"按钮，打开"Windows Service"对话框，开始配置 MySQL 服务器，这里采用默认设置 MySQL80，如图 3.13 所示。

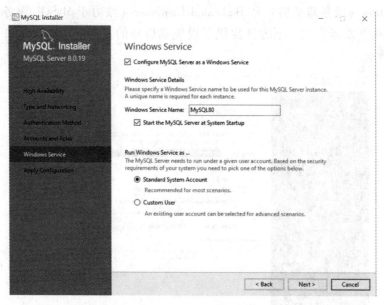

图 3.13　"Windows Service"对话框

（9）单击"Next"按钮，打开如图 3.14 所示的"Apply Configuration"对话框，在该对话框中单击"Execute"按钮进行配置，完成后如图 3.15 所示，单击"Finish"按钮。

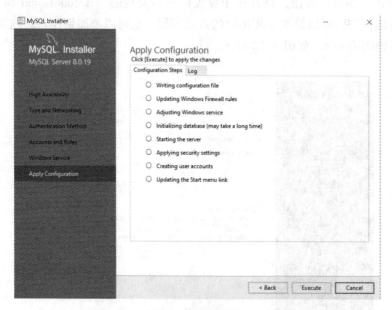

图 3.14　"Apply Configuration"对话框

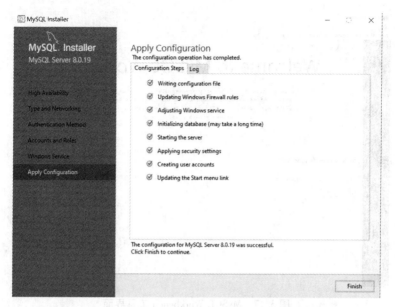

图 3.15 "Apply Configuration" 对话框显示配置完成情况

（10）接下来根据选装组件和满足条件允许安装的情况，将显示如图 3.16 所示的
"Product Configuration" 对话框，进行其他选装组件的配置，读者可按默认选项完成，
配置完成后单击 "Finish" 按钮，系统将自动完成安装过程。

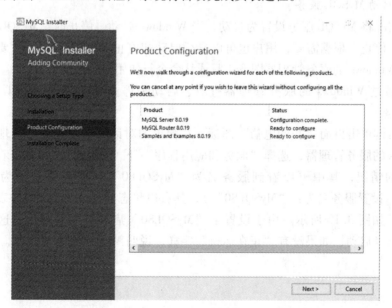

图 3.16 "Product Configuration" 对话框

（11）安装完成后，MySQL 将自动启动 MySQL Workbench 工具，如图 3.17 所示。
该工具是 MySQL 官方提供的用图形化方式连接操作 MySQL 数据库的工具。

图 3.17　MySQL Workbench 工具界面

　　到此，MySQL 安装成功，在 MySQL 安装目录下可找到 MySQL 配置文件 my. ini。用文本编辑器（如记事本）可打开 my. ini 文件，该文件可以查看 MySQL 服务器的端口号、安装位置、数据库文件存储位置及编码等安装配置信息。

3.1.2.3　启动 MySQL 服务

　　一般情况将 MySQL 服务设置为自动，当 Windows 启动、停止时，MySQL 也随系统自动启动、停止。根据需要，用户也可以自行启动和停止 MySQL 服务，主要有两种方法：使用 Windows 的服务管理器图形工具或从命令行使用 NET 命令。

　　（1）通过 Windows 的服务管理器查看、启动和停止 MySQL 服务，具体的操作如下：

　　鼠标右键单击桌面"我的电脑"图标，在弹出的对话菜单中选择"管理"项，打开 Windows 的服务管理器，选择"服务和应用程序"下"服务"项，可查看本机应用服务启停的情况，其中可以看到服务名为"MySQL80"的服务项（因为以上安装 MySQL 时，设置服务名为："MySQL80"），其右边状态为"正在运行"，表明该服务已经启动，如图 3.18 所示。由于设置了"MySQL80"启动类型为自动，这里可以看到，服务已经启动，如果没有"正在运行"字样，说明 MySQL 服务未启动。

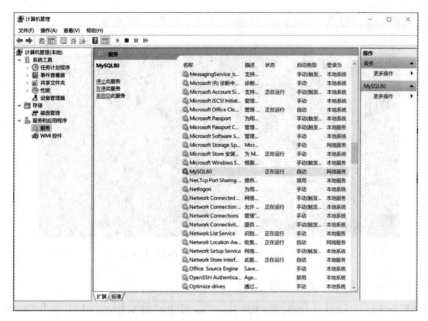

图 3.18 Windows 的服务管理器

双击 MySQL 服务，打开"MySQL80 的属性"对话框，用户可以查看服务状态并通过单击"启动"或"停止"按钮来改变服务状态，如图 3.19 所示。

图 3.19 "MySQL 的属性"对话框

（2）通过命令行使用 NET 命令启动和停止 MySQL 服务，具体的操作如下：

单击桌面左下角"开始"菜单，在搜索框中输入"cmd"，找到"命令提示符"图标，以管理员身份运行"命令提示符"图标，弹出命令提示符界面。输入"net start MySQL80"，按回车键，启动 MySQL 服务；输入"net stop MySQL80"，按回车键，停止 MySQL 服务。在命令中，MySQL80 字样是服务名，如果读者的 MySQL80 服务名已改为其他名字，那么应该输入"net start 其他名字"，如图 3.20 所示。

图 3.20　NET 命令启动和停止 MySQL

3.1.2.4　Windows 系统中配置 Path 变量

用 Windows 命令行方式使用 MySQL 时，每次登录都要输入 cd C：\ Program Files \ MySQL \ MySQL Server 8.0 \ bin，进入安装路径的 bin 目录下才能使用 bin 目录下的命令。为了方便使用，把 MySQL 的 bin 目录添加到系统的环境变量里，这样无论 Windows 命令行方式输入提示符在任何目录下，都可直接输入命令登录 MySQL 数据库。下面介绍怎样配置 Path 变量，具体的操作步骤如下：

（1）鼠标右键单击桌面"我的电脑"图标，在弹出的快捷菜单中选择"属性"菜单。

（2）打开"系统"窗口，单击"高级系统设置"链接，如图 3.21 所示。

图 3.21　Windows "系统" 窗口

（3）打开"系统属性"对话框，选择"高级"选项卡，然后单击"环境变量"按钮，如图 3.22 所示。

图 3.22 "系统属性"对话框

(4)打开"环境变量"对话框，在系统变量（S）列表中选择 Path 变量，如图 3.23 所示。

图 3.23 "环境变量"对话框

(5)单击"编辑"按钮，在"编辑环境变量"对话框中，将 MySQL 的 bin 目录 C：\ Program Files \ MySQL \ MySQL Server 8.0 \ bin 添加到变量值中（bin 目录的路径根据 MySQL 的安装路径而定），如与其他路径放在一起，用分号与其他路径分隔开，如图 3.24 所示。

图 3.24　"编辑环境变量"对话框

（6）添加完成后，逐一点击"确定"按钮，这样就完成了配置 Path 变量的操作。

3.1.2.5　登录 MySQL 数据库

MySQL 服务启动后，用户便可以通过客户端登录 MySQL 数据库。在 Windows 操作系统下，用户可以通过命令行方式登录 MySQL 数据库，如果安装了 MySQL 图形管理工具，也可直接使用图形管理工具登录 MySQL 数据库。

（1）用 Windows 命令行方式登录，具体的操作如下：

第一步，单击桌面左下角"开始"菜单，在搜索框中输入"cmd"，按"Enter"键确认打开 Windows 命令行窗口。

第二步，在 Windows 命令行窗口中输入登录命令连接 MySQL 数据库，输入如下语句：

mysql-h hostname -u username -p

按"Enter"键，系统会提示输入密码"Enter password"，输入密码后，验证正确即可登录 MySQL 数据库，如图 3.25 所示。

登录命令格式为：

mysql -h hostname -u username -p

说明：-h 后面的参数是服务器的主机地址，如客户端和服务器在同一台机器上，可输入 localhost 或者 IP 地址 127.0.0.1。-u 后面跟登录数据库的用户名，如超级用户登录，可输入 root。-p 后面是用户登录密码。

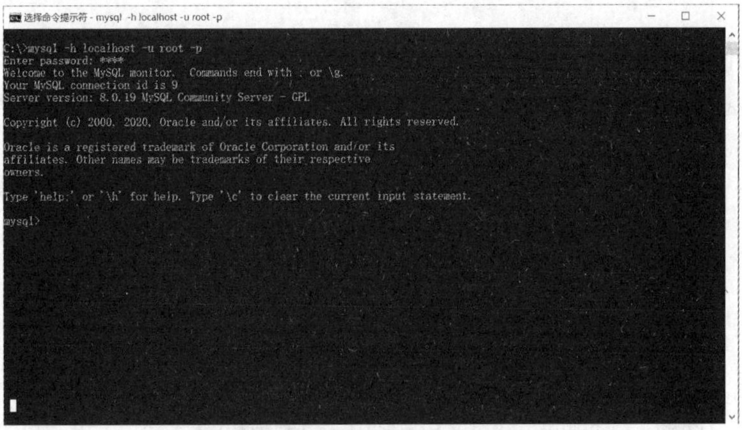

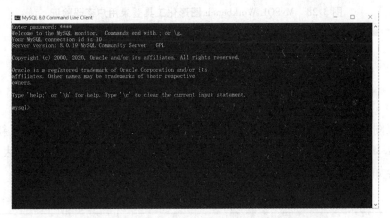

图 3.25　Windows 命令行登录窗口

（2）用 MySQL Command Line Client 登录，具体的操作如下：

依次选择"开始"菜单中"MySQL"下"MySQL 8.0 Command Line Client"菜单命令，进入 MySQL 命令行登录窗口，输入正确的密码后，就可以登录 MySQL 数据库，如图 3.26 所示。

图 3.26　MySQL Command Line Client 命令行登录窗口

以上命令行方式成功连接后，在 mysql>提示符下可输入 EXIT 或 QUIT 命令退出登录。

例如，退出已连接的数据库服务器输入语句如下：

mysql>EXIT

退出登录如图 3.27 所示。

图 3.27　退出登录

（3）用 MySQL Workbench 图形管理工具登录，具体的操作如下：

MySQL Workbench 客户端软件是 MySQL 官方提供的图形化管理工具，图形化工具极大地方便了数据库的操作与管理。MySQL Workbench 完全支持 MySQL 5.0 以上的版本。

选择"开始"菜单中"MySQL"下"MySQL Workbench"菜单命令,打开界面如图 3.28 所示。点击连接后,输入正确用户名和密码就可以登录 MySQL 数据库了。

图 3.28　MySQL Workbench 图形化工具登录用户密码验证

3.2　图书借阅数据库

本章以图书借阅数据库及数据表为例来讲解 SQL 的数据定义、数据更新、数据查询等语句及 MySQL 数据库的使用。该数据库所含数据表的结构如表 3.1~表 3.4 所示,其数据内容如表 3.5~表 3.8 所示。

表 3.1　图书信息表（book_info）结构

字段名	字段描述	字段类型	主键否	外键否	非空
CallNo	索书号	CHAR(10)	是	否	是
Bname	书名	CHAR(30)	否	否	是
Bauthor	作者	CHAR(20)	否	否	否
Btype	图书类型	CHAR(16)	否	否	否
Press	出版社	CHAR(30)	否	否	否
PubYear	出版年份	YEAR	否	否	否

表 3.2　图书表（books）结构

字段名	字段描述	字段类型	主键否	外键否	非空
Bno	图书编号	CHAR（10）	是	否	是
CallNo	索书号	CHAR（10）	否	是	是
State	借书状态	ENUM（'是','否'）	否	否	是

注：借书状态为"是"表示该书已借，为"否"表示未借。

表 3.3　读者信息表（reader）结构

字段名	字段描述	字段类型	主键否	外键否	非空
Rno	读者编号	CHAR（10）	是	否	是
Rname	读者姓名	CHAR（20）	否	否	是
Rage	年龄	SMALLINT	否	否	否
Tel	联系电话	CHAR（11）	否	否	否
Rtype	读者类型	ENUM（'教师','学生'）	否	否	否

表 3.4　借/还书记录表（brw_rtn）结构

字段名	字段描述	字段类型	主键否	外键否	非空
Bno	图书编号	CHAR（10）	是	是	是
Rno	读者编号	CHAR（10）		是	是
BrwDate	借书日期	DATE		否	是
RtnDate	还书日期	DATE	否	否	否

表 3.5　图书信息表（book_info）数据

CallNo	Bname	Bauthor	Btype	Press	PubYear
Art041	摄影艺术教程	龙文可	艺术	人民出版社	2019
Bio091	中国猫科动物	余豪豪	生物科学	农业出版社	2017
Cpt081	MySQL 数据库教程	王明东	计算机	科学出版社	2019
Cpt082	Java 程序设计	林冬冬	计算机	工业出版社	2018
Cpt083	数据库原理及应用	蒙祖强	计算机	清华大学出版社	2018
Cpt084	数据库系统原理与设计	万常选	计算机	清华大学出版社	2017

表 3.6 图书表（books）数据

Bno	CallNo	State
Art04101	Art041	是
Art04102	Art041	否
Bio09101	Bio091	否
Cpt08101	Cpt081	是
Cpt08102	Cpt081	否
Cpt08103	Cpt081	否
Cpt08201	Cpt082	否
Cpt08301	Cpt083	是
Cpt08401	Cpt084	否

表 3.7 读者信息表（reader）数据

Rno	Rname	Rage	Tel	Rtype
008001	赵东来	36	13808590023	教师
008002	韦茗微	46	13808596512	教师
2018408001	李永义	21	13508594621	学生
2018408002	陈娇娇	20	13808512031	学生
2019408001	王丽莉	19	13808553674	学生

表 3.8 借/还书记录表（brw_rtn）数据

Bno	Rno	BrwDate	RtnDate
Art04101	2019408001	2019/9/21	NULL
Cpt08101	008001	2019/3/21	2019/6/9
Cpt08101	008001	2019/9/27	NULL
Cpt08102	2018408002	2019/3/28	2019/4/25
Cpt08201	2018408001	2019/3/25	2019/4/18
Cpt08201	2018408001	2019/4/20	2019/5/19
Cpt08301	2018408002	2019/10/12	NULL

3.3 数据的定义

3.3.1 数据库的建立

3.3.1.1 连接并登录 MySQL 服务器

当 MySQL 服务器已经运行时，首先打开命令提示符，输入以下语句：

mysql −h hostname −u username −p

Enter password：＊＊＊＊

登录成功后，命令提示符会一直以"mysql＞"加一个闪烁的光标等待命令的输入。

【例 3-1】连接登录本机数据库服务器输入语句如下：

mysql −h localhost −u root −p

Enter password：＊＊＊＊

系统会提示输入密码，输入密码验证正确后，即可登录 MySQL 数据库，如图 3.29 所示。

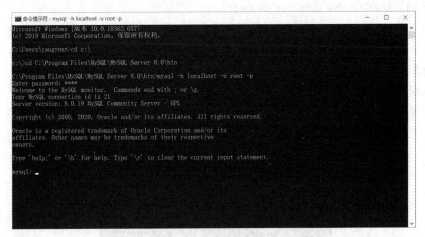

图 3.29 命令行登录窗口

注：下列章节的例子前提是已经连接登录 MySQL 服务器，由"mysql＞"提示符标明。

3.3.1.2 数据库建立与删除

（1）数据库建立。MySQL 安装完成后，将会自动创建几个必需的数据库，可以使用 SHOW DATABASES 语句来查看当前所有存在的数据库，输入语句如下：

SHOW DATABASES；

结果如图 3.30 所示。

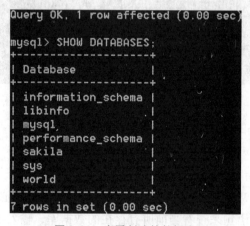

图 3.30　显示当前所有存在数据库

创建数据库是指在系统磁盘上划分一块区域用于数据的存储和管理，如果管理员已事先为用户创建了数据库，就可以分配给用户直接使用，否则用户需要自己创建数据库。在 MySQL 中创建数据库，基本语法格式如下：

CREATE DATABASE database_name;

其中，database_name 为将创建的数据库的名称，该名称不能与已经存在的数据库重名。

【例 3-2】创建数据库 libinfo，输入语句如下：

CREATE DATABASE libinfo;

再次使用 SHOW DATABASES 语句查看新创建的数据库，输入语句如下：

SHOW DATABASES;

结果如图 3.31 所示。

图 3.31　查看创建的数据库

（2）数据库删除。删除数据库是将已经存在的数据库从磁盘上清除。在删除数据库时，数据库中所有数据也将一同被删除，所以使用删除数据库的命令时一定要小心谨慎，MySQL 中删除数据库的语法格式为：

DROP DATABASE database_name;

其中，database_name 为要删除的数据库名称，如果指定的数据库不存在，删除就会出错。

【例 3-3】删除数据库 libinfo，输入语句如下：

DROP DATABASE libinfo；

读者可再次使用 SHOW DATABASES 语句查看当前所有数据库，验证 libinfo 数据库是否被删除。

3.3.2　基本表的定义、删除与修改

3.3.2.1　定义基本表

基本表又称数据表，是数据库中最基本的操作对象，是数据存储的基本单位。基本表被定义为列的集合，数据在基本表中是按照行和列的格式来存储的。每一行代表一条记录，也就是关系代数中的元组；每一列代表记录中的一个域，列（或称字段）就是关系代数部分指的属性。MySQL 语言使用 CREATE TABLE 语句定义基本表，以图书借阅数据库为例创建主要基本表。

【例 3-4】创建一个图书信息表 book_info。

（1）首先创建数据库，输入语句如下：

CREATE DATABASE libinfo；

（2）选择所要操作的数据库，要对一个数据库进行操作，首先必须选择该数据库，否则会提示错误：ERROR 1046（3D000）：No database selected。

使用 USE 语句来选择数据库，USE 语句可以不加分号，选择成功后会提示：Database changed，输入语句如下：

USE libinfo；

选择数据库 libinfo 如图 3.32 所示。

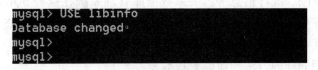

图 3.32　选择数据库 libinfo

（3）创建图书信息表 book_info，输入语句如下：

```
CREATE TABLE book_info(
    CallNo CHAR(10) NOT NULL,
    Bname CHAR(30) NOT NULL,
    Bauthor CHAR(20) DEFAULT NULL,
    Btype CHAR(16) DEFAULT NULL,
    Press CHAR(30) DEFAULT NULL,
    PubYear YEAR(4) DEFAULT NULL,
    PRIMARY KEY(CallNo)
);
```

语句执行后，便创建了一个名为 book_info 的基本表，使用 SHOW TABLES 语句查看数据表是否创建成功，输入语句如下：

SHOW TABLES；

创建并查看基本表 book_info，如图 3.33 所示。

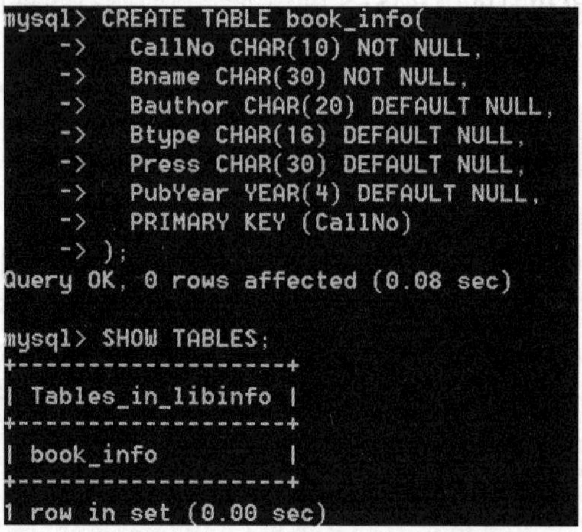

图 3.33　创建并查看基本表 book_info

系统执行该 CREATE TABLE 语句后，就在数据库中建立一个新的空图书信息表 book_info，并将有关图书信息表 book_info 的定义及有关约束条件存放在数据字典中。我们在依次创建其他基本表时，如已经选择 libinfo 数据库，则无须反复使用 use 语句选择数据库。

说明：数据字典是关系数据库管理系统内部的一组系统表，它记录了数据库中所有的定义信息，包括基本表定义、视图定义、索引定义、完整性约束定义、各类用户对数据库的操作权限、统计信息等。关系数据库管理系统在执行 SQL 的数据定义语句时，实际上就是在更新数据字典中的相应信息。在进行查询优化和查询处理时，数据字典中的信息是其重要依据。

我们可以采用同样的方法创建以下基本表：

【例 3-5】建立一个图书表 books。

CREATE TABLE books(

　　Bno CHAR(10) NOT NULL,

　　CallNo CHAR(10) NOT NULL,

　　State ENUM('是','否') DEFAULT NULL,

　　PRIMARY KEY (Bno),

　　FOREIGN KEY(CallNo) REFERENCES book_info(CallNo)

);

【例 3-6】建立一个读者信息表 reader。

CREATE TABLE reader(

　　Rno CHAR(10) NOT NULL,

```
    Rname CHAR(20) NOT NULL,
    Rage SMALLINT(6) DEFAULT NULL,
    Tel CHAR(11) DEFAULT NULL,
    Rtype ENUM('教师','学生') DEFAULT NULL,
    PRIMARY KEY(Rno)
);
```

【例 3-7】建立一个借/还书记录表 brw_rtn。

```
CREATE TABLE brw_rtn(
    Bno CHAR(10) NOT NULL,
    Rno CHAR(10) NOT NULL,
    BrwDate DATE NOT NULL,
    RtnDate DATE DEFAULT NULL,
    PRIMARY KEY(Bno,Rno,BrwDate),
    FOREIGN KEY(Bno) REFERENCES books(Bno),
    FOREIGN KEY(Rno) REFERENCES reader(Rno)
);
```

再次使用 SHOW TABLES 语句，查看以上例题创建基本表是否成功（如图 3.34 所示），输入语句如下：

```
SHOW TABLES;
```

```
mysql> SHOW TABLES;
+-------------------+
| Tables_in_libinfo |
+-------------------+
| book_info         |
| books             |
| brw_rtn           |
| reader            |
+-------------------+
4 rows in set (0.00 sec)
```

图 3.34　成功创建基本表

基本表定义好后，我们可以使用 DESCRIBE 和 SHOW CREATE TABLE 语句查看表结构了。查看 book_info 表的结构如图 3.35 所示。

```
mysql> DESCRIBE book_info;
+---------+----------+------+-----+---------+-------+
| Field   | Type     | Null | Key | Default | Extra |
+---------+----------+------+-----+---------+-------+
| CallNo  | char(10) | NO   | PRI | NULL    |       |
| Bname   | char(30) | NO   |     | NULL    |       |
| Bauthor | char(20) | YES  |     | NULL    |       |
| Btype   | char(16) | YES  |     | NULL    |       |
| Press   | char(30) | YES  |     | NULL    |       |
| PubYear | year(4)  | YES  |     | NULL    |       |
+---------+----------+------+-----+---------+-------+
```

图 3.35　查看 book_info 表的结构

DESCRIBE/DESC 语句可以查看表的字段信息，其中包括字段名、字段数据类型、是否为主键、是否有默认值等。基本语法格式如下：

DESCRIBE 表名；

例如：

DESCRIBE book_info；

SHOW CREATE TABLE 语句可以用来显示创建表时的 CREATE TABLE 语句，还可以查看存储引擎和字符编码。基本语法格式如下：

SHOW CREATE TABLE <表名 \G>

加上参数 "\G" 之后，可使显示结果更加直观，易于查看。

例如：

SHOW CREATE TABLE book_info \G

SHOW CREATE TABLE 语句应用如图 3.36 所示。

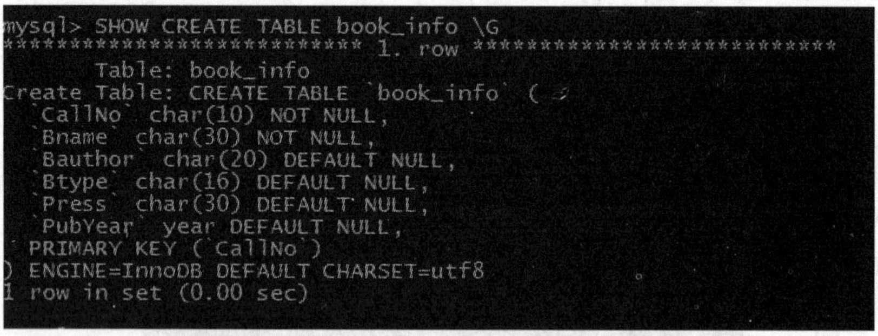

图 3.36　SHOW CREATE TABLE 语句应用

从上述例子，我们可以看到如何使用 CREATE TABLE 语句定义基本表，其基本语法格式如下：

CREATE TABLE <表名>

(<列名> <数据类型> ［列级完整性约束条件］

［，<列名> <数据类型> ［列级完整性约束条件］

［，<表级完整性约束条件>］)；

在数据库管理系统中定义基本表又称为创建表，使用 CREATE TABLE 创建表时，必须指定以下信息：

（1）要创建的表的名称，但不能使用 SQL 语言中的关键字，如 INSERT、UPDATE、SELECT 等。

（2）清楚定义每一个列（字段）的名称和数据类型，如果要创建多个列，就用逗号隔开，最后一列不用逗号。

（3）一个属性选用哪种数据类型要根据实际情况来决定，一般要从两个方面来考虑，一是取值范围，二是要做哪些运算。例如，对于年龄（Sage）属性，可以采用 CHAR(3) 作为数据类型，但考虑到要在年龄上做算术运算（如求平均年龄），所以要采用整数作为数据类型，因为在 CHAR(n) 数据类型上不能进行算术运算。整数又有长整数和短整数两种，因为人的年龄最大在 100 岁左右，所以选用短整数作为年龄的数据类型。

我们在定义表时，要为每个列（字段）值定义数据类型，数据库的每一条数据都有其数据类型。MySQL 支持多种数据类型，主要分成三类：数字类型、字符串（字符）类型、日期和时间类型。

（1）数字类型。MySQL 支持所有的 ANSI/ISO SQL 92 数字类型。这些类型包括准确数字的数据类型（DECIMAL、INTEGER 和 SMALLINT），还包括近似数字的数据类型（FLOAT、REAL 和 DOUBLE PRECISION）。其中的关键词 INT 是 INTEGER 的同义词，关键词 DEC 是 DECIMAL 的同义词。数字类型总体可以分成整型和浮点型两类，详细内容如表 3.9 和表 3.10 所示。

表 3.9　整型数据类型

数据类型	取值范围	说明	单位
TINYINT	有符号值：−128～127　　无符号值：0～255	最小的整数	1 字节
BIT	有符号值：−128～127　　无符号值：0～255	最小的整数	1 字节
BOOL	有符号值：−128～127　　无符号值：0～255	最小的整数	1 字节
SMALLINT	有符号值：−32 768～32 767 无符号值：0～65 535	小型整数	2 字节
MEDIUMINT	有符号值：−8 388 608～8 388 607 无符号值：0～16 777 215	中型整数	3 字节
INT	有符号值：−2 147 683 648～2 147 683 647 无符号值：0～4 294 967 295	标准整数	4 字节
BIGINT	有符号值： − 9 223 372 036 854 775 808～ 9 223 372 036 854 775 807 无符号值：0～18 446 744 073 709 551 615	大整数	8 字节

表 3.10　浮点数据类型

数据类型	取值范围	说明	单位
FLOAT	＋（−）3.402823466E+38	单精度浮点数	8 或 4 字节
DOUBLE	＋（−）1.7976931348623157E+308 ＋（−）2.2250738585072014E−308	双精度浮点数	8 字节
DECIMAL	可变	精度确定的小数类型，可以单独指定精度（该数的最大位数）和标度（小数点后面的位数）	自定义长度

在创建表时，使用哪种数字类型，应遵循以下原则：

第一，选择最小的可用类型，如果值永远不超过 127，则使用 TINYINT 比 INT 更好。

第二，对于完全都是数字的，可以选择整数类型。

第三，浮点类型用于可能具有小数部分的数。如分值、金额等。

（2）字符串类型。字符串类型可以分为 3 类：普通的文本字符串类型（CHAR 和 VARCHAR）、可变类型（TEXT 和 BLOB）和特殊类型（SET 和 ENUM）。它们之间都有一定的区别，取值的范围不同，应用的地方也不同。

第一，普通的文本字符串类型，即 CHAR 和 VARCHAR 类型。CHAR 列的长度被固定为创建表所声明的长度，取值为 1~255；VARCHAR 列的值是变长的字符串，取值和 CHAR 一样。下面介绍普通的文本字符串类型，如表 3.11 所示。

表 3.11　普通的文本字符串类型

类型	取值范围	说明
[national] CHAR(M) [binary｜ASCII｜unicode]	0~255 个字符	固定长度为 M 的字符串，其中 M 的取值范围为 0~255。 national 关键字指定了应该使用的默认字符集。 binary 关键字指定了数据是否区分大小写（默认是区分大小写）的。 ASCII 关键字指定了在该列中使用 Latin1 字符集。Unicode 关键字指定了使用 UCS 字符集
CHAR	0~255 个字符	与 CHAR(M) 类似
[national] VARCHAR(M) [binary]	0~255 个字符	长度可变，其他和 CHAR(M) 类似

第二，TEXT 和 BLOB 类型。它们的大小可以改变，TEXT 类型适合存储长文本，而 BLOB 类型适合存储二进制数据，支持任何数据，例如文本、声音和图像等。下面介绍 TEXT 和 BLOB 类型，如表 3.12 所示。

表 3.12　TEXT 和 BLOB 类型

类型	最大长度（字节数）	说明
TINYBLOB	2^8-1（225）	小 BLOB 字段
TINYTEXT	2^8-1（225）	小 TEXT 字段
BLOB	$2^{16}-1$（65 535）	常规 BLOB 字段
TEXT	$2^{16}-1$（65 535）	常规 TEXT 字段
MEDIUMBLOB	$2^{24}-1$（16 777 215）	中型 BLOB 字段
MEDIUMTEXT	$2^{24}-1$（16 777 215）	中型 TEXT 字段

表3.12(续)

类型	最大长度（字节数）	说明
LONGBLOB	$2^{32}-1$（4 294 967 295）	长 BLOB 字段
LONGTEXT	$2^{32}-1$（4 294 967 295）	长 TEXT 字段

第三，特殊类型 ENUM 和 SET，如表 3.13 所示。

表 3.13　ENUM 和 SET 类型

类型	最大值	说明
ENUM("valuel","value2"，…)	65 535	该类型的列只可以容纳所列值之一或为 NULL
SET("valuel","value2"，…)	64	该类型的列可以容纳一组值或为 NULL

在创建表和使用字符串类型时应遵循以下原则：

①从速度方面考虑，要选择固定的列，可以使用 CHAR 类型。

②要节省空间，使用动态的列，可以使用 VARCHAR 类型。

③要将列中的内容限制在一种选择，可以使用 ENUM 类型。

④允许在一个列中有多于一个的条目，可以使用 SET 类型。

⑤如果要搜索的内容不区分大小写，可以使用 TEXT 类型。

⑥如果要搜索的内容区分大小写，可以使用 BLOB 类型。

（3）日期和时间类型。日期和时间类型包括：DATETIME、DATE、TIMESTAMP、TIME 和 YEAR。其中的每种类型都有其取值的范围，如赋予它一个不合法的值，它将会被"0"代替。下面介绍日期和时间类型，如表 3.14 所示。在 MySQL 中，日期的顺序是按照标准的 ANSISQL 格式进行输出的。

表 3.14 日期和时间类型

类型	取值范围	说明
DATE	1000-01-01～9999-12-31	日期，格式 YYYY-MM-DD
TIME	-838:58:59～835:59:59	对间，格式 HH:MM:SS
DATETIME	1000-01-01 00:00:00～ 9999-12-31 23:59:59	日期和时间，格式 YYYY-MM-DD HH:MM:SS
TIMESTAMP	1970-01-01 00:00:00～ 2037 年的某个时间	时间标签，在处理报告时使用的显示格式
YEAR	1901～2155	年份可指定两位数字和四位数字的格式

定义基本表的主要任务是规定数据列的名称和数据类型，同时实施数据完整性约束等。完整性约束条件被存入系统的数据字典中，当用户进行操作时，数据库管理系统会自动检查该操作是否违反这些完整性约束条件，并做违约处理。完整性约束将在下一节介绍。

3.3.2.2 修改表（基本表）

修改表指的是修改数据库中已经存在的数据表的结构。MySQL 使用 ALTER TABLE 语句来进行修改。常用的修改表的操作有修改表名、修改字段数据类型或字段名、增加和删除字段、修改字段的排列位置、更改表的存储引擎和约束条件等。本节将对有关操作进行介绍。

修改表和删除表都影响了表结构，为不影响读者在后续章节使用前文所述的图书馆借阅系统数据库表的举例学习，本节重新创建几个表来介绍表的修改和删除。

创建一个部门表 tb_dept1，表结构如表 3.15 所示：

表 3.15　部门表 tb_dept1 结构

字段名称	数据类型	备注
id	INT(11)	部门编号
name	VARCHAR(22)	部门名称
location	VARCHAR(50)	部门位置

创建表输入语句如下：

```
CREATE TABLE tb_dept1(
    id INT(11) PRIMARY KEY,
    name VARCHAR(22) NOT NULL,
    location VARCHAR(50)
);
```

（1）修改表名。MySQL 通过 ALTER TABLE 语句来实现修改表名，基本语法结构如下：

ALTER TABLE <旧表名> RENAME <新表名>;

【例 3-8】将数据表 tb_dept1 改名为 tb_dept。

在执行修改表名操作之前，使用 SHOW TABLES 查看数据库中所有的表名，如图 3.37 所示。

图 3.37　修改表名前查看表名

输入语句如下：

ALTER TABLE tb_dept1 RENAME tb_dept;

在语句执行之后，检验表 tb_dept1 是否改名成功，再次使用 SHOW TABLES 查看数据库中所有的表名，如图 3.38 所示。

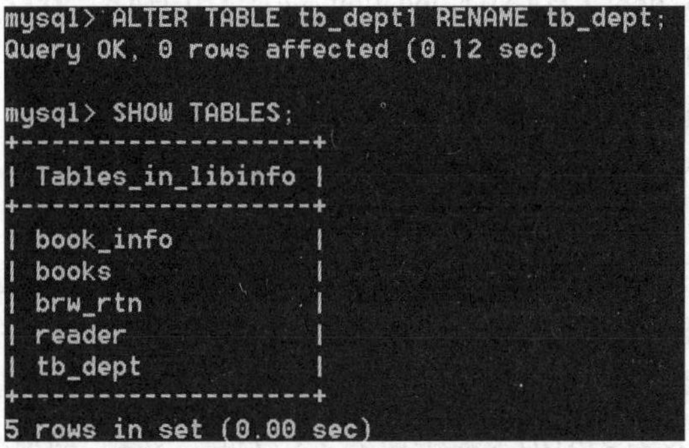

```
mysql> ALTER TABLE tb_dept1 RENAME tb_dept;
Query OK, 0 rows affected (0.12 sec)

mysql> SHOW TABLES;
+-------------------+
| Tables_in_libinfo |
+-------------------+
| book_info         |
| books             |
| brw_rtn           |
| reader            |
| tb_dept           |
+-------------------+
5 rows in set (0.00 sec)
```

图 3.38 修改表名后查看表名

（2）修改字段的数据类型。修改字段的数据类型就是把字段的数据类型转换成另一种数据类型，基本语法结构如下：

ALTER TABLE <表名> MODIFY <字段名> <数据类型>;

【例 3-9】在上题基础上，将数据表 tb_dept 中 name 字段的数据类型由 VARCHAR(22) 修改成 VARCHAR(30)。

修改字段的数据类型之前，使用 DESCRIBE tb_dept 查看表结构，如图 3.39 所示。

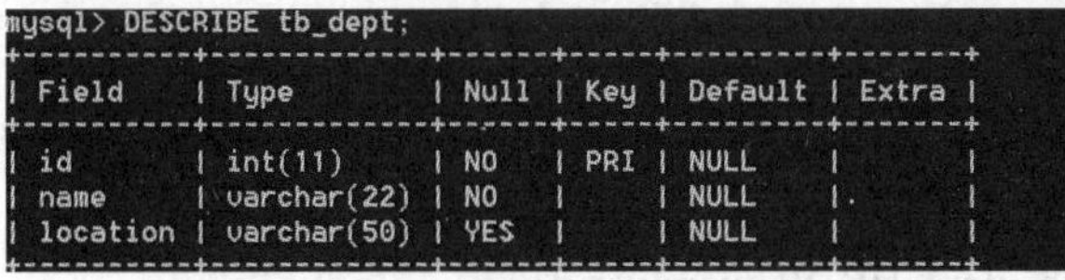

```
mysql> DESCRIBE tb_dept;
+----------+-------------+------+-----+---------+-------+
| Field    | Type        | Null | Key | Default | Extra |
+----------+-------------+------+-----+---------+-------+
| id       | int(11)     | NO   | PRI | NULL    |       |
| name     | varchar(22) | NO   |     | NULL    |       |
| location | varchar(50) | YES  |     | NULL    |       |
+----------+-------------+------+-----+---------+-------+
```

图 3.39 修改字段的数据类型前查看表结构

输入语句如下：

ALTER TABLE tb_dept MODIFY name VARCHAR(30);

在语句执行之后，检验表 tb_dept 是否修改成功，再次使用 DESCRIBE tb_dept 查看表结构，如图 3.40 所示。

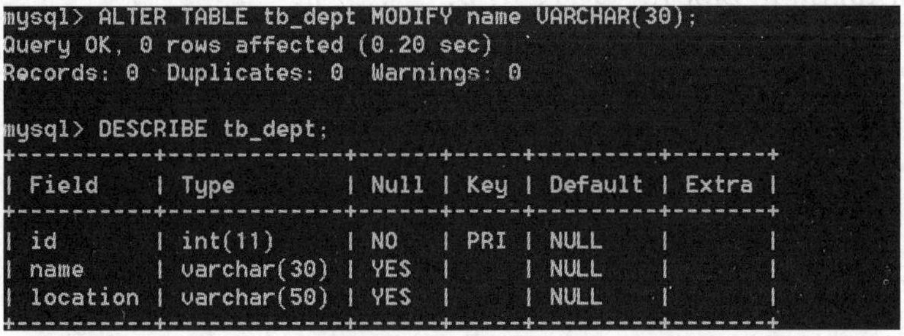

```
mysql> ALTER TABLE tb_dept MODIFY name VARCHAR(30);
Query OK, 0 rows affected (0.20 sec)
Records: 0  Duplicates: 0  Warnings: 0

mysql> DESCRIBE tb_dept;
+----------+-------------+------+-----+---------+-------+
| Field    | Type        | Null | Key | Default | Extra |
+----------+-------------+------+-----+---------+-------+
| id       | int(11)     | NO   | PRI | NULL    |       |
| name     | varchar(30) | YES  |     | NULL    |       |
| location | varchar(50) | YES  |     | NULL    |       |
+----------+-------------+------+-----+---------+-------+
```

图 3.40 修改字段的数据类型后查看表结构

（3）修改字段名。SQL 中修改字段名，基本语法结构如下：

ALTER TABLE <表名> CHANGE <旧字段名> <新字段名> <新数据类型>；

【例 3-10】将数据表 tb_dept 中的 location 字段名改为 loc，数据类型保持不变。输入语句如下：

ALTER TABLE tb_dept CHANGE location loc VARCHAR(50)；

同时也可以一起修改字段的数据类型。

【例 3-11】将数据表 tb_dept 中的 location 字段名改为 loc，同时修改数据类型为 VARCHAR(80)。输入语句如下：

ALTER TABLE tb_dept CHANGE location loc VARCHAR(80)；

读者可以自行使用 DESCRIBE 语句，查看修改前后的表结构进行比较。

（4）添加字段。随着需求的变化，我们可能需要在已经存在的表中添加新的字段。一个完整字段包括字段名、数据类型、完整性约束。添加字段的基本语法结构如下：

ALTER TABLE <表名> ADD <新字段名> <数据类型>［约束条件］；

【例 3-12】在数据表 tb_dept 中添加一个字段 managerid（部门经理编号），该字段数据类型为 INT(10)，没有完整性约束。输入语句如下：

ALTER TABLE tb_dept ADD managerid INT(10)；

【例 3-13】在数据表 tb_dept 中添加一个字段 mtype（部门类型），该字段数据类型为 VARCHAR(12)，不能为空。输入语句如下：

ALTER TABLE tb_dept ADD mtype VARCHAR(12) NOT NULL；

（5）删除字段。删除字段是将数据表中的某个字段从表中移除，基本语法结构如下：

ALTER TABLE <表名> DROP <字段名>；

【例 3-14】在上题基础上，删除数据表 tb_dept 中的 managerid 字段。输入语句如下：

ALTER TABLE tb_dept DROP managerid；

3.3.2.3 删除基本表

删除基本表就是将数据库中已经存在的基本表从数据库中删除。删除基本表的同时，表的定义和表的所有数据均会被删除，所以删除基本表的命令一定要小心谨慎地使用。MySQL 中使用 DROP TABLE 可以一次删除一个或多个没有被其他表关联的基本表。基本语法结构如下：

DROP TABLE［IF EXISTS］表 1，表 2，…，表 n；

"表 n"指要删除表的名称，后面可以同时删除多个表，只需将要删除的表名依次写在后面，相互之间用逗号隔开。如果要删除的表不存在，MySQL 就会提示错误信息，参数"IF EXISTS"用于在删除前判断删除的表是否存在，加上该参数后，在删除表的时候，如果表不存在，SQL 语句可以顺利执行，但是会发出警告。

【例 3-15】删除基本表 tb_dept。输入语句如下：

DROP TABLE tb_dept；

或

DROP TABLE IF EXISTS tb_dept；

3.3.3　设置存储引擎

存储引擎其实就是存储数据、为存储的数据建立索引以及更新、查询数据等技术的实现方法。因为在关系数据库中数据是以表的形式存储的，所以存储引擎也可以称为表类型（存储和操作此表的类型）。Oracle 和 SQL Server 等数据库只有一种存储引擎，所有数据存储管理机制都是一样的。而 MySQL 数据库提供了多种存储引擎，用户可以根据不同的需求为数据表选择不同的存储引擎。我们可以使用 SHOW ENGINES 语句查询 MySQL 支持的存储引擎。其查询语句如下：

SHOW ENGINES；

MySQL 有多个可用的存储引擎，用得最多的是 InnoDB、MyISAM 和 MEMORY 三种。每种存储引擎都有各自的优势。下面只介绍在 MySQL 中设置存储引擎的方法。想要更深入了解各种存储引擎内容的读者，请查阅其他相关文献。

在创建数据表时，我们可以使用 ENGINE 属性设置表的存储引擎。如果省略了 EN-GINE 属性，那么该表将沿用 MySQL 默认的存储引擎。ENGINE 属性设置的基本语法结构如下：

ENGINE＝存储引擎类型

【例 3-16】创建 indextab4 表，要求将表的存储引擎设为 MyISAM。输入的语句如下：

CREATE TABLE indextab4
(
  id INT NOT NULL，
  name CHAR(30) NOT NULL，
  age INT NOT NULL，
  info VARCHAR(255)，
  FULLTEXT INDEX FullTxtIdx(info)
) ENGINE = MyISAM；   ／＊创建表时修改表的存储引擎为：MyISAM＊／

由于 MySQL 默认存储引擎为 InnoDB，我们在创建表时需要修改表的存储引擎为MyISAM。

3.4　数据库完整性

数据库的完整性是指数据的正确性和相容性，数据的正确性是指数据是符合现实世界语义、反映当前实际状况的；数据的相容性是指数据库的同一对象在不同关系表中的数据是符合逻辑的。数据的完整性是为了防止数据库中存在不符合语义的数据，防止不合语义的、不正确的数据进入数据库。

为维护数据库的完整性，数据库管理系统必须能够实现如下功能：

（1）提供定义完整性约束条件的机制。

完整性约束条件也称为完整性规则，是数据库中的数据必须满足的语义约束条件。它表达了给定的数据模型中数据及其联系所具有的制约和依存规则，用以限定符合数据模型的数据库状态以及状态的变化，以保证数据的正确、有效和相容。SQL 标准使用了一系列概念描述完整性，包括实体完整性、参照完整性和用户定义完整性。这些完整性一般由 SQL 的数据定义语句来实现。

（2）提供完整性检查的方法。

数据库管理系统检查数据是否满足完整性约束条件称为完整性检查。查询数据不会影响数据库的状态，无须完整性检查，一般在 INSERT、UPDATE、DELETE 语句执行后开始检查，也可以在提交时检查。我们需要检查在执行这些操作后，数据库中的数据是否违反了完整性约束条件。

（3）进行违约处理。

数据库管理系统若发现用户的操作违反了完整性约束条件，将采取一定的动作，如拒绝执行该操作或级联执行其他操作，进行违约处理以保证数据的完整性。

本书第 2 章已对关系数据库三类完整性约束（实体完整性、参照完整性和用户定义完整性）做了理论介绍，这里不再赘述，本节主要介绍在 MySQL 中怎样具体实现三类完整性约束的方法。

3.4.1 实体完整性

3.4.1.1 定义实体完整性

在数据库管理系统中，定义数据库的实体完整性通常又称为定义主键约束，把能将实体唯一标识出来的属性列定义为主键。主键可包含单字段（属性）或多字段（属性），主键又称主码。

在 MySQL 中，我们可以在 CREATE TABLE 或者 ALTER TABLE 语句中使用 PRI-MARY KEY 子句来定义主键约束。主键需要遵守以下规则：

第一，一个表只能定义一个主键。

第二，唯一性原则，主键必须能够唯一标识表中的每一行记录，且不能为 NULL。

第三，最小化规则，多字段主键不能包含不必要的多余列。也就是说，当从一个多字段主键删除一列后，如果剩下的列构成的主键仍能满足唯一性原则，那么这个多字段主键是不正确的。

（1）单字段主键定义。

【例 3-17】在以上章节中已建立一个读者信息表 reader，代码如下：

```
CREATE TABLE reader(
    Rno CHAR(10) NOT NULL,
    Rname CHAR(20) NOT NULL,
    Rage SMALLINT(6) DEFAULT NULL,
    Tel CHAR(11) DEFAULT NULL,
    Rtype ENUM('教师', '学生') DEFAULT NULL,
```

```
PRIMARY KEY(Rno)                              /*表级定义主键*/
);
```

其中读者编号能把每个读者唯一标识出来，所以系统将读者编号定义为主键，每个读者编号不能取重复值，也不能为空值。在定义表时将所有字段列进行定义后，加上 PRIMARY KEY(字段名，…) 子句实现，这种方式称为表级定义主键。

本例中主键只包含读者编号一个字段，属于单字段主键。单字段主键定义也可在表的字段定义时，加上关键字 PRIMARY KEY 来实现，这种方式称为列级定义主键。以上代码可改写为：

```
CREATE TABLE reader(
    Rno CHAR(10) PRIMARY KEY,                  /*列级定义主键*/
    Rname CHAR(20) NOT NULL,
    Rage SMALLINT(6) DEFAULT NULL,
    Tel CHAR(11) DEFAULT NULL,
    Rtype ENUM('教师','学生') DEFAULT NULL,
    PRIMARY KEY(Rno)
);
```

(2) 多字段主键定义。

【例 3-18】在以上章节中已建立一个借/还书记录表 brw_rtn，代码如下：

```
CREATE TABLE brw_rtn(
    Bno CHAR(10) NOT NULL,
    Rno CHAR(10) NOT NULL,
    BrwDate DATE NOT NULL,
    RtnDate DATE DEFAULT NULL,
    PRIMARY KEY(Bno, Rno, BrwDate)            /*表级定义主键*/
);
```

借/还书记录表 brw_rtn（图书编号，读者编号，借书日期，还书日期）中，规定允许读者重复借阅某一本书，所以将（图书编号，读者编号，借书日期）属性组共同作主键，PRIMARY KEY(Bno, Rno, BrwDate) 语句实现主键定义，则（图书编号，读者编号，借书日期）属性组三个属性都不能取空值。

本例中主键属于多字段主键，只能在所有字段列的定义后，加上 PRIMARY KEY(字段名，…) 子句实现，即只能表级定义主键。

注意：单字段主键定义可以表级定义，也可以列级定义；多字段主键定义只能表级定义。

3.4.1.2 实体完整性检查和违约处理

用 PRIMARY KEY 子句定义了主键后，在对基本表数据进行更新操作时，数据库管理系统将利用实体完整性规则自动进行检查。包括：

(1) 检查主键值是否唯一，如果不唯一则拒绝插入或修改。

(2) 检查主键的各个属性是否为空，只要有一个为空就拒绝插入或修改。

3.4.2 参照完整性

3.4.2.1 定义参照完整性

参照完整性的实质就是某属性的取值受到另一属性值范围的影响，例如学生选修课程，哪些课程能选。学生只能在学校给定的课程表中选择，课程表中没有提供的课程，学生是选不到的；又如学生到学校图书馆借某一本书，如果图书馆根本就没有这本书，那么这本书肯定是借不到的。MySQL 利用外键来实现参照完整性的约束。

在 3.2 节图书馆借阅系统数据库中，读者信息表、图书表和借/还书记录表的关系如下：

读者信息表 reader(读者编号，读者姓名，年龄，联系电话，读者类型)

图书表 books(图书编号，索书号，借书状态)

借/还书记录表 brw_rtn(图书编号，读者编号，借书日期，还书日期)

读者信息表的主键为：读者编号。图书表的主键为：图书编号。借/还书记录表的主键为：(图书编号，读者编号，借书日期)。

借/还书记录表的图书编号列取值必须源于图书表的图书编号范围，通俗地说，就是只有图书表中有的书才能借，这样就构成了外键关系，即借/还书记录表中的图书编号是外键，参照了图书表的主键（图书编号）。

借/还书记录表的读者编号列取值必须源于读者信息表的读者编号范围，通俗地说，就是图书馆还没注册认可的人是不能借书的，这样就构成了外键关系，即借/还书记录表中的读者编号是外键，参照了读者信息表的主键（读者编号）。

MySQL 用 FOREIGN KEY…REFERENCES 子句定义外键来实现参照完整性约束。FOREIGN KEY 子句定义哪些列为外键，用 REFERENCES 子句指明这些外键参照哪些表的主键。

【例 3-19】例如在以上章节中已建立一个借/还书记录表 brw_rtn，代码如下：

```
CREATE TABLE brw_rtn(
    Bno CHAR(10) NOT NULL,
    Rno CHAR(10) NOT NULL,
    BrwDate DATE NOT NULL,
    RtnDate DATE DEFAULT NULL,
    PRIMARY KEY(Bno,Rno,BrwDate),
    FOREIGN KEY(Bno) REFERENCES books(Bno),      /*定义外键 Bno 参照
books 表的（Bno）*/
    FOREIGN KEY(Rno) REFERENCES reader(Rno)      /*定义外键 Rno 参照
reader 表的（Rno）*/
);
```

3.4.2.2 参照完整性检查和违约处理

用 FOREIGN KEY…REFERENCES 子句定义外键后，每当对数据进行更新操作时，数据库管理系统将按照参照完整性规则自动进行检查，如违反了参照完整性约束条件，

操作将会被拒绝。

3.4.3 用户定义的完整性

用户定义的完整性是指针对某一具体的数据必须满足的语义要求。我们在定义字段（属性）的同时，可以根据应用要求定义字段（属性）上的约束条件，即字段（属性）值的限制，包括：

列值非空（NOT NULL）、列值唯一（UNIQUE）、列值默认约束（DEFAULT Constraint）、设置列值自动增加（AUTO_INCREMENT）。

3.4.3.1 列值非空

列值非空指字段的值不能为空。对于使用了非空约束的字段，如果用户在添加数据时没有指定值，数据库系统就会报错。列值非空定义的基本语法格式如下：

字段名 数据类型 NOT NULL

【例 3-20】在前述章节中已建立一个图书表 books，代码如下：

```
CREATE TABLE books(
    Bno CHAR(10) NOT NULL,              /*定义列值非空（NOT NULL）*/
    CallNo CHAR(10) NOT NULL,           /*定义列值非空（NOT NULL）*/
    State ENUM('是','否') DEFAULT NULL,
    PRIMARY KEY(Bno),
    CONSTRAINT books_ibfk_1 FOREIGN KEY(CallNo)
                REFERENCES book_info(CallNo)
);
```

3.4.3.2 列值唯一

列值唯一要求该列唯一，允许为空，但只能出现一个空值。唯一性约束可以确保不出现重复值。列值唯一定义的基本语法格式如下：

字段名 数据类型 UNIQUE

【例 3-21】创建一个部门表 tb_dept2，输入语句如下：

```
CREATE TABLE tb_dept2(
id INT(11) PRIMARY KEY,
name VARCHAR(22) UNIQUE,            /*定义列值唯一（UNIQUE）*/
location VARCHAR(50),
Tel CHAR(11)
);
```

UNIQUE 和 PRIMARY KEY 的区别：一个表中可以声明多个 UNIQUE 字段，但只能有一个 PRIMARY KEY 定义主键；PRIMARY KEY 的列不允许有空值，但声明为 UNIQUE 的字段允许空值的存在。

3.4.3.3 列值默认约束

列值默认约束是指指定某列的默认值。列值默认约束定义的基本语法格式如下：

字段名 数据类型 DEFAULT 默认值

【例 3-22】创建一个部门表 tb_dept2，Tel 列值默认约束为：'13908591234'，输入语句如下：

```
CREATE TABLE tb_dept2(
id INT(11) PRIMARY KEY,
name VARCHAR(22) UNIQUE,
location VARCHAR(50),
Tel CHAR(11) DEFAULT '13908591234'    /*定义列值默认约束（Default Constraint）*/
);
```

以上语句执行完毕，当向表中插入新记录时，如果没有指定联系电话（Tel）列值，该列值就默认为 13908591234。

3.4.3.4 设置列值自动增加

在数据库应用中，我们经常希望在每次插入新记录时，系统自动生成字段的主键值。我们可以通过为表主键添加 AUTO_INCREMENT 关键字来实现。在 MySQL 中，AUTO_INCREMENT 的默认初始值是 1，每新增一条记录，字段值自动加 1。一个表只能有一个字段使用 AUTO_INCREMENT 约束，且该字段必须为主键的一部分，AUTO_INCREMENT 约束的字段可以是任何整数类型（TINYINT、SMALLINT、INT、BIGINT 等）。

设置列值自动增加的基本语法格式如下：

字段名 数据类型 AUTO_INCREMENT

【例 3-23】创建一个部门表 tb_dept3，输入语句如下：

```
CREATE TABLE tb_dept3(
id INT(11) PRIMARY KEY AUTO_INCREMENT,          /*定义列值自动增加*/
name VARCHAR(22) UNIQUE,
location VARCHAR(50),
Tel CHAR(11) DEFAULT '13908591234'
);
```

执行如下插入语句：

```
INSERT INTO tb_dept3(name, location, Tel) VALUES
('综合办', '勤奋路 2 号', 13985361234),
('总务处', '勤奋路 5 号', 13885361106),
('图书馆', '求学路 1 号', 13585863125);
```

用 SELECT * FROM tb_dept3 进行查询，结果如图 3.41 所示。

```
mysql> CREATE TABLE tb_dept3(
    -> id INT(11) PRIMARY KEY AUTO_INCREMENT,     /*定义列值自动增加*/
    -> name VARCHAR(22) UNIQUE,
    -> location VARCHAR(50),
    -> Tel CHAR(11) DEFAULT '13908591234'
    -> );
Query OK, 0 rows affected (0.07 sec)

mysql> INSERT INTO tb_dept3 (name,location,Tel) VALUES
    -> ('综合办','勤奋路2号',13985361234),
    -> ('总务处','勤奋路5号',13885361106),
    -> ('图书馆','求学路1号',13585863125);
Query OK, 3 rows affected (0.05 sec)
Records: 3  Duplicates: 0  Warnings: 0

mysql> SELECT * FROM tb_dept3;
+----+--------+-----------+-------------+
| id | name   | location  | Tel         |
+----+--------+-----------+-------------+
|  1 | 综合办 | 勤奋路2号 | 13985361234 |
|  2 | 总务处 | 勤奋路5号 | 13885361106 |
|  3 | 图书馆 | 求学路1号 | 13585863125 |
+----+--------+-----------+-------------+
3 rows in set (0.00 sec)
```

图 3.41　设置列值自动增加

3.4.4　完整性约束命名子句

以上介绍的完整性约束条件都在 CREATE 语句中定义，MySQL 还提供了 CONSTRAINT 完整性约束命名子句，用来对完整性约束条件命名，基本语法格式如下：

CONSTRAINT <完整性约束条件名> <完整性约束条件>

【例 3-24】在上述章节中已建立一个图书表 books。

CREATE TABLE books(

　　Bno CHAR(10) NOT NULL,

　　CallNo CHAR(10) NOT NULL,

　　State ENUM('是', '否') DEFAULT NULL,

　　PRIMARY KEY(Bno),

　　FOREIGN KEY(CallNo) REFERENCES book_info(CallNo)

);

以上代码可改写为：

CREATE TABLE books(

　　Bno CHAR(10) NOT NULL,

　　CallNo CHAR(10) NOT NULL,

　　State ENUM('是', '否') DEFAULT NULL,

　　PRIMARY KEY(Bno),

　　CONSTRAINT books_ibfk_1 FOREIGN KEY(CallNo)

　　　　　　　REFERENCES book_info(CallNo)

　／＊对外键约束条件命名为：books_ibfk_1＊／

);

【例 3-25】在上述章节中已建立一个借/还书记录表 brw_rtn。

CREATE TABLE brw_rtn(

99

```
    Bno CHAR(10) NOT NULL,
    Rno CHAR(10) NOT NULL,
    BrwDate DATE NOT NULL,
    RtnDate DATE DEFAULT NULL,
    PRIMARY KEY(Bno, Rno, BrwDate),
    FOREIGN KEY(Bno) REFERENCES books(Bno),
    FOREIGN KEY(Rno) REFERENCES reader(Rno)
);
```

以上代码可改写为：

```
CREATE TABLE brw_rtn(
    Bno CHAR(10) NOT NULL,
    Rno CHAR(10) NOT NULL,
    BrwDate DATE NOT NULL,
    RtnDate DATE DEFAULT NULL,
    PRIMARY KEY(Bno, Rno, BrwDate),
    CONSTRAINT brw_rtn_ibfk_1 FOREIGN KEY(Bno) REFERENCES books(Bno),
    /*对外键约束条件命名为：brw_rtn_ibfk_1*/
    CONSTRAINT brw_rtn_ibfk_2 FOREIGN KEY(Rno) REFERENCES reader(Rno)
    /*对外键约束条件命名为：brw_rtn_ibfk_2*/
);
```

3.5　数据的更新操作

数据的更新操作有三种：向表中添加数据、修改表中的数据和删除表中的数据。MySQL 提供了功能丰富的数据库管理语句，包括有效地向数据库中插入数据的 INSERT 语句、更新数据的 UPDATE 语句以及删除数据的 DELETE 语句。数据的操作必须遵守数据库完整性约束。以下介绍在 MySQL 中如何使用这些语句来操作数据。

3.5.1　插入数据

MySQL 使用 INSERT 语句向数据库表中插入新的记录数据。主要的插入记录方式有：插入完整的记录、插入记录的一部分、插入多条记录。

3.5.1.1　插入完整的记录

使用 INSERT 语句插入记录的基本语法格式为：

INSERT INTO table_name(column_list) VALUES(value_list);

其中，table_name 指定要插入数据的表名，column_list 指定要插入数据的列（字段）名，value_list 指定每个列对应插入的数据值。注意，在使用该语句时，列（字段）名和数据值的数量必须相同。向表中所有字段插入值的方法有两种：一种是指定所有字段名，另一种是完全不指定字段名。我们以 3.2 章节介绍的图书馆借阅系统数据库主要表为例来介绍使用数据的操作语句，创建 book_info 表的语句如下：

```
CREATE TABLE book_info(
CallNo CHAR(10) NOT NULL,
Bname CHAR(30) NOT NULL,
Bauthor CHAR(20) DEFAULT NULL,
Btype CHAR(16) DEFAULT NULL,
Press CHAR(30) DEFAULT NULL,
PubYear YEAR(4) DEFAULT NULL,
PRIMARY KEY(CallNo)
);
```

【例 3-26】在 book_info 表中插入一条新记录（索书号：Art041，书名：摄影艺术教程，作者：龙文可，图书类型：艺术，出版社：人民出版社，出版年份：2019），输入语句如下：

```
INSERT INTO book_info(CallNo, Bname, Bauthor, Btype, Press, PubYear)
VALUES('Art041', '摄影艺术教程', '龙文可', '艺术', '人民出版社', 2019);
```

如图 3.42 所示。

图 3.42 插入新记录

在插入记录时，语句指定了 book_info 表的所有字段，将依次为每一个字段插入新的值。执行 INSERT 插入语句后，我们可以使用 SELECT 语句查看表中的数据，可见插入新记录成功。输入语句如下：

```
SELECT * FROM book_info;
```

查看插入新记录是否成功，如图 3.43 所示。

图 3.43 查看插入新记录是否成功

使用 SELECT 语句查看表中的数据，将在数据查询章节详细介绍，这里先简单用 SELECT 语句查看单表所有字段数据，验证插入数据是否成功。其基本语法格式为：

```
SELECT * FROM table_name;
```

其中，table_name 指定要查询数据的表名。

INSERT 插入语句后面的列名顺序可以不是 book_info 表定义时的顺序，即插入数据时，我们可以不按照表定义的列名顺序插入，只要保证 INSERT 插入语句中数据值顺序与列名顺序相同就可以。

【例 3-27】在 book_info 表中插入一条新记录（索书号：Bio091，书名：中国猫科动物，作者：余豪豪，图书类型：生物科学，出版社：农业出版社，出版年份：2017），输入语句如下：

INSERT INTO book_info(CallNo，Bname，Press，PubYear，Bauthor，Btype)

VALUES('Bio091'，'中国猫科动物'，'农业出版社'，2017，'余豪豪'，'生物科学')；

注意插入数据顺序的改变，如图 3.44 所示。

```
mysql> INSERT INTO book_info (CallNo,Bname,Press,PubYear, Bauthor,Btype)
    -> VALUES ('Bio091','中国猫科动物','农业出版社',2017,'余豪豪','生物科学');
Query OK, 1 row affected (0.05 sec)
```

图 3.44　变序插入新记录

语句执行完毕，输入语句如下：

SELECT * FROM book_info；

查看执行结果，如图 3.45 所示。

```
mysql> SELECT * FROM book_info;

| CallNo | Bname      | Bauthor | Btype    | Press    | PubYear |

| Art041 | 摄影艺术教程  | 龙文可   | 艺术      | 人民出版社 | 2019 |
| Bio091 | 中国猫科动物  | 余豪豪   | 生物科学   | 农业出版社 | 2017 |
2 rows in set (0.00 sec)
```

图 3.45　变序插入数据结果

使用 INSERT 语句插入数据时，允许列（字段）名完全不写。此时，插入数据值的顺序必须和数据表中字段定义的顺序相同。

【例 3-28】在 book_info 表中插入一条新记录（'Cpt081'，'MySQL 数据库教程'，'王明东'，'计算机'，'科学出版社'，2019），输入语句如下：

INSERT INTO book_info

VALUES('Cpt081'，'MySQL 数据库教程'，'王明东'，'计算机'，'科学出版社'，2019)；

如图 3.46 所示。

```
mysql> INSERT INTO book_info
    -> VALUES ('Cpt081','MySQL数据库教程','王明东','计算机','科学出版社',2019);
Query OK, 1 row affected (0.06 sec)
```

图 3.46　省略字段名列表插入新记录

语句执行完毕，输入语句如下：

SELECT * FROM book_info；

查看执行结果，如图 3.47 所示。

图 3.47　插入数据结果

可见插入记录成功，本例的 INSERT 语句中没有指定插入字段名列表，只有插入数据值列表。值列表依次为每一个字段插入值，并且这些值的顺序必须和 book_info 表中字段定义的顺序相同。

3.5.1.2　插入记录的一部分

为表的指定字段插入数据，在 INSERT 插入语句中只向部分字段插入值，而其他字段的值为表定义时的默认值。

【例 3-29】在 book_info 表中插入一条新记录（索书号：Cpt082，书名：Java 程序设计），其余字段值为默认值，输入语句如下：

INSERT INTO book_info（CallNo，Bname）

VALUES（'Cpt082'，'Java 程序设计'）；

查看执行结果，如图 3.48 所示。

图 3.48　插入指定字段数据结果

可见插入记录成功，book_info 表定义时，索书号（CallNo）、书名（Bname）定义为非空，其余字段定义为当没有数值插入时，默认为 NULL。

3.5.1.3　插入多条记录

INSERT 插入语句可以同时向数据表中插入多条记录，插入时指定多个值列表，每个值列表之间用逗号分隔开。基本语法格式如下：

INSERT INTO table_name（column_list）

VALUES（value_listl），（value_list2），…，（value_listn）；

value_listl，value_list2，…，value_listn；表示第 1，2，…，n 个插入记录的值列表。

【例 3-30】在 reader 表中插入多条新记录：

（'008001'，'赵东来'，36，'13808590023'，'教师'），

（'008002'，'韦茗微'，46，'13808596512'，'教师'），

（'2018408001'，'李永义'，21，'13508594621'，'学生'），

（'2018408002'，'陈娇娇'，20，'13808512031'，'学生'），

（'2019408001'，'王丽莉'，19，'13808553674'，'学生'）；

输入语句如下：

INSERT INTO reader(Rno, Rname, Rage, Tel, Rtype)
VALUES
('008001', '赵东来', 36, '13808590023', '教师'),
('008002', '韦茗微', 46, '13808596512', '教师'),
('2018408001', '李永义', 21, '13508594621', '学生'),
('2018408002', '陈娇娇', 20, '13808512031', '学生'),
('2019408001', '王丽莉', 19, '13808553674', '学生');

查看执行结果，如图 3.49 所示。

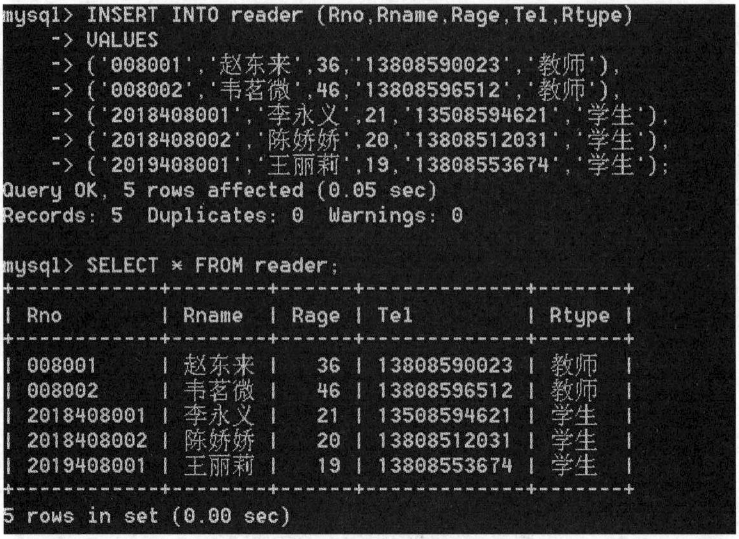

```
mysql> INSERT INTO reader (Rno,Rname,Rage,Tel,Rtype)
    -> VALUES
    -> ('008001','赵东来',36,'13808590023','教师'),
    -> ('008002','韦茗微',46,'13808596512','教师'),
    -> ('2018408001','李永义',21,'13508594621','学生'),
    -> ('2018408002','陈娇娇',20,'13808512031','学生'),
    -> ('2019408001','王丽莉',19,'13808553674','学生');
Query OK, 5 rows affected (0.05 sec)
Records: 5  Duplicates: 0  Warnings: 0

mysql> SELECT * FROM reader;
+------------+--------+------+-------------+-------+
| Rno        | Rname  | Rage | Tel         | Rtype |
+------------+--------+------+-------------+-------+
| 008001     | 赵东来 |   36 | 13808590023 | 教师  |
| 008002     | 韦茗微 |   46 | 13808596512 | 教师  |
| 2018408001 | 李永义 |   21 | 13508594621 | 学生  |
| 2018408002 | 陈娇娇 |   20 | 13808512031 | 学生  |
| 2019408001 | 王丽莉 |   19 | 13808553674 | 学生  |
+------------+--------+------+-------------+-------+
5 rows in set (0.00 sec)
```

图 3.49　插入多条记录结果

当插入数据值的顺序和表中字段定义的顺序相同时，插入语句可以省略（column_list）,以上例题也可输入如下语句：

INSERT INTO reader
VALUES
('008001', '赵东来', 36, '13808590023', '教师'),
('008002', '韦茗微', 46, '13808596512', '教师'),
('2018408001', '李永义', 21, '13508594621', '学生'),
('2018408002', '陈娇娇', 20, '13808512031', '学生'),
('2019408001', '王丽莉', 19, '13808553674', '学生');

注意：要保证每个插入值的类型和对应字段的数据类型匹配，如果类型不匹配，将会产生错误而无法插入。

3.5.2　修改数据

MySQL 使用 UPDATE 语句更新表的记录，可以更新指定的行或者同时更新所有的行。基本语法结构如下：

UPDATE table_name

SET column_namel = valuel，column_name2 = value2，…，column_namen = valuen

WHERE（condition）；

table_name 指定要更新数据的表名；column_namel，column_name2，…，column_namen 为指定更新的字段的名称；valuel，value2，…，valuen 为相对应的指定字段的更新值；condition 给出一个条件，满足条件的行列才更新。更新多个列时，每个"列–值"对之间用逗号隔开，最后一列后不需要逗号。

【例 3-31】将读者信息表 reader 中，读者编号为 008001 的读者的姓名改为 '赵建国'。输入语句如下：

UPDATE reader

SET Rname = '赵建国'

WHERE Rno = '008001'；

输入更新语句前后，使用 SELECT 语句查看表中的数据可比对更新是否成功，如图 3.50 所示。

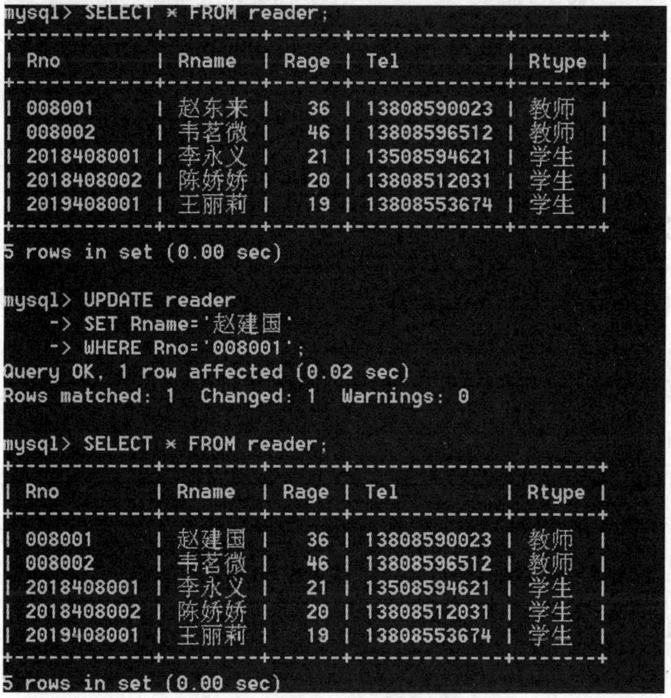

图 3.50　更新数据结果

【例 3-32】将读者信息表 reader 中，所有读者年龄增加 1 岁。输入语句如下：

UPDATE reader

SET Rage = Rage+1；

这里没用 WHERE(condition) 条件子句，是更新整个表的年龄字段，输入更新语句前后，使用 SELECT 语句查看表中的数据可比对更新是否成功，如图 3.51 所示。

图 3.51　更新所有记录的年龄字段

3.5.3　删除数据

MySQL 使用 DELETE 语句删除表的记录，DELETE 语句允许 WHERE 子句指定删除条件。

DELETE 语句基本语法格式如下：

DELETE FROM table_name ［WHERE <condition>］;

其中，table_name 指定要执行删除操作的表名；［WHERE <condition>］为可选参数，指定删除条件，如果没有 WHERE 子句，DELETE 语句将删除表中的所有记录。

【例 3-33】删除读者信息表 reader 中，读者编号为 008001 的记录，输入语句如下：

DELETE FROM reader WHERE Rno = '008001';

输入删除语句前后，使用 SELECT 语句查看表中的数据可比对删除是否成功（如图 3.52 所示）。

```
mysql> SELECT * FROM reader;
+------------+--------+------+-------------+-------+
| Rno        | Rname  | Rage | Tel         | Rtype |
+------------+--------+------+-------------+-------+
| 008001     | 赵建国 |   37 | 13808590023 | 教师  |
| 008002     | 韦茗微 |   47 | 13808596512 | 教师  |
| 2018408001 | 李永义 |   22 | 13508594621 | 学生  |
| 2018408002 | 陈娇娇 |   21 | 13808512031 | 学生  |
| 2019408001 | 王丽莉 |   20 | 13808553674 | 学生  |
+------------+--------+------+-------------+-------+
5 rows in set (0.00 sec)

mysql> DELETE FROM reader WHERE Rno='008001';
Query OK, 1 row affected (0.03 sec)

mysql> SELECT * FROM reader;
+------------+--------+------+-------------+-------+
| Rno        | Rname  | Rage | Tel         | Rtype |
+------------+--------+------+-------------+-------+
| 008002     | 韦茗微 |   47 | 13808596512 | 教师  |
| 2018408001 | 李永义 |   22 | 13508594621 | 学生  |
| 2018408002 | 陈娇娇 |   21 | 13808512031 | 学生  |
| 2019408001 | 王丽莉 |   20 | 13808553674 | 学生  |
+------------+--------+------+-------------+-------+
4 rows in set (0.00 sec)
```

图 3.52　删除 reader 表中的数据记录

【例 3-34】删除图书信息表 book_info 中所有记录，输入语句如下：

DELETE FROM book_info;

这里没用 WHERE(condition) 条件子句，是删除指定表中所有数据，一旦输入命令执行，整个表的所有数据将被删除，而且不能撤销命令，所以使用不带 WHERE (condition) 条件子句的删除语句必须小心谨慎。

3.6　数据的查询

3.6.1　单表查询

单表查询是指从一张表中查询所需的数据，包括查询所有字段、查询指定字段、查询指定记录、查询空值、多条件查询、查询结果排序、使用聚集函数查询、分组查询等。

3.6.1.1　查询所有字段

从一个表中查询所有记录，在 SELECT 语句中指定所有字段的名称，基本语法结构如下：

SELECT 字段名 1，字段名 2，…，字段名 n FROM 表名；

【例 3-35】从 book_info 表中查询所有字段的数据，输入语句如下：

SELECT CallNo，Bname，Bauthor，Btype，Press，PubYear FROM book_info；

查看执行结果，如图 3.53 所示。

```
mysql> SELECT CallNo,Bname,Bauthor,Btype,Press,PubYear FROM book_info;
+---------+--------------------+---------+----------+----------------+---------+
| CallNo  | Bname              | Bauthor | Btype    | Press          | PubYear |
+---------+--------------------+---------+----------+----------------+---------+
| Art041  | 摄影艺术教程       | 龙文可  | 艺术     | 人民出版社     |    2019 |
| Bio091  | 中国猫科动物       | 余豪豪  | 生物科学 | 农业出版社     |    2017 |
| Cpt081  | MySQL数据库教程    | 王明东  | 计算机   | 科学出版社     |    2019 |
| Cpt082  | Java程序设计       | 林冬冬  | 计算机   | 工业出版社     |    2018 |
| Cpt083  | 数据库原理及应用   | 蒙祖强  | 计算机   | 清华大学出版社 |    2018 |
| Cpt084  | 数据库原理与设计   | 万常选  | 计算机   | 清华大学出版社 |    2017 |
+---------+--------------------+---------+----------+----------------+---------+
6 rows in set (0.00 sec)
```

图 3.53　查询所有记录

如需要查询的字段名序列与表定义的字段名序列完全一样，我们可使用星号（ * ）通配符替代查询所有字段的名称。基本语法结构如下：

SELECT * FROM 表名；

以上例题也可改为为：

SELECT * FROM book_info;

如要限制输出查询结果的数量，可用 LIMIT 关键字完成，基本语法格式如下：

LIMIT［位置偏移量，］行数

第一个参数“位置偏移量”指示 MySQL 从哪一行开始显示，是一个可选参数，如果不指定“位置偏移量”，将会从表中的第一条记录开始，第二个参数“行数”指示返回的记录条数。

例如从 book_info 表中要求查询的结果中第 2 行开始显示，显示 4 行。输入语句如下：

SELECT * FROM book_info LIMIT 2，4；

3.6.1.2　查询指定字段

使用 SELECT 语句可以获取多个字段的数据，我们只需在关键字 SELECT 后面指定要查找的字段名称，不同字段名称之间用逗号分隔开，最后一个字段后面不需要加逗号。基本语法结构如下：

SELECT 字段名 1，字段名 2，…，字段名 n FROM 表名；

【例 3-36】从 book_info 表中查询 Bname 和 Bauthor 两列数据，输入语句如下：

SELECT Bname，Bauthor FROM book_info；

查看执行结果，如图 3.54 所示。

```
mysql> SELECT Bname,Bauthor FROM book_info;
+--------------------+---------+
| Bname              | Bauthor |
+--------------------+---------+
| 摄影艺术教程       | 龙文可  |
| 中国猫科动物       | 余豪豪  |
| MySQL数据库教程    | 王明东  |
| Java程序设计       | 林冬冬  |
| 数据库原理及应用   | 蒙祖强  |
| 数据库原理与设计   | 万常选  |
+--------------------+---------+
6 rows in set (0.07 sec)
```

图 3.54　查询指定字段

查询结果有时会有重复的值，如需消除重复的记录值，在 SELECT 语句中，我们可使用 DISTINCT 关键字消除重复的记录值。基本语法结构如下：

SELECT DISTINCT 字段名 FROM 表名；

3.6.1.3　查询指定记录

数据查询在多数情况下，是根据要求查询表中的指定数据，即对数据进行过滤。在 SELECT 查询语句中，我们通过 WHERE 子句的条件对数据进行过滤。基本语法结构如下：

SELECT 字段名 1，字段名 2，…，字段名 n

FROM 表名

WHERE 查询条件；

在 WHERE 子句中，MySQL 提供了一系列的条件判断符，常用条件判断符如表 3.16 所示。

表 3.16　常用条件判断符

查询条件	符号
比较	=，〉，〈，〉 =，〈 =，! =，〈〉
确定范围	BETWEEN AND，NOT BETWEEN AND
确定集合	IN，NOT IN
字符匹配	LIKE，NOT LIKE
空值	IS NULL，IS NOT NULL
多重条件	AND，OR

（1）比较。

【例 3-37】查询 book_info 表中，书名为"摄影艺术教程"的图书基本信息。输入语句如下：

SELECT ＊ FROM book_info WHERE Bname＝'摄影艺术教程'；

查看执行结果，如图 3.55 所示。

图 3.55　等于比较查询结果

【例 3-38】查询 reader 求中，年龄大于 20 岁的读者的姓名、年龄和联系电话信息。输入语句如下：

SELECT Rname，Rage，Tel FROM reader WHERE Rage>20；

查看执行结果，如图 3.56 所示。

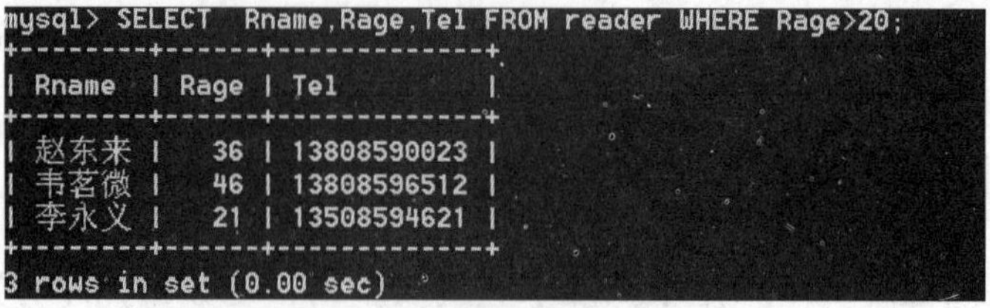

```
mysql> SELECT  Rname,Rage,Tel FROM reader WHERE Rage>20;
+--------+------+-------------+
| Rname  | Rage | Tel         |
+--------+------+-------------+
| 赵东来 |   36 | 13808590023 |
| 韦茗微 |   46 | 13808596512 |
| 李永义 |   21 | 13508594621 |
+--------+------+-------------+
3 rows in set (0.00 sec)
```

图 3.56　大于比较查询结果

（2）确定范围。

BETWEEN AND 用来查询某个范围内的值，该操作符需要两个参数，即范围的开始值和结束值，若字段值满足指定的范围查询条件，则记录被返回。

【例 3-39】查询 reader 表中，年龄 19~21 岁（包括 19 岁和 21 岁）的读者的姓名、年龄和联系电话信息。输入语句如下：

```
SELECT Rname, Rage, Tel
FROM reader
WHERE Rage BETWEEN 19 AND 21;
```

查看执行结果，如图 3.57 所示。

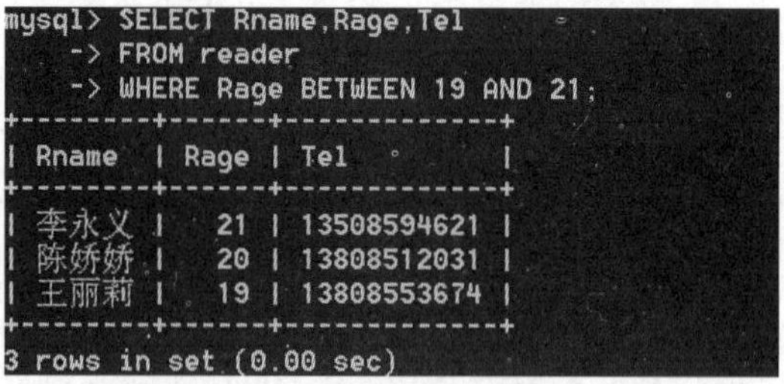

```
mysql> SELECT Rname,Rage,Tel
    -> FROM reader
    -> WHERE Rage BETWEEN 19 AND 21;
+--------+------+-------------+
| Rname  | Rage | Tel         |
+--------+------+-------------+
| 李永义 |   21 | 13508594621 |
| 陈娇娇 |   20 | 13808512031 |
| 王丽莉 |   19 | 13808553674 |
+--------+------+-------------+
3 rows in set (0.00 sec)
```

图 3.57　确定范围查询结果

返回结果包含年龄 19~21 岁的字段值，并且端点值（19、21）也包括在返回结果中，即 BETWEEN 匹配范围中所有的值，包括开始值和结束值。BETWEEN AND 操作符前可以加 NOT，表示指定范围之外的值。

【例 3-40】查询 reader 表中，年龄不在 19~21 岁（包括 19 岁和 21 岁）的读者的姓名、年龄和联系电话信息。输入语句如下：

```
SELECT Rname, Rage, Tel
FROM reader
WHERE Rage NOT BETWEEN 19 AND 21;
```

查看执行结果，如图 3.58 所示。

```
mysql> SELECT Rname,Rage,Tel
    -> FROM reader
    -> WHERE Rage NOT BETWEEN 19 AND 21;
+--------+------+-------------+
| Rname  | Rage | Tel         |
+--------+------+-------------+
| 赵东来 |   36 | 13808590023 |
| 韦茗微 |   46 | 13808596512 |
| 张华   |   18 | 13508512130 |
| 李明   |   17 | 13908554516 |
+--------+------+-------------+
4 rows in set (0.00 sec)
```

图 3.58　不在范围内查询结果

(3) 确定集合。

IN 操作符用来查询满足指定范围条件的记录，使用 IN 操作符将所有检索条件用括号括起来，检索条件之间用逗号分隔开，满足条件范围的值即为匹配项，返回查询结果。

【例 3-41】查询 book_info 表中，图书类型为“艺术”“生物科学”类的图书基本信息。输入语句如下：

SELECT * FROM book_info WHERE Btype IN('艺术','生物科学');

查看执行结果，如图 3.59 所示。

```
mysql> SELECT * FROM book_info WHERE Btype IN ('艺术','生物科学');
+--------+--------------+---------+----------+------------+---------+
| CallNo | Bname        | Bauthor | Btype    | Press      | PubYear |
+--------+--------------+---------+----------+------------+---------+
| Art041 | 摄影艺术教程 | 龙文可  | 艺术     | 人民出版社 |    2019 |
| Bio091 | 中国猫科动物 | 余豪豪  | 生物科学 | 农业出版社 |    2017 |
+--------+--------------+---------+----------+------------+---------+
```

图 3.59　确定范围查询结果

相反地，我们可以使用关键字 NOT 来检索不在条件范围内的记录。

【例 3-42】查询 book_info 中，图书类型不为“艺术”“生物科学”类的图书基本信息。输入语句如下：

SELECT * FROM book_info WHERE Btype NOT IN('艺术','生物科学');

查看执行结果，如图 3.60 所示。

```
mysql> SELECT * FROM book_info WHERE Btype NOT IN ('艺术','生物科学');
+--------+--------------------+---------+--------+----------------+---------+
| CallNo | Bname              | Bauthor | Btype  | Press          | PubYear |
+--------+--------------------+---------+--------+----------------+---------+
| Cpt081 | MySQL数据库教程    | 王明东  | 计算机 | 科学出版社     |    2019 |
| Cpt082 | Java程序设计       | 林冬冬  | 计算机 | 工业出版社     |    2018 |
| Cpt083 | 数据库原理及应用   | 蒙祖强  | 计算机 | 清华大学出版社 |    2018 |
| Cpt084 | 数据库原理与设计   | 万常选  | 计算机 | 清华大学出版社 |    2017 |
| Mat012 | 高等数学           | 汤家凤  | 数学   | 高等教育出版社 |    2014 |
+--------+--------------------+---------+--------+----------------+---------+
```

图 3.60　不在确定范围查询结果

(4) 字符匹配。

使用通配符进行匹配查找，对表中的数据进行比较，返回满足条件的记录，用关键字 LIKE 和通配符配合完成，通配符是 WHERE 条件子句中拥有特殊含义的字符，可以和关键字 LIKE 一起使用的通配符有“%”和“_”。百分号通配符“%”使用一次代表任意长度的任意字符。下划线通配符"_",使用一次只能代表一个任意字符。

【例3-43】在读者信息表 reader 中,查找读者名以"B"字母开头的所有读者信息(查询所涉及的数据,事先录入相关数据表)。输入语句如下:

SELECT * FROM reader WHERE Rname LIKE 'B%';

查看执行结果,如图 3.61 所示。

```
mysql> SELECT * FROM reader WHERE  Rname LIKE 'B%';
+--------+----------+------+-------------+--------+
| Rno    | Rname    | Rage | Tel         | Rtype  |
+--------+----------+------+-------------+--------+
| 008003 | Benjamin |   35 | 13808590023 | 教师   |
| 008004 | Bert     |   42 | 13808596512 | 教师   |
| 008005 | Benson   |   40 | 13808590023 | 教师   |
| 008006 | Bill     |   20 | 13808596512 | 学生   |
| 008007 | Billy    |   22 | 13808590023 | 学生   |
| 008008 | Ball     |   19 | 13808596512 | 学生   |
+--------+----------+------+-------------+--------+
```

图 3.61　通配符"%"匹配查询结果

【例3-44】在读者信息表 reader 中,查找读者名形式为"B_ll"的读者信息,名字为四个字符且第二个字符为任意字符。输入语句如下:

SELECT * FROM reader WHERE Rname LIKE 'B_ll';

查看执行结果,如图 3.62 所示。

```
mysql> SELECT * FROM reader WHERE  Rname LIKE 'B_ll';
+--------+-------+------+-------------+--------+
| Rno    | Rname | Rage | Tel         | Rtype  |
+--------+-------+------+-------------+--------+
| 008006 | Bill  |   20 | 13808596512 | 学生   |
| 008008 | Ball  |   19 | 13808596512 | 学生   |
+--------+-------+------+-------------+--------+
```

图 3.62　通配符"_"匹配查询结果

3.6.1.4　查询空值

在创建数据表时,我们指定了某字段中可以包含空值(NULL)。我们可以在 SELECT 语句中使用 IS NULL 子句查询某字段内容为空值(NULL)的记录。

【例3-45】在读者信息表 reader 中,查找读者联系电话为空值(NULL)的读者信息。输入语句如下:

SELECT * FROM reader WHERE Tel IS NULL;

查看执行结果,如图 3.63 所示。

```
mysql> SELECT * FROM reader WHERE  Tel IS NULL;
+------------+--------+------+------+--------+
| Rno        | Rname  | Rage | Tel  | Rtype  |
+------------+--------+------+------+--------+
| 008010     | 杨和平 |   48 | NULL | 教师   |
| 2019408005 | 刘建军 |   18 | NULL | 学生   |
+------------+--------+------+------+--------+
```

图 3.63　空值(NULL)查询结果

与 IS NULL 相反的是 IS NOT NULL，该关键字查找字段不为空值（NULL）的记录。

【例 3-46】在读者信息表 reader 中，查找读者联系电话不为空值（NULL）的读者信息。输入语句如下：

SELECT ＊ FROM reader WHERE Tel IS NOT NULL;

查看执行结果，如图 3.64 所示。

图 3.64　不为空值（NULL）查询结果

3.6.1.5　多条件查询

逻辑运算符 AND 和 OR 可用来连接多个查询条件，多个条件表达式之间用逻辑运算符 AND 和 OR 分开。AND 用来查询同时满足 AND 左右条件的记录，OR 用来查询至少满足 OR 左右条件其一的记录。

【例 3-47】在读者信息表 reader 中，查找既是教师而且年龄又大于 40 岁的读者信息。输入语句如下：

SELECT ＊ FROM reader WHERE Rtype＝'教师' AND Rage>40;

查看执行结果，如图 3.65 所示。

图 3.65　AND 条件查询结果

【例 3-48】在读者信息表 reader 中，查找年龄要么小于 20 岁，要么大于 40 岁的读者信息。输入语句如下：

SELECT ＊ FROM reader WHERE Rage<20 OR Rage>40;

查看执行结果，如图 3.66 所示。

图 3.66　OR 条件查询结果

3.6.1.6　查询结果排序

MySQL 可以通过在 SELECT 语句中使用 ORDER BY 子句对查询的结果进行排序，按照一个或多个属性列的升序（ASC）或降序（DESC）排列，默认值为升序。

【例 3-49】查询 book_info 表中索书号、书名和出版年份信息，并按出版年份升序排序。输入语句如下：

SELECT CallNo，Bname，PubYear FROM book_info ORDER BY PubYear ASC；

由于默认值为升序，ASC 也可以省略，输入语句可改为：

SELECT CallNo，Bname，PubYear FROM book_info ORDER BY PubYear；

查看执行结果，如图 3.67 所示。

图 3.67　查询结果升序排序

【例 3-50】在读者信息表 reader 中，查询读者编号、读者姓名、年龄信息，并按年龄降序、读者编号升序排序。输入语句如下：

SELECT Rno，Rname，Rage FROM reader ORDER BY Rage DESC，Rno ASC；

查看执行结果，如图 3.68 所示。

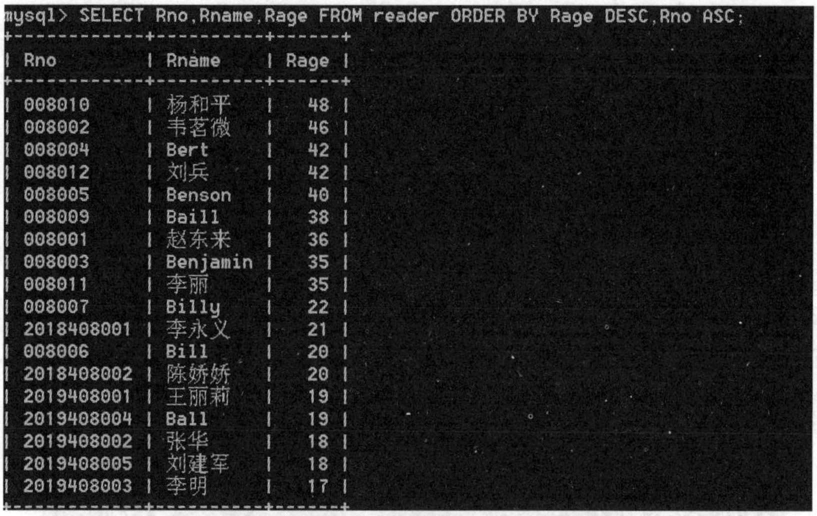

```
mysql> SELECT Rno,Rname,Rage FROM reader ORDER BY Rage DESC,Rno ASC;
+------------+----------+------+
| Rno        | Rname    | Rage |
+------------+----------+------+
| 008010     | 杨和平   |   48 |
| 008002     | 韦茗微   |   46 |
| 008004     | Bert     |   42 |
| 008012     | 刘兵     |   42 |
| 008005     | Benson   |   40 |
| 008009     | Baill    |   38 |
| 008001     | 赵东来   |   36 |
| 008003     | Benjamin |   35 |
| 008011     | 李丽     |   35 |
| 008007     | Billy    |   22 |
| 2018408001 | 李永义   |   21 |
| 008006     | Bill     |   20 |
| 2018408002 | 陈娇娇   |   20 |
| 2019408001 | 王丽莉   |   19 |
| 2019408004 | Ball     |   19 |
| 2019408002 | 张华     |   18 |
| 2019408005 | 刘建军   |   18 |
| 2019408003 | 李明     |   17 |
+------------+----------+------+
```

图 3.68　查询结果排序

在对多列进行排序的时候，首先按第一列排序，只有当第一列有相同的列值时，才会对第二列进行排序，如果第一列数据中所有值都是唯一的，将不再对第二列进行排序。

3.6.1.7　使用聚集函数查询

为了进一步方便用户，增强检索功能，MySQL 提供了许多聚集函数，主要的聚集函数如表 3.17 所示。

表 3.17　主要的聚集函数

COUNT(*)	统计记录条数
COUNT([DISTINCT | ALL]〈列名〉)	统计一列中值的个数
SUM([DISTINCT | ALL]〈列名〉)	计算一列值的总和（此列必须是数值型）
AVG([DISTINCT | ALL]〈列名〉)	计算一列值的平均值（此列必须是数值型）
MAX([DISTINCT | ALL]〈列名〉)	求一列值中的最大值
MIN([DISTINCT | ALL]〈列名〉)	求一列值中的最小值

如果指定 DISTINCT 短语，则表示在计算时要取消指定列中的重复值。如果不指定 DISTINCT 短语或指定 ALL 短语（ALL 为默认值），则表示不取消重复值。

（1）COUNT( ) 函数。

COUNT( ) 函数统计数据表中包含的记录行的总数，或者根据查询结果返回列中包含的数据行数。

【例 3-51】查询 book_info 表中总的行数。输入语句如下：

SELECT COUNT(*) FROM book_info;

查看执行结果，如图 3.69 所示。

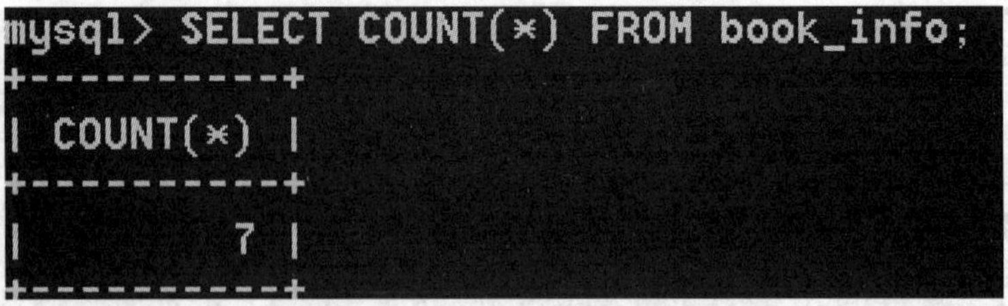

```
mysql> SELECT COUNT(*) FROM book_info;
+----------+
| COUNT(*) |
+----------+
|        7 |
+----------+
```

图 3.69　COUNT(*) 查询结果

【例 3-52】查询 reader 表中联系电话的数量。输入语句如下：

SELECT COUNT(Tel) AS 电话数量 FROM reader;

查看执行结果，如图 3.70 所示。

```
mysql> SELECT COUNT(Tel) AS 电话数量 FROM reader;
+----------+
| 电话数量 |
+----------+
|       16 |
+----------+
```

图 3.70　COUNT(字段名)查询结果

①COUNT(*) 计算表中总的行数，无论某列有数值还是为空值。

②COUNT(字段名) 计算指定列下总的行数，在计算时将忽略空值的行。

③AS 字段名，指定表头显示字段别名。

(2) SUM() 函数。

SUM() 是一个求总和的函数，返回指定列值的总和，SUM() 函数在计算时，忽略列值为 NULL 的行。

【例 3-53】计算 reader 表中所有读者年龄总和。输入语句如下：

SELECT SUM(Rage) FROM reader;

查看执行结果，如图 3.71 所示。

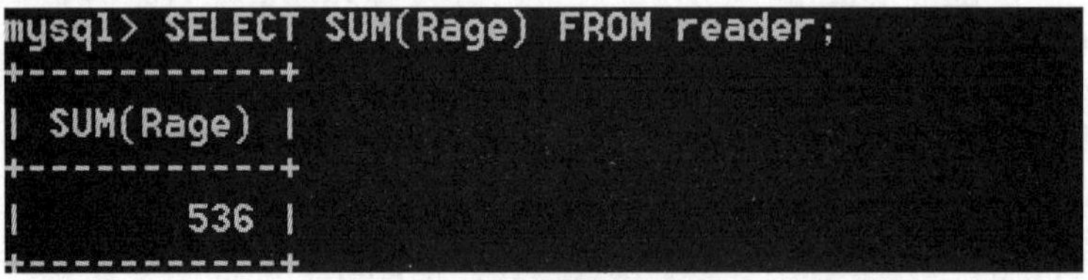

```
mysql> SELECT SUM(Rage) FROM reader;
+-----------+
| SUM(Rage) |
+-----------+
|       536 |
+-----------+
```

图 3.71　SUM() 查询结果

(3) AVG() 函数。

AVG() 函数求得指定列数据的平均值。

【例 3-54】计算 reader 表中所有读者的平均年龄。输入语句如下：

SELECT AVG(Rage) FROM reader;

查看执行结果，如图 3.72 所示。

图 3.72 AVG( ) 查询结果

（4）MAX( ) 函数。

MAX( ) 函数返回指定列中的最大值。MAX( ) 函数也可以对字母进行大小判断，并返回最大的字符或字符串值。

【例 3-55】在 reader 表中，查询读者的最大年龄。输入语句如下：

SELECT MAX(Rage) FROM reader;

查看执行结果，如图 3.73 所示。

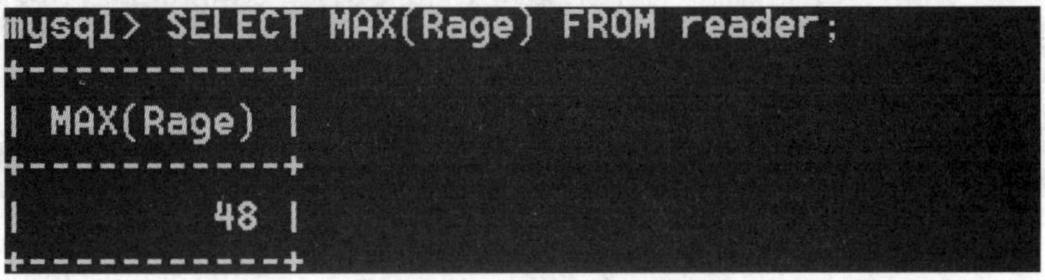

图 3.73 MAX( ) 查询结果

（5）MIN( ) 函数。

MIN( ) 函数返回查询列中的最小值，MIN( ) 函数与 MAX( ) 函数类似，不仅适用于查找数值类型，也可应用于判断字符类型。

【例 3-56】在 reader 表中，查询读者的最小年龄。输入语句如下：

SELECT MIN(Rage) FROM reader;

查看执行结果，如图 3.74 所示。

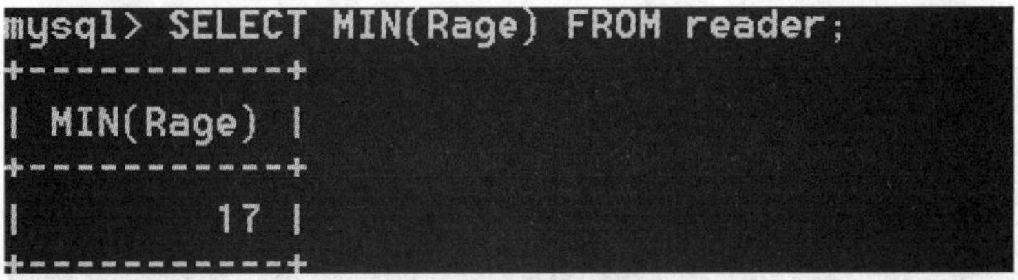

图 3.74 MIN( ) 函数查询结果

聚集函数是所有数据库管理系统都提供支持的函数，其实 MySQL 还提供了一个强大的内部函数库，包括数学函数、字符串函数、日期和时间函数、条件判断函数、系统信息函数、加密函数等。函数通常嵌套在 SQL 语句中使用，例如数学函数 ABS(X) 是求 X 的绝对值，输入 SELECT ABS(2) 就返回 2 的绝对值；又如加密函数 MD5(str) 是返回 str 的 MD5 加密字符串，输入 SELECT MD5('myname')；就返回 myname 的加密字符串。对于 MySQL 的内部函数的功能和用法，后续章节还会做介绍，这里不再叙述，有需要了解更多有关函数部分内容的高级用户，可查阅 MySQL 相关使用手册或帮助文档。

3.6.1.8　分组查询

（1）GROUP BY 分组。

GROUP BY 子句可以将数据划分到不同的组中，实现对记录的分组查询。单独使用 GROUP BY 关键字，查询结果只显示每组的一条记录。通常情况下，GROUP BY 关键字会和聚集函数一起使用。对查询结果分组的目的是细化聚集函数的作用对象，如果未对查询结果分组，聚集函数将作用于整个查询结果。

【例 3-57】在 book_info 表中，按图书类型分组，查询每类图书有多少种。输入语句如下：

SELECT Btype，COUNT(∗) AS Total FROM book_info GROUP BY Btype;

查看执行结果，如图 3.75 所示。

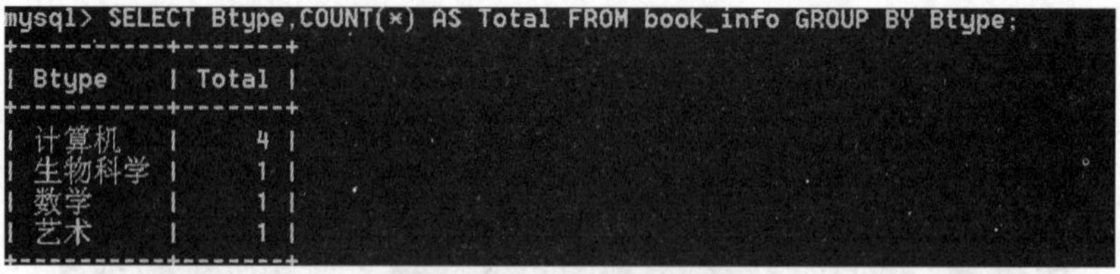

```
mysql> SELECT Btype,COUNT(*) AS Total FROM book_info GROUP BY Btype;
+----------+-------+
| Btype    | Total |
+----------+-------+
| 计算机   |     4 |
| 生物科学 |     1 |
| 数学     |     1 |
| 艺术     |     1 |
+----------+-------+
```

图 3.75　GROUP BY 分组查询

（2）使用 HAVING 短语分组。

如果分组后还要求按一定的条件对这些组进行筛选，则可以使用 HAVING 短语完成，HAVING 短语给出了选择组的条件，只有满足条件的组才会被选出来。

【例 3-58】在 book_info 表中，按图书类型分组，查询有 3 种以上图书的类别。输入语句如下：

SELECT Btype，COUNT(∗) AS Total FROM book_info GROUP BY Btype

HAVING COUNT(∗) >3;

查看执行结果，如图 3.76 所示。

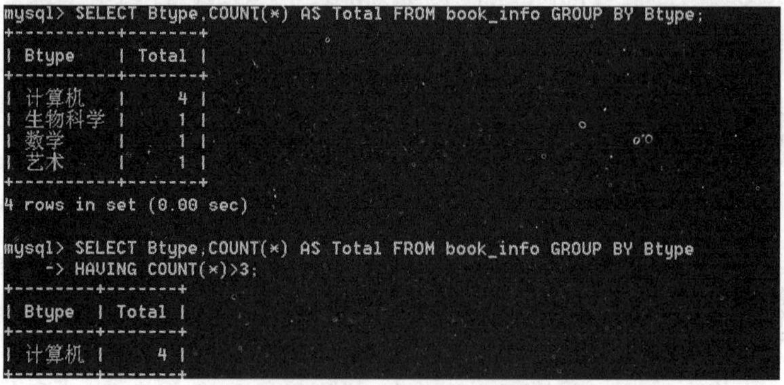

```
mysql> SELECT Btype,COUNT(*) AS Total FROM book_info GROUP BY Btype;
+----------+-------+
| Btype    | Total |
+----------+-------+
| 计算机   |     4 |
| 生物科学 |     1 |
| 数学     |     1 |
| 艺术     |     1 |
+----------+-------+
4 rows in set (0.00 sec)

mysql> SELECT Btype,COUNT(*) AS Total FROM book_info GROUP BY Btype
    -> HAVING COUNT(*)>3;
+--------+-------+
| Btype  | Total |
+--------+-------+
| 计算机 |     4 |
+--------+-------+
```

图 3.76　GROUP BY 分组与 HAVING 短语配合作用比对

WHERE 子句与 HAVING 短语的区别在于作用对象不同，WHERE 子句作用于基本表或视图，从中选择满足条件的元组；HAVING 短语作用于组，从中选择满足条件的组。

3.6.2 连接查询

连接查询是关系数据库中最主要的查询，在关系数据库管理系统中，表建立时常把一个实体的所有信息存放在一个表中。当查询数据时，我们通过连接操作查询出存放在多个表中的不同实体的信息。当两个或多个表中存在相同意义的字段时，我们便可以通过这些字段对不同的表进行连接查询，通过连接运算符实现多表查询。连接查询主要包括内连接查询、外连接查询以及复合条件连接查询等。

3.6.2.1 内连接查询

内连接查询使用比较运算符进行表间某列数据的比较操作，并列出这些表中与连接条件相匹配的数据行，组合成新的记录。在内连接查询中，只有满足条件的记录才能出现在结果关系中。

【例 3-59】使用内连接查询借了书的读者的基本信息，主要涉及读者信息表 reader 和借/还书记录表 brw_rtn，这两个表通过读者编号 Rno 进行关联。具体操作步骤如下：

（1）查询读者信息表 reader 关键数据，包括 Rno，Rname，Rage，Tel，Rtype 字段，代码如下：

SELECT Rno，Rname，Rage，Tel，Rtype FROM reader；

查看执行结果，如图 3.77 所示。

```
mysql> SELECT Rno,Rname,Rage,Tel,Rtype FROM reader;
+------------+----------+------+-------------+-------+
| Rno        | Rname    | Rage | Tel         | Rtype |
+------------+----------+------+-------------+-------+
| 008001     | 赵东来    |   36 | 13808590023 | 教师  |
| 008002     | 韦茗微    |   46 | 13808596512 | 教师  |
| 008003     | Benjamin |   35 | 13808590023 | 教师  |
| 008004     | Bert     |   42 | 13808596512 | 教师  |
| 008005     | Benson   |   40 | 13808590023 | 教师  |
| 008006     | Bill     |   20 | 13808596512 | 学生  |
| 008007     | Billy    |   22 | 13808590023 | 学生  |
| 008009     | Baill    |   38 | 13508597859 | 教师  |
| 008010     | 杨和平    |   48 | NULL        | 教师  |
| 008011     | 李丽      |   35 | 13808591234 | 教师  |
| 008012     | 刘兵      |   42 | 13808595678 | 教师  |
| 2018408001 | 李永义    |   21 | 13508594621 | 学生  |
| 2018408002 | 陈娇娇    |   20 | 13808512031 | 学生  |
| 2019408001 | 王丽莉    |   19 | 13808553674 | 学生  |
| 2019408002 | 张华      |   18 | 13508512130 | 学生  |
| 2019408003 | 李明      |   17 | 13908554516 | 学生  |
| 2019408004 | Ball     |   19 | 13808596512 | 学生  |
| 2019408005 | 刘建军    |   18 | NULL        | 学生  |
+------------+----------+------+-------------+-------+
```

图 3.77 读者信息表 reader 数据

（2）通过借/还书记录表 brw_rtn 查询借了书的读者，凡是在借/还书记录表 brw_rtn 中有记录的读者都借了书。brw_rtn 表包含图书编号 Bno，读者编号 Rno，借书日期 BrwDate，还书日期 RtnDate。查询该表的读者编号 Rno，借书日期 BrwDate，代码如下：

SELECT Rno，BrwDate FROM brw_rtn；

查看执行结果，如图 3.78 所示。

图 3.78　借/还书记录表 brw_rtn 数据

（3）我们可以看出借/还书记录表 brw_rtn 没有读者个人基本信息，所以 brw_rtn 表需要和读者信息表 reader 连接查询，提供完整的信息。在两个表中存在一个读者编号 Rno 字段，它在两个表中是等同的，即 reader 表的 Rno 字段与 brw_rtn 表的 Rno 字段相等，因此我们可以通过它创建两个表的连接关系，代码如下：

SELECT reader. Rno， Rname， Rage， Tel， Rtype， brw_rtn. Rno， BrwDate
FROM reader， brw_rtn WHERE reader. Rno＝brw_rtn. Rno；

查看执行结果，如图 3.79 所示。

图 3.79　两表内连接查询

由于多表中出现重复字段名，因此对重复字段名必须加表名具体说明（用"表名.字段名"表示），不重复的字段名可以不加表名。

连接关系使用比较运算符"＝"，所以又称等值连接，若在等值连接中把目标列中重复的属性列去掉，则称为自然连接。

3.6.2.2　外连接查询

内连接查询的结果集合仅是符合查询条件和连接条件的行。但我们有时需要包含没有关联的行的数据，即返回查询结果集合不仅包含符合连接条件的行，还包括左表（左外连接或左连接）或右表（右外连接或右连接）中所有的数据行，这样的连接查询称为外连接查询。基本语法结构如下：

SELECT 字段名 FROM 表名 1 LEFT｜RIGHT JOIN 表名 2 ON 表名 1.字段名＝

表名 2.字段名；

左连接（LEFT JOIN），返回包括左表中的所有记录和右表中连接字段符合连接条件的记录。左连接的结果包括 LEFT 子句中指定的左表的所有行，左表的某行在右表中没有匹配的行，则在相关联的结果中，该行所对应右表中的所有选择列均为空值。

右连接（RIGHT JOIN）是左连接的反向连接，将返回右表的所有行。如果右表的某行在左表中没有匹配行，那么该行对应左表中的所有选择列将返回空值。

【例 3-60】使用外连接查询所有的读者及借还书情况，主要涉及读者信息表 reader 和借/还书记录表 brw_rtn，这两个表通过读者编号 Rno 进行关联，由于有些读者没有借过书，如果使用内连接，那么没有借过书的读者信息就查询不到，因此使用左外连接，代码如下：

SELECT reader.Rno，Rname，Rage，Tel，Rtype，Bno，BrwDate
FROM reader LEFT JOIN brw_rtn ON reader.Rno＝brw_rtn.Rno；
或者
SELECT reader.Rno，Rname，Rage，Tel，Rtype，Bno，BrwDate
FROM reader LEFT OUTER JOIN brw_rtn ON reader.Rno＝brw_rtn.Rno；
查看执行结果，如图 3.80 所示。

图 3.80　左外连接查询

3.6.2.3　复合条件连接查询

在连接查询时，我们也可以增加其他的限制条件，通过多个条件的复合查询，可以使查询结果更加准确。

【例 3-61】查询借了书而且年龄在 35 岁以上的读者的基本信息。代码如下：

SELECT reader.Rno，Rname，Rage，Tel，Rtype，BrwDate
FROM reader，brw_rtn WHERE reader.Rno＝brw_rtn.Rno AND reader.Rage>35；
查看执行结果，如图 3.81 所示。

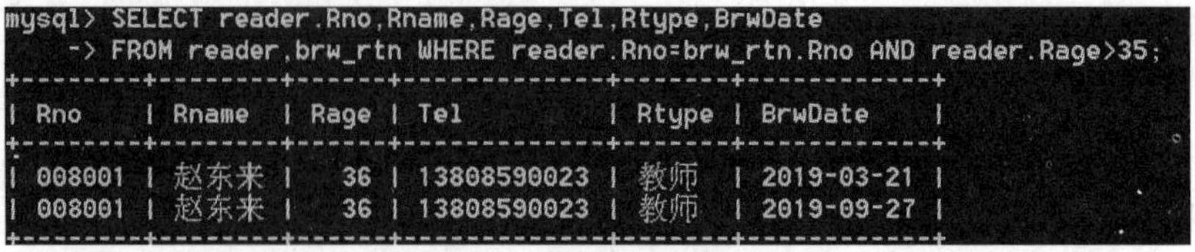

```
mysql> SELECT reader.Rno,Rname,Rage,Tel,Rtype,BrwDate
    -> FROM reader,brw_rtn WHERE reader.Rno=brw_rtn.Rno AND reader.Rage>35;
+--------+--------+------+-------------+-------+------------+
| Rno    | Rname  | Rage | Tel         | Rtype | BrwDate    |
+--------+--------+------+-------------+-------+------------+
| 008001 | 赵东来 |   36 | 13808590023 | 教师  | 2019-03-21 |
| 008001 | 赵东来 |   36 | 13808590023 | 教师  | 2019-09-27 |
+--------+--------+------+-------------+-------+------------+
```

图 3.81　复合条件连接查询

【例 3-62】查询在 2019-10-12 借出图书的图书基本信息（包含书名、作者和出版社），涉及借/还书记录表 brw_rtn、图书表 books 和图书信息表 book_info。代码如下：

```
SELECT Bname, Bauthor, Press
FROM brw_rtn, books, book_info
WHERE
brw_rtn.BrwDate='2019-10-12' AND books.Bno=brw_rtn.Bno
AND book_info.CallNo=books.CallNo;
```

查看执行结果，如图 3.82 所示。

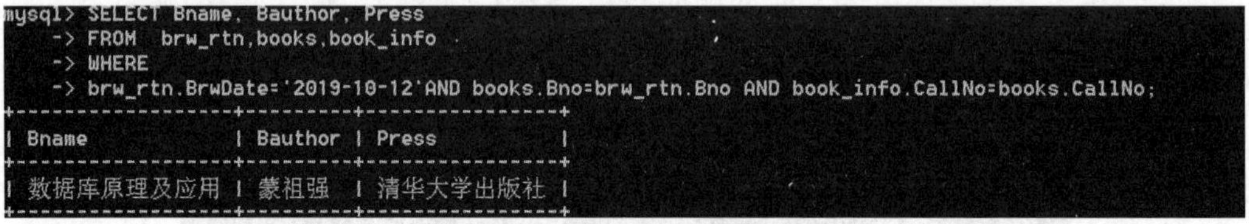

```
mysql> SELECT Bname, Bauthor, Press
    -> FROM  brw_rtn,books,book_info
    -> WHERE
    -> brw_rtn.BrwDate='2019-10-12'AND books.Bno=brw_rtn.Bno AND book_info.CallNo=books.CallNo;
+------------------+---------+------------------+
| Bname            | Bauthor | Press            |
+------------------+---------+------------------+
| 数据库原理及应用 | 蒙祖强  | 清华大学出版社   |
+------------------+---------+------------------+
```

图 3.82　三表复合条件连接查询

3.6.3　嵌套查询

在 SQL 语言中，一个 SELECT-FROM-WHERE 语句称为一个查询块。将一个查询块嵌套在另一个查询块的 WHERE 子句或 HAVING 短语的条件中的查询称为嵌套查询。

例如：

```
SELECT Rno, Rname, Tel                    /*外层查询或父查询*/
FROM reader
WHERE Rno IN
(SELECT Rno                               /*内层查询或子查询*/
FROM brw_rtn
WHERE BrwDate='2019-10-12');
```

本例中，下层查询块 SELECT Rno FROM brw_rtn WHERE BrwDate='2019-10-12' 是嵌套在上层查询块 SELECT Rno, Rname, Tel FROM reader WHERE Rno IN 的 WHERE 条件中的。上层的查询块称为外层查询或父查询，下层查询块称为内层查询或子查询。SQL 语言可支持多层嵌套查询，即一个子查询中还可以嵌套其他子查询。

3.6.3.1　带有 IN 谓词的子查询

IN 关键字进行子查询时，内层查询语句返回一个多值的集合（特例情况只有一个值），集合里的值将提供给外层查询语句进行比较操作，用 IN 关键字连接内外层查询。

【例 3-63】查询日期 2019-10-12 借了图书的读者基本信息（要求包含 Rno，Rname，Tel），涉及读者信息表 reader 和借/还书记录表 brw_rtn。代码如下：

```
SELECT Rno, Rname, Tel
FROM reader
WHERE Rno IN
(SELECT Rno
FROM brw_rtn
WHERE BrwDate='2019-10-12');
```

查看执行结果，如图 3.83 所示。

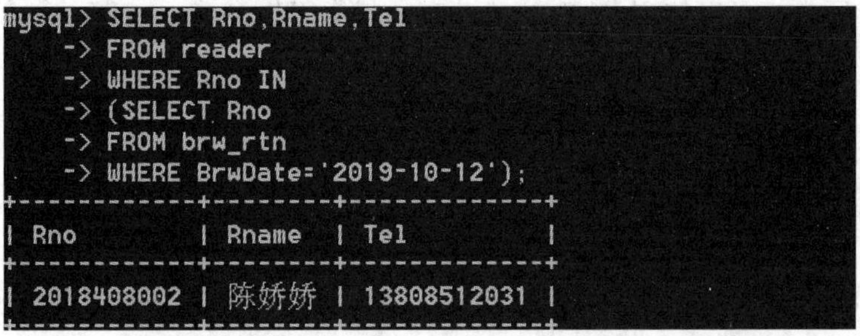

```
mysql> SELECT Rno,Rname,Tel
    -> FROM reader
    -> WHERE Rno IN
    -> (SELECT Rno
    -> FROM brw_rtn
    -> WHERE BrwDate='2019-10-12');
+------------+--------+-------------+
| Rno        | Rname  | Tel         |
+------------+--------+-------------+
| 2018408002 | 陈娇娇 | 13808512031 |
+------------+--------+-------------+
```

图 3.83　带有 IN 谓词的子查询

上述查询过程可以分步执行，首先内层子查询查出借/还书记录表 brw_rtn 中符合条件的读者编号 Rno，单独执行内查询，查询结果如图 3.84 所示。

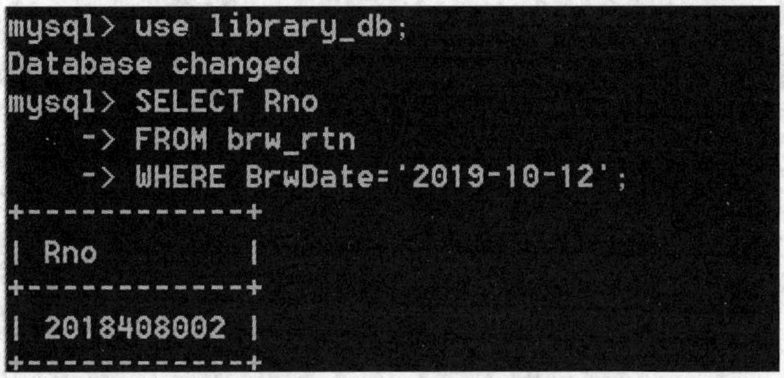

```
mysql> use library_db;
Database changed
mysql> SELECT Rno
    -> FROM brw_rtn
    -> WHERE BrwDate='2019-10-12';
+------------+
| Rno        |
+------------+
| 2018408002 |
+------------+
```

图 3.84　执行内查询

可以看到，符合条件的 Rno 列值有一个：2018408002，然后执行外层查询，在读者信息表 reader 中查询读者编号 Rno 等于 2018408002 的读者基本信息。接着执行外层查询语句还可以写为如下形式：

```
SELECT Rno, Rname, Tel
FROM reader
WHERE Rno IN('2018408002');
```

查看执行结果，如图 3.85 所示。

```
mysql> SELECT Rno,Rname,Tel
    -> FROM reader
    -> WHERE Rno IN ('2018408002');
+------------+----------+-------------+
| Rno        | Rname    | Tel         |
+------------+----------+-------------+
| 2018408002 | 陈娇娇   | 13808512031 |
+------------+----------+-------------+
```

图 3.85　执行外层查询

这个例子说明在处理 SELECT 语句的时候，MySQL 实际上执行了两个操作过程，即先执行内层子查询，再执行外层查询，内层子查询的结果作为外层查询的比较条件。

SELECT 语句中可以使用 NOT IN 关键字，其作用与 IN 正好相反。

【例 3-64】查询不在日期 2019-10-12 借了图书的读者基本信息（要求包含 Rno、Rname、Tel 字段），涉及读者信息表 reader 和借/还书记录表 brw_rtn。代码如下：

SELECT Rno，Rname，Tel

FROM reader

WHERE Rno NOT IN

（SELECT Rno

FROM brw_rtn

WHERE BrwDate = '2019-10-12'）；

查看执行结果，如图 3.86 所示。

```
mysql> SELECT Rno,Rname,Tel
    -> FROM reader
    -> WHERE Rno NOT IN
    -> (SELECT Rno
    -> FROM brw_rtn
    -> WHERE BrwDate='2019-10-12');
+------------+----------+-------------+
| Rno        | Rname    | Tel         |
+------------+----------+-------------+
| 008001     | 赵东来   | 13808590023 |
| 008002     | 韦茗微   | 13808596512 |
| 008003     | Benjamin | 13808590023 |
| 008004     | Bert     | 13808596512 |
| 008005     | Benson   | 13808590023 |
| 008006     | Bill     | 13808596512 |
| 008007     | Billy    | 13808590023 |
| 008009     | Baill    | 13508597859 |
| 008010     | 杨和平   | NULL        |
| 008011     | 李丽     | 13808591234 |
| 008012     | 刘兵     | 13808595678 |
| 2018408001 | 李永义   | 13508594621 |
| 2019408001 | 王丽莉   | 13808553674 |
| 2019408002 | 张华     | 13508512130 |
| 2019408003 | 李明     | 13908554516 |
| 2019408004 | Ball     | 13808596512 |
| 2019408005 | 刘建军   | NULL        |
+------------+----------+-------------+
```

图 3.86　带有 NOT IN 谓词的子查询

3.6.3.2　带有比较运算符的子查询

带有比较运算符的子查询是指外层查询与内层查询之间用比较运算符进行连接。当用户能确切知道内层查询返回的是单个值时，其可以用>、<、=、>=、<=、!=或<>等比较运算符连接内外层查询。

【例 3-65】在以上举例中，内层子查询查出借/还书记录表 brw_rtn 中符合条件的读者编号 Rno 值恰恰只有一个值 "2018408002"，那么用户也可用带有比较运算符的子查询完成，代码改写如下：

SELECT Rno，Rname，Tel

FROM reader

WHERE Rno =

（SELECT Rno

FROM brw_rtn

WHERE BrwDate = '2019-10-12'）；

查看执行结果，如图 3.87 所示。

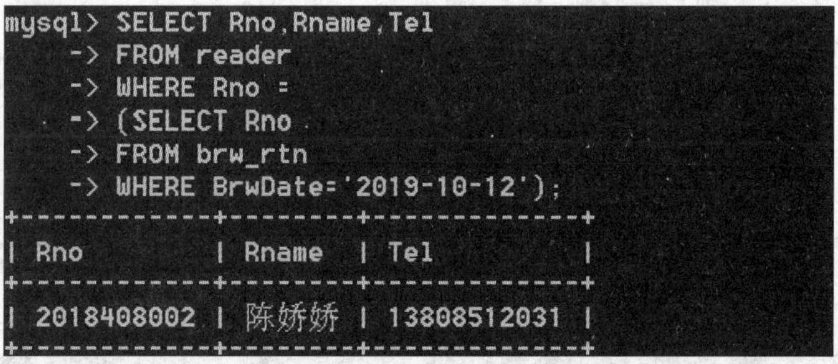

图 3.87　带有比较运算符的子查询

3.6.3.3　带有 ANY(SOME) 或 ALL 谓词的子查询

（1）带 ANY(SOME) 关键字的子查询。

ANY 和 SOME 关键字是同义词，必须同时和比较运算符一起使用，如 >ANY、<ANY、>=ANY、<=ANY、=ANY、<>ANY 等，表示该查询条件与内层子查询的结果比较，只要这些结果中任意有一个满足条件，该条件返回值为 TRUE。

下面以简单定义两个表 qtb1 和 qtb2 为例，介绍带有 ANY(SOME) 或 ALL 谓词的子查询。

CREATE TABLE qtb1（num1 INT NOT NULL）；

CREATE TABLE qtb2（num2 INT NOT NULL）；

分别向两个表中插入数据：

INSERT INTO qtb1 VALUES（1），（5），（13），（26）；

INSERT INTO qtb2 VALUES（6），（14），（11），（19）；

ANY 关键字接在一个比较操作符的后面，表示若与子查询返回的任一值比较为TRUE，则返回 TRUE。

【例 3-66】返回 qtb2 表的所有 num2 值，然后将 qtb1 中的 num1 的值与之进行比较，只要大于 num2 的任何 1 个值，即为符合查询条件的结果。输入语句如下：

SELECT num1 FROM qtb1 WHERE num1 > ANY(SELECT num2 FROM qtb2)；

查看执行结果，如图 3.88 所示。

```
mysql> SELECT num1 FROM qtb1 WHERE num1 > ANY (SELECT num2 FROM qtb2);
+------+
| num1 |
+------+
|   13 |
|   26 |
+------+
```

图 3.88　带 ANY 关键字的子查询

在子查询中，返回的是 qtb2 表的所有 num2 列的结果（6，14，11，19），然后将 qtb1 中的 num1 列的值与之进行比较，只要大于 num2 列的结果（6，14，11，19）的任意一个值，即为符合条件的结果。

（2）带 ALL 关键字的子查询。

ALL 关键字也必须与比较运算符一起使用，如>ALL、<ALL、>=ALL、<=ALL、=ALL、<>ALL 等。ALL 与 ANY(SOME) 不同，使用 ALL 时子查询的结果需要同时满足该查询条件，即是与子查询返回的所有值比较都为 TRUE 才行。

【例 3-67】返回 qtb1 表中比 qtb2 表 num2 列所有值都大的值，即为符合查询条件的结果。输入语句如下：

SELECT numl FROM qtb1 WHERE numl > ALL(SELECT num2 FROM qtb2)；

查看执行结果，如图 3.89 所示。

```
mysql> SELECT num1 FROM qtb1 WHERE num1 > ALL (SELECT num2 FROM qtb2);
+------+
| num1 |
+------+
|   26 |
+------+
```

图 3.89　带 ALL 关键字的子查询

在子查询中，返回的是 qtb2 表的所有 num2 列的结果（6，14，11，19），然后将 qtb1 表中的 num1 列的值与之进行比较，大于所有 num2 列值的 numl 值只有 26，因此返回结果为 26。

3.6.3.4　带 EXISTS 关键字的子查询

EXISTS 关键字后面的参数是一个任意的子查询，系统对子查询进行运算以判断它是否返回行，如果至少返回一行，那么 EXISTS 的结果为 TRUE，此时外层查询语句将进行查询；如果子查询没有返回任何行，那么 EXISTS 返回的结果是 FALSE，此时外层语句将不进行查询。

【例 3-68】查询 reader 表中是否存在读者编号 Rno='008001' 的读者，如果存在，则查询图书信息表 book_info 中的记录。输入语句如下：

SELECT * FROM book_info

WHERE EXISTS

(SELECT Rname FROM reader WHERE Rno='008001');

查看执行结果，如图 3.90 所示。

```
mysql>  SELECT * FROM book_info
    ->      WHERE EXISTS
    ->      (SELECT Rname FROM reader WHERE Rno='008001');
+--------+------------------+---------+----------+----------------+---------+
| CallNo | Bname            | Bauthor | Btype    | Press          | PubYear |
+--------+------------------+---------+----------+----------------+---------+
| Art041 | 摄影艺术教程     | 龙文可  | 艺术     | 人民出版社     |    2019 |
| Bio091 | 中国猫科动物     | 余豪豪  | 生物科学 | 农业出版社     |    2017 |
| Cpt081 | MySQL数据库教程  | 王明东  | 计算机   | 科学出版社     |    2019 |
| Cpt082 | Java程序设计     | 林冬冬  | 计算机   | 工业出版社     |    2018 |
| Cpt083 | 数据库原理及应用 | 蒙祖强  | 计算机   | 清华大学出版社 |    2018 |
| Cpt084 | 数据库原理与设计 | 万常选  | 计算机   | 清华大学出版社 |    2017 |
| Mat012 | 高等数学         | 汤家凤  | 数学     | 高等教育出版社 |    2014 |
+--------+------------------+---------+----------+----------------+---------+
```

图 3.90　带 EXISTS 关键字的子查询

内层查询结果表明 reader 表中存在 Rno='008001' 的记录，因此 EXISTS 表达式返回 TRUE；外层查询语句接收 TRUE 之后对 book_info 表进行查询，返回所有的记录。

NOT EXISTS 与 EXISTS 的使用方法相同，返回的结果相反。子查询如果至少返回一行，那么 NOT EXISTS 的结果为 FALSE，此时外层查询语句将不进行查询；如果子查询没有返回任何行，那么 NOT EXISTS 返回的结果是 TRUE，此时外层语句将进行查询。

【例 3-69】查询 reader 表中是否存在读者编号 Rno='008001' 的读者，如果不存在，则查询图书信息表 book_info 中的记录。输入语句如下：

SELECT * FROM book_info

WHERE NOT EXISTS

(SELECT Rname FROM reader WHERE Rno='008001');

查看执行结果，如图 3.91 所示。

```
mysql> SELECT * FROM book_info
    -> WHERE NOT EXISTS
    -> (SELECT Rname FROM reader WHERE Rno='008001');
Empty set (0.00 sec)
```

图 3.91　带 NOT EXISTS 关键字的子查询

查询语句（SELECT Rname FROM reader WHERE Rno='008001'）；对 reader 表进行查询，读者编号 Rno='008001' 的读者是存在的，返回了一条记录，NOT EXISTS 表达式返回 FALSE，外层表达式接收 FALSE，将不再查询 book_info 表中的记录，所以无返回查询结果。

EXISTS 和 NOT EXISTS 的结果只取决于内层查询是否返回行，而不取决于这些行的具体内容。

3.6.4　合并查询结果

利用 UNION 关键字可以将多个 SELECT 语句查询的结果组合成单个结果集合。在合并时，两个表对应的列数和数据类型必须相同，各个 SELECT 语句之间使用 UNION

或 UNION ALL 关键字分隔。使用关键字 UNION，执行的时候删除重复的记录，所有返回的行都是唯一的。使用关键字 UNION ALL，执行的时候不删除重复行，也不对结果进行自动排序。基本语法格式如下：

SELECT column，… FROM table1

UNION［ALL］

SELECT column，… FROM table2；

【例 3-70】将 reader 表中年龄大于 20 岁的读者和读者类型是教师的读者合并。输入语句如下：

SELECT ＊ FROM reader WHERE Rage>20

UNION

SELECT ＊ FROM reader WHERE Rtype＝'教师'；

查看执行结果，如图 3.92 所示。

```
mysql> SELECT * FROM reader WHERE Rage>20
    -> UNION
    -> SELECT * FROM reader WHERE Rtype='教师';
+------------+-----------+------+-------------+-------+
| Rno        | Rname     | Rage | Tel         | Rtype |
+------------+-----------+------+-------------+-------+
| 008001     | 赵东来     |   36 | 13808590023 | 教师  |
| 008002     | 韦茗微     |   46 | 13808596512 | 教师  |
| 008003     | Benjamin  |   35 | 13808590023 | 教师  |
| 008004     | Bert      |   42 | 13808596512 | 教师  |
| 008005     | Benson    |   40 | 13808590023 | 教师  |
| 008007     | Billy     |   22 | 13808590023 | 学生  |
| 008009     | Baill     |   38 | 13508597859 | 教师  |
| 008010     | 杨和平     |   48 | NULL        | 教师  |
| 008011     | 李丽       |   35 | 13808591234 | 教师  |
| 008012     | 刘兵       |   42 | 13808595678 | 教师  |
| 2018408001 | 李永义     |   21 | 13508594621 | 学生  |
+------------+-----------+------+-------------+-------+
```

图 3.92　合并查询结果

本例题也可用复合条件查询方式实现，改写代码如下：

SELECT ＊ FROM reader WHERE Rage>20 OR Rtype＝'教师'；

实现相同的查询需求，查询方式有时并不唯一。一般来说，嵌套查询、合并查询结果等方式容易理解和编写，但多条件查询、连接查询执行效率更高。

3.6.5　SELECT 语句的一般格式

SELECT 语句是 SQL 的核心语句，其语句成分丰富多样，下面总结一下 SELECT 语句的一般格式：

SELECT［ALL｜DISTINCT］<目标列表达式>［，<目标列表达式>］…

FROM <表名或视图名>［，<表名或视图名>］…

[WHERE<条件表达式>]

[GROUP BY<列名 1> [HAVING<条件表达式>]]

[ORDER BY<列名 2> [ASC | DESC]];

3.6.5.1　目标列表达式的可选格式

(1) * ;

(2) <表名>. * ;

(3) COUNT（[DISTINCT | ALL] * ）;

(4) [<表名>.] <属性列名表达式> [, [<表名>.] <属性列名表达式>] …。

其中，<属性列名表达式>可以是由属性列、作用于属性列的聚集函数和常量的任意算术运算（+, -, * , /）组成的运算公式。

3.6.5.2　聚集函数的一般格式

$$\left.\begin{array}{l} COUNT \\ SUM \\ AVG \\ MAX \\ MIN \end{array}\right\} \, (\, [DISTINCT | ALL] \, \langle 列名 \rangle \,)。$$

3.6.5.3　WHERE 子句的条件表达式的可选格式

(1) 〈属性列名〉 θ $\left\{\begin{array}{l} 〈属性列名〉 \\ 〈常量〉 \\ [ANY | ALL] (SELECT 语句) \end{array}\right\}$;

(2) 〈属性列名〉[NOT] BETWEEN $\left\{\begin{array}{l} 〈属性列名〉 \\ 〈常量〉 \\ (SELECT 语句) \end{array}\right\}$ AND $\left\{\begin{array}{l} 〈属性列名〉 \\ 〈常量〉 \\ (SELECT 语句) \end{array}\right\}$;

(3) 〈属性列名〉[NOT] IN $\left\{\begin{array}{l} (〈值 1〉[, 〈值 2〉] …) \\ (SELECT 语句) \end{array}\right\}$;

(4) 〈属性列名〉[NOT] LIKE〈匹配串〉;

(5) 〈属性列名〉IS [NOT] NULL;

(6) [NOT] EXISTS (SELECT 语句);

(7) 〈条件表达式〉 $\left\{\begin{array}{l} AND \\ OR \end{array}\right\}$ 〈条件表达式〉 $\left(\left\{\begin{array}{l} AND \\ OR \end{array}\right\} 〈条件表达式〉…\right)$ 。

3.7　索引

3.7.1　索引概述

3.7.1.1　索引的含义

当表的数据量比较大时，查询操作会比较耗时，建立索引是加快查询速度的有效手段。数据库索引类似于图书后面的索引，能快速定位到需要查询的内容。

索引是对数据库表中一列或多列的值进行排序的一种结构，是单独的、存储在磁盘上的数据库结构，包含对数据表里所有记录的引用指针。使用索引可以快速找出在某个或多个列中有一特定值的行，所有 MySQL 列类型都可以被索引。

索引是在存储引擎中实现的，每种存储引擎的索引都不一定完全相同，并且每种存储引擎也不一定支持所有的索引类型。用户根据存储引擎定义每个表的最大索引数和最大索引长度。所有存储引擎至少支持每个表 16 个索引，总索引长度至少为 256 字节。大多数存储引擎有更高的限制。MySQL 中索引的存储类型有两种：B 树（BTREE）和 HASH，其和表的存储引擎有关。

MyISAM 和 InnoDB 存储引擎只支持 B 树（BTREE）索引，MEMORY 存储引擎可以支持 B 树（BTREE）和 HASH 索引。

3.7.1.2　索引的优缺点

（1）优点。

①可以大大加快数据的查询速度，这也是创建索引的最主要原因。

②用户通过创建唯一索引可以保证数据库表中每一行数据的唯一性。

③在实现数据的参照完整性方面，索引可以加速表和表之间的连接。

④使用分组和排序子句进行数据查询时，也可以显著减少查询中分组和排序的时间。

（2）缺点。

①创建索引和维护索引要耗费时间，并且随着数据量的增加所耗费的时间也会增加。

②索引需要占磁盘空间，除了数据表要占数据空间之外，每一个索引还要占一定的物理空间，如果有大量的索引，索引文件可能比数据文件更快达到最大空间限制。

③当对表中的数据进行增加、删除和修改的时候，索引也要动态地维护，这样就降低了数据的维护速度。

3.7.1.3　索引类型

MySQL 索引主要有以下几种类型：

（1）普通索引：即不应用任何限制条件的索引，该索引可以在任何数据类型中创建。字段本身的约束条件可以判断其值是否为空或唯一。在创建该类型索引后，用户在查询时，便可以通过索引进行查询。在某数据表的某一字段中建立普通索引后，用户需要查询数据时，只需根据该索引进行查询即可。

（2）唯一性索引：使用 UNIQUE 参数可以设置唯一索引。创建该索引时，索引的值必须唯一。通过唯一索引，用户可以快速地定位某条记录。主键是一种特殊的唯一索引。

（3）单列索引：一个索引只包含单个列，一个表可以有多个单列索引。

（4）组合索引：指在表的多个字段上创建一个索引。该索引指向创建时对应的多个字段，用户可以通过这几个字段进行查询，使用组合索引时遵循最左前缀集合原则。

（5）全文索引：使用 FULLTEXT 参数可以设置全文索引。全文索引只能创建在 CHAR、VARCHAR 或者 TEXT 类型的字段上。查询数据量较大的字符串类型的字段时，使用全文索引可以提高查询速度。需要注意的是，在默认情况下，应用全文搜索大小写不敏感，但是索引的列使用二进制排序后，可以执行大小写敏感的全文索引。

（6）空间索引：使用 SPATIAL 参数可以设置空间索引。空间索引只能建立在空间数据类型上，这样可以提高系统获取空间数据的效率。MySQL 中只有 MyISAM 存储引擎支持空间索引，而且索引的字段不能为空值。

3.7.1.4 索引的设计原则

索引设计不合理或者缺少索引都会对数据库和应用程序的性能造成障碍。高效的索引对于获得良好的性能非常重要。用户在索引设计时，应该注意以下原则：

（1）索引并非越多越好，一个表中如果有大量的索引，不仅占用磁盘空间，而且会影响 INSERT、DELETE、UPDATE 等语句的性能，因为在表中数据更改时，索引会进行调整和更新。

（2）避免对经常更新的表设计过多的索引，并且索引中的列要尽可能少。而对经常用于查询的字段应该创建索引，但要避免添加不必要的字段。

（3）数据量小的表最好不要使用索引，由于数据较少，查询花费的时间可能比遍历索引的时间还要短，索引可能不会产生优化效果。

（4）在经常用到的不同值较多的列上建立索引，在不同值很少的列上尽量不要建立索引。比如在人的"性别"字段上只有"男"与"女"两个不同值，因此就无须建立索引。如果建立索引，不但不会提高查询效率，反而会严重降低数据更新速度。

（5）当唯一性是某种数据本身的特征时，指定唯一索引。使用唯一索引需要确保定义的列的数据完整性，以提高查询速度。

（6）在频繁进行排序或分组（进行 order by 或 group by 操作）的列上建立索引。如果待排序的列有多个，用户可以在这些列上建立组合索引。

3.7.2 索引的创建

创建索引的主要方式有：用语句 CREATE TABLE 创建表时指定索引列和使用 CREATE INDEX 语句在已存在的表上创建索引。

3.7.2.1 CREATE TABLE 创建表时创建索引

CREATE TABLE 创建表时创建索引的基本语法格式如下：

CREATE TABLE table_name(

…

［UNIQUE｜FULLTEXT｜SPATIAL］［INDEX｜KEY］［index_name］（col_name［length］）［ASC｜DESC］

）；

UNIQUE、FULLTEXT 和 SPATIAL 为可选参数，分别表示唯一索引、全文索引和空间索引；INDEX 与 KEY 为同义词，两者的作用相同，用来指定创建索引；col_name 为需要创建索引的字段列，该列必须从数据表定义的多列中选择；index_name 指定索引的名称，为可选参数，如果不指定，MySQL 默认 col_name 为索引名；length 为可选参数，表示索引的长度，只有字符串类型的字段才能指定索引长度；ASC 或 DESC 指定按索引值的升序或者降序存储。

(1) 创建普通索引。

普通索引是最基本的索引类型，没有任何限制条件，其作用只是加快对数据的查询速度。

【例 3-71】创建 book 表，同时在出版年份 pubyear 字段上建立普通索引，输入语句如下：

```
CREATE TABLE book
(
bookid INT NOT NULL,
bookname VARCHAR(255) NOT NULL,
authors VARCHAR(255) NOT NULL,
info VARCHAR(255) NULL,
pubyear YEAR NOT NULL,
INDEX(pubyear)
);
```

该语句执行后，使用 SHOW CREATE TABLE book \G 查看结果，如图 3.93 所示。

```
mysql> CREATE TABLE book
    -> (
    -> bookid INT NOT NULL,
    -> bookname VARCHAR(255) NOT NULL,
    -> authors VARCHAR(255) NOT NULL,
    -> info VARCHAR(255) NULL,
    -> pubyear YEAR NOT NULL,
    -> INDEX(pubyear)
    -> );
Query OK, 0 rows affected (1.44 sec)

mysql> SHOW CREATE TABLE book \G
*************************** 1. row ***************************
       Table: book
Create Table: CREATE TABLE `book` (
  `bookid` int NOT NULL,
  `bookname` varchar(255) NOT NULL,
  `authors` varchar(255) NOT NULL,
  `info` varchar(255) DEFAULT NULL,
  `pubyear` year NOT NULL,
  KEY `pubyear` (`pubyear`)
) ENGINE=InnoDB DEFAULT CHARSET=utf8mb4 COLLATE=utf8mb4_0900_ai_ci
1 row in set (0.00 sec)
```

图 3.93 创建普通索引

结果显示在 book 表的 pubyear 字段上成功建立索引，其索引名称 pubyear 为 MySQL 自动添加。

使用 EXPLAIN 语句查看索引是否正在使用，输入语句如下：

```
EXPLAIN SELECT * FROM book WHERE pubyear=2018 \G
```

执行该语句后，执行结果如图 3.94 所示。

```
mysql> EXPLAIN SELECT * FROM book WHERE pubyear=2018 \G
*************************** 1. row ***************************
           id: 1
  select_type: SIMPLE
        table: book
   partitions: NULL
         type: ref
possible_keys: pubyear
          key: pubyear
      key_len: 1
          ref: const
         rows: 1
     filtered: 100.00
        Extra: NULL
1 row in set, 1 warning (0.00 sec)
```

图 3.94 查看索引使用

possible_keys 行给出了 MySQL 在查询数据时可选用的各个索引，key 行是 MySQL 实际选用的索引，可见 possible_keys 和 key 的值都是 pubyear，查询时使用了 pubyear 索引。

（2）创建唯一索引。

【例 3-72】创建 indextab1 表，同时在表中的 id 字段上使用 UNIQUE 关键字创建唯一索引，输入语句如下：

```
CREATE TABLE indextab1
(
id INT UNIQUE NOT NULL,
name CHAR(30) NOT NULL,
UNIQUE INDEX UniqIdx(id)
);
```

该语句执行后，使用 SHOW CREATE TABLE indextab1 \G 查看结果，如图 3.95 所示。

```
mysql> CREATE TABLE indextab1
    -> (
    -> id INT UNIQUE NOT NULL,
    -> name CHAR(30) NOT NULL,
    -> UNIQUE INDEX UniqIdx(id)
    -> );
Query OK, 0 rows affected, 1 warning (2.62 sec)

mysql> SHOW CREATE TABLE indextab1 \G
*************************** 1. row ***************************
       Table: indextab1
Create Table: CREATE TABLE `indextab1` (
  `id` int NOT NULL,
  `name` char(30) NOT NULL,
  UNIQUE KEY `id` (`id`),
  UNIQUE KEY `UniqIdx` (`id`)
) ENGINE=InnoDB DEFAULT CHARSET=utf8mb4 COLLATE=utf8mb4_0900_ai_ci
1 row in set (0.21 sec)
```

图 3.95 创建唯一索引

结果显示在 id 字段上已经成功建立了一个名为 UniqIdx 的唯一索引。

（3）创建单列索引。

单列索引是在数据表中的某一个字段上创建的索引，一个表中可以创建多个单列索引。前面两个例子中创建的索引同时也属于单列索引。

【例 3-73】创建 indextab2 表，同时在表中的 name 字段上创建单列索引，索引长度为 30，输入语句如下：

```
CREATE TABLE indextab2
(
id INT NOT NULL,
name CHAR(50) NULL,
INDEX SingleIdx(name(30))
);
```

该语句执行后，可用 SHOW CREATE TABLE indextab2 \G 查看结果，如图 3.96 所示。

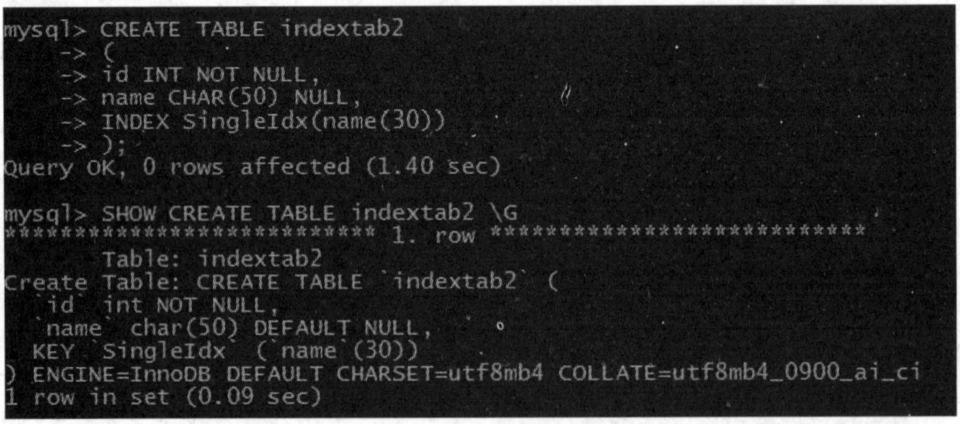

```
mysql> CREATE TABLE indextab2
    -> (
    -> id INT NOT NULL,
    -> name CHAR(50) NULL,
    -> INDEX SingleIdx(name(30))
    -> );
Query OK, 0 rows affected (1.40 sec)

mysql> SHOW CREATE TABLE indextab2 \G
*************************** 1. row ***************************
       Table: indextab2
Create Table: CREATE TABLE `indextab2` (
  `id` int NOT NULL,
  `name` char(50) DEFAULT NULL,
  KEY `SingleIdx` (`name`(30))
) ENGINE=InnoDB DEFAULT CHARSET=utf8mb4 COLLATE=utf8mb4_0900_ai_ci
1 row in set (0.09 sec)
```

图 3.96　创建单列索引

（4）创建组合索引。

组合索引是在多个字段上创建一个索引。

【例 3-74】创建 indextab3 表，在表中的 id、name 和 age 字段上建立组合索引，输入语句如下：

```
CREATE TABLE indextab3
(
id INT NOT NULL,
name CHAR(30) NOT NULL,
age INT NOT NULL,
info VARCHAR(255),
INDEX MultiIdx(id, name, age)
);
```

该语句执行后，可用 SHOW CREATE TABLE indextab3 \G 查看结果，如图 3.97
所示。

图 3.97　创建组合索引

结果显示在 id、name 和 age 字段上已经成功建立了一个名为 MultiIdx 的组合索引。
组合索引可以起到几个索引的作用，但是并不是随便查询哪个字段都可以使用索引，
而是遵从 "最左前缀"，即利用索引中最左边的列集来匹配行，这样的列集称为最左前
缀。例如由 id、name 和 age 3 个字段构成的索引，索引行中按 id/name/age 的顺序存
放，索引可以搜索下面字段组合：(id, name, age)、(id, name) 或者 id。如果列不构
成索引最左前缀，MySQL 不能使用局部索引，如 (age) 或者 (name, age) 组合则不
能使用索引查询。

（5）创建全文索引。

FULLTEXT 全文索引可以用于全文搜索。只有 MyISAM 存储引擎支持 FULLTEXT 索
引，并且只为 CHAR、VARCHAR 和 TEXT 列创建索引。索引总是对整个列进行，不支
持局部（前缀）索引。

【例 3-75】创建 indextab4 表，在表中的 info 字段上建立全文索引，输入语句如下：

CREATE TABLE indextab4

(

id INT NOT NULL,

name CHAR(30) NOT NULL,

age INT NOT NULL,

info VARCHAR(255),

FULLTEXT INDEX FullTxtIdx(info)

) ENGINE = MyISAM;

在创建表时需要指定表的存储引擎为 MyISAM，语句执行后可用 SHOW CREATE
TABLE indextab4 \G 查看结果，如图 3.98 所示。

```
mysql> CREATE TABLE indextab4
    -> (
    -> id INT NOT NULL,
    -> name CHAR(30) NOT NULL,
    -> age INT NOT NULL,
    -> info VARCHAR(255),
    -> FULLTEXT INDEX FullTxtIdx(info)
    -> )ENGINE=MYISAM
Query OK, 0 rows affected (0.48 sec)

mysql> SHOW CREATE TABLE indextab4 \G
*************************** 1. row ***************************
       Table: indextab4
Create Table: CREATE TABLE `indextab4` (
  `id` int NOT NULL,
  `name` char(30) NOT NULL,
  `age` int NOT NULL,
  `info` varchar(255) DEFAULT NULL,
  FULLTEXT KEY `FullTxtIdx` (`info`)
) ENGINE=MyISAM DEFAULT CHARSET=utf8mb4 COLLATE=utf8mb4_0900_ai_ci
1 row in set (0.12 sec)
```

图 3.98　创建全文索引

结果显示在 info 字段上已经成功建立了一个名为 FullTxtIdx 的 FULLTEXT 索引，全文索引非常适合于大型数据集。

（6）创建空间索引。

空间索引必须在 MyISAM 类型的表中创建，且要在一种特殊的数据类型，即空间类型的字段上创建，要建立空间索引的字段必须为非空。此处不再举例，有需要更多了解空间索引的高级用户，可查阅 MySQL 相关使用手册或帮助文档。

3.7.2.2　CREATE INDEX 语句创建索引

CREATE INDEX 语句可以在已经存在的表上创建索引，基本语法格式如下：

CREATE [UNIQUE | FULLTEXT | SPATIAL] INDEX index_name

ON table_name (col_name [length], …) [ASC | DESC]

UNIQUE、FULLTEXT 和 SPATIAL 为可选参数，分别表示唯一索引、全文索引和空间索引；INDEX 用来指定创建索引；index_name 指定索引的名称；table_name 为需要创建索引的表名；col_name 为需要创建索引的字段列，该列必须从数据表定义的多列中选择；length 为可选参数，表示索引的长度；ASC 或 DESC 指定按索引值的升序或者降序存储。

事先创建好一个 anotherbook 表，输入语句如下：

CREATE TABLE anotherbook

(

bookid INT NOT NULL,

bookname VARCHAR(255) NOT NULL,

authors VARCHAR(255) NOT NULL,

pubyear YEAR NOT NULL,

price FLOAT

);

【例 3-76】在 anotherbook 表中，使用 CREATE INDEX 语句在 bookname 字段上建立名为 BkNameIdx 的普通索引，输入语句如下：

CREATE INDEX BkNameIdx ON anotherbook(bookname) ;

语句执行完毕之后，将在 anotherbook 表中创建名为 BkNameIdx 的普通索引。读者可以使用 SHOW CREATE TABLE anotherbook \G 或者 SHOW INDEX FROM anotherbook \G 语句查看 anotherbook 表中的索引情况。

【例 3-77】在 anotherbook 表中，使用 CREATE INDEX 语句在 bookid 字段上建立名为 UniqidIdx 的唯一索引，输入语句如下：

CREATE UNIQUE INDEX UniqidIdx ON anotherbook(bookid) ;

【例 3-78】在 anotherbook 表中，使用 CREATE INDEX 语句在 price 字段上建立名为 singleprice 的单列索引，输入语句如下：

CREATE INDEX SinglePrice ON anotherbook(price) ;

【例 3-79】在 anotherbook 表中，使用 CREATE INDEX 语句在 bookname 和 authors 字段上建立名为 INBnAu 的组合索引，输入语句如下：

CREATE INDEX INBnAu ON anotherbook(bookname(50) , authors(20)) ;

事先创建好一个 indextab5 表，输入语句如下：

CREATE TABLE indextab5

(

id INT NOT NULL,

name CHAR(30) NOT NULL,

info VARCHAR(255)

) ENGINE = MyISAM;

【例 3-80】在 indextab5 表中，使用 CREATE INDEX 语句在 info 字段上创建名为 infoFTIdx 的全文索引，输入语句如下：

CREATE FULLTEXT INDEX infoFTIdx ON indextab5(info) ;

语句执行完后，将在 indextab5 表中创建名为 infoFTIdx 的全文索引，允许空值。

3.7.2.3　删除索引

MySQL 中删除索引可使用 ALTER TABLE 或者 DROP INDEX 语句。

（1）使用 ALTER TABLE 删除索引。

ALTER TABLE 删除索引基本语法格式如下：

ALTER TABLE table_name DROP INDEX index_name;

table_name 为删除索引所在的表名；index_name 指定索引的名称。

【例 3-81】删除 anotherbook 表中的名称为 UniqidIdx 的唯一索引，输入语句如下：

ALTER TABLE anotherbook DROP INDEX UniqidIdx;

语句执行完后，读者可以使用 SHOW CREATE TABLE anotherbook \G 或者 SHOW INDEX FROM anotherbook \G 语句查看 anotherbook 表中的索引删除是否成功。

注意：添加 AUTO_INCREMENT 约束字段的唯一索引不能被删除。

（2）使用 DROP INDEX 删除索引。

DROP INDEX 删除索引基本语法格式如下：

DROP INDEX index_name ON table_name;

index_name 指定索引的名称；table_name 为删除索引所在的表名。

【例 3-82】删除 anotherbook 表中名称为 INBnAu 的组合索引，输入语句如下：

DROP INDEX INBnAu ON anotherbook;

语句执行完后，读者可以使用 SHOW CREATE TABLE anotherbook \G 或者 SHOW INDEX FROM anotherbook \G 语句查看 anotherbook 表中的索引删除是否成功。

删除表中的列时，如果要删除的列为索引的组成部分，则该列也会从索引中删除。如果表中组成索引的所有列都被删除，则整个索引将被删除。

3.8 视图

3.8.1 视图概述

3.8.1.1 视图的含义

视图是从一个或几个基本表（或视图）导出的表。它与基本表不同，是一个虚表。数据库只存放视图的定义，而不存放视图对应的数据，这些数据仍然存放在原来的基本表中。所以一旦基本表中的数据发生变化，从视图中查询出的数据也随之改变。视图就像一个窗口，透过它可以看到数据库中用户感兴趣的数据及其变化。

视图一经定义，就可以和基本表一样被使用，也可以在一个视图之上再定义新的视图。但对视图的更新（增加、删除、修改）操作则受到相应基本表的限制。

3.8.1.2 视图的作用

视图最终是定义在基本表之上的，对视图的一切操作最终也要转换为对基本表的操作。那么为什么还要使用视图呢？这是因为合理使用视图能够带来许多好处。

（1）视图能够简化用户的操作。

视图机制使用户可以将注意力集中在所关心的数据上。如果这些数据不是直接来自基本表，则可以通过定义视图使数据库结构看起来简单、清晰，并且可以简化用户的数据查询操作。例如，那些定义了多张表连接的视图就将表与表之间的连接操作对用户隐蔽起来了，用户所做的只是对一个虚表的简单查询，而这个虚表是怎样得来的，用户无须了解。

（2）视图使用户能以多种角度看待同一数据。

视图机制能使不同的用户以不同的方式看待同一数据，当许多不同种类的用户共享同一个数据库时，这种灵活性是非常重要的。

（3）视图提供了一定程度的数据逻辑独立性。

视图可以使应用程序和数据库表在一定程度上独立。如果没有视图，程序一定是建立在表上的。有了视图之后，程序可以建立在视图之上，从而使程序与数据库表被视图分割开来。视图可以在以下两个方面使程序与数据独立。

第一，如果应用建立在数据库表上，当数据库表发生变化时，用户可以在表上建立视图或修改视图，通过视图屏蔽表的变化，从而使应用程序不变。

第二，如果应用建立在数据库表上，当应用发生变化时，用户可以在表上建立视图或修改视图，通过视图屏蔽应用的变化，从而使数据库表不变。

（4）视图能够对数据提供安全保护。

有了视图机制，我们就可以在设计数据库应用系统时对不同的用户定义不同的视图，使数据不出现在不应该看到这些数据的用户视图上。这样视图就提供了一定程度的安全保护机制，并对数据进行保护。

3.8.2　视图的创建

视图可以建立在一张表上，也可以建立在多张表上。创建视图可使用 CREATE VIEW 语句，基本语法格式如下：

CREATE VIEW view_name［（columnlist）］

AS SELECT_statement

［WITH［CASCADED│LOCAL］CHECK OPTION］；

其中，view_name 为要创建的视图名称；column_list 为属性列；SELECT_statement 表示 SELECT 语句；［WITH［CASCADED│LOCAL］CHECK OPTION］ 为可选参数，表示视图在更新时保证在视图的权限范围内。CASCADED 与 LOCAL 为可选参数，CASCADED 为默认值，表示更新视图时要满足所有相关视图和表的条件；LOCAL 表示更新视图时满足该视图本身定义的条件。但如果视图的操作破坏了相关表的完整性约束，操作还是会被拒绝。

【例 3-83】 在图书信息表 book_info 上创建一个名为 book_info_view1 的视图，输入语句如下：

CREATE VIEW book_info_view1

AS SELECT CallNo，Bname，Bauthor FROM book_info；／＊创建视图＊／

语句执行完后，可用 SHOW TABLES 查看视图名 book_info_view1，如图 3.99 所示。

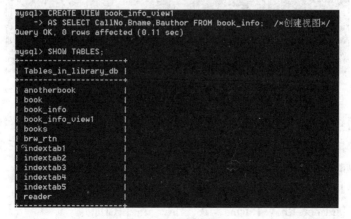

图 3.99　查看视图名

用户可用 SELECT * FROM book_info_view1 查看所建视图 book_info_view1 的效果，如图 3.100 所示。

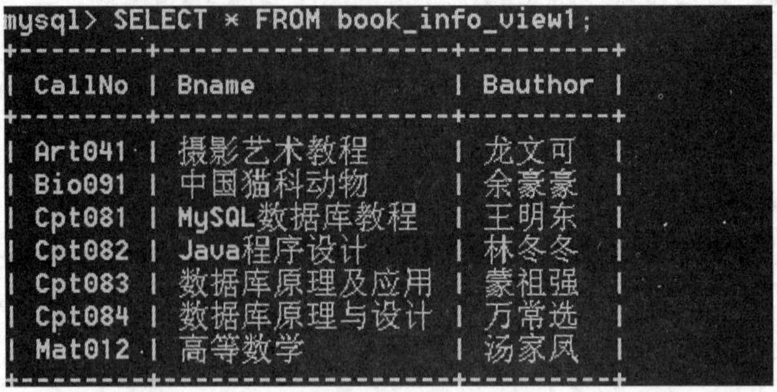

```
mysql> SELECT * FROM book_info_view1;
+--------+------------------+---------+
| CallNo | Bname            | Bauthor |
+--------+------------------+---------+
| Art041 | 摄影艺术教程     | 龙文可  |
| Bio091 | 中国猫科动物     | 余豪豪  |
| Cpt081 | MySQL数据库教程  | 王明东  |
| Cpt082 | Java程序设计     | 林冬冬  |
| Cpt083 | 数据库原理及应用 | 蒙祖强  |
| Cpt084 | 数据库原理与设计 | 万常选  |
| Mat012 | 高等数学         | 汤家凤  |
+--------+------------------+---------+
```

图 3.100　通过视图查询

在默认情况下，创建的视图和基本表的字段是一样的，我们也可以通过指定视图字段的名称来创建视图。

【例 3-84】在图书信息表 book_info 上创建一个名为 book_info_view2 的视图，输入语句如下：

CREATE VIEW book_info_view2(V_CallNo，V_Bname，V_Press)

AS SELECT CallNo，Bname，Press FROM book_info

WITH CASCADED CHECK OPTION;

语句执行完后，可用 SELECT * FROM book_info_view2 查看所建视图 book_info_view2的效果，如图 3.101 所示。

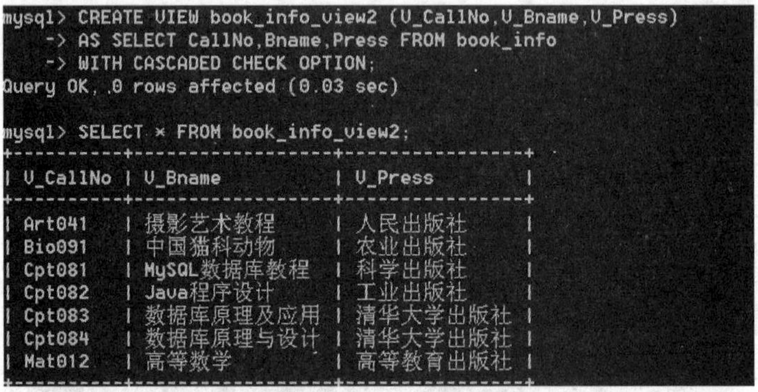

```
mysql> CREATE VIEW book_info_view2 (V_CallNo,V_Bname,V_Press)
    -> AS SELECT CallNo,Bname,Press FROM book_info
    -> WITH CASCADED CHECK OPTION;
Query OK, 0 rows affected (0.03 sec)

mysql> SELECT * FROM book_info_view2;
+----------+------------------+--------------+
| V_CallNo | V_Bname          | V_Press      |
+----------+------------------+--------------+
| Art041   | 摄影艺术教程     | 人民出版社   |
| Bio091   | 中国猫科动物     | 农业出版社   |
| Cpt081   | MySQL数据库教程  | 科学出版社   |
| Cpt082   | Java程序设计     | 工业出版社   |
| Cpt083   | 数据库原理及应用 | 清华大学出版社 |
| Cpt084   | 数据库原理与设计 | 清华大学出版社 |
| Mat012   | 高等数学         | 高等教育出版社 |
+----------+------------------+--------------+
```

图 3.101　可指定视图字段名称

【例 3-85】在读者信息表 reader 和借/还书记录表 brw_rtn 上，创建视图 readbrw_view 查询借了书的读者的联系电话，视图包括读者编号、读者姓名、联系电话、借书日期。输入语句如下：

CREATE VIEW readbrw_view(bianhao，xingming，dianhua，jieshu)

AS SELECT reader. Rno，Rname，Tel，brw_rtn. BrwDate

FROM reader，brw_rtn WHERE reader. Rno = brw_rtn. Rno;

通过借/还书记录表 brw_rtn 查询借了书的读者，凡是在借/还书记录表 brw_rtn 中有记录的读者都借了书。借/还书记录表 brw_rtn 没有读者个人基本信息，所以 brw_rtn 表需要和读者信息表 reader 一起创建视图，提供完整的信息。

语句执行完后，通过 SELECT ＊ FROM readbrw_view 查看视图 readbrw_view，如图 3.102 所示。

```
mysql> CREATE VIEW readbrw_view(bianhao,xingming,dianhua,jieshu)
    -> AS SELECT reader.Rno,Rname,Tel,brw_rtn.BrwDate
    -> FROM reader,brw_rtn WHERE reader.Rno=brw_rtn.Rno;
Query OK, 0 rows affected (0.01 sec)

mysql>
mysql> SELECT * FROM readbrw_view;
+------------+----------+-------------+------------+
| bianhao    | xingming | dianhua     | jieshu     |
+------------+----------+-------------+------------+
| 008001     | 赵东来   | 13808590023 | 2019-03-21 |
| 008001     | 赵东来   | 13808590023 | 2019-09-27 |
| 2018408001 | 李永义   | 13508594621 | 2019-03-25 |
| 2018408001 | 李永义   | 13508594621 | 2019-04-20 |
| 2018408002 | 陈娇娇   | 13808512031 | 2019-03-28 |
| 2018408002 | 陈娇娇   | 13808512031 | 2019-10-12 |
| 2019408001 | 王丽莉   | 13808553674 | 2019-09-21 |
+------------+----------+-------------+------------+
```

图 3.102　多表上创建视图

从以上例子可以看出，视图的数据直接来自基本表。视图能让用户看见所需要的数据，隐蔽了不需要的数据。如果是多表视图，则其对用户隐蔽了表与表之间的连接操作，视图使所需结构更简单、清晰，简化了用户的数据操作。在使用视图的时候，可能用户根本就不需要了解基本表的结构，也看不到隐蔽的数据，从而可以更好地保护基本表中的数据。

3.8.3　查看视图

查看视图是查看数据库中已存在的视图的定义。查看视图的方法包括：DESCRIBE、SHOW TABLE STATUS 和 SHOW CREATE VIEW，以下简单介绍这几种方法。

3.8.3.1　使用 DESCRIBE 语句查看视图基本信息

其基本语法格式如下：

DESCRIBE 视图名；

【例 3-86】使用 DESCRIBE 语句查看视图 book_info_view1 的定义。输入语句如下：

DESCRIBE book_info_view1；

语句执行完后，结果如图 3.103 所示。

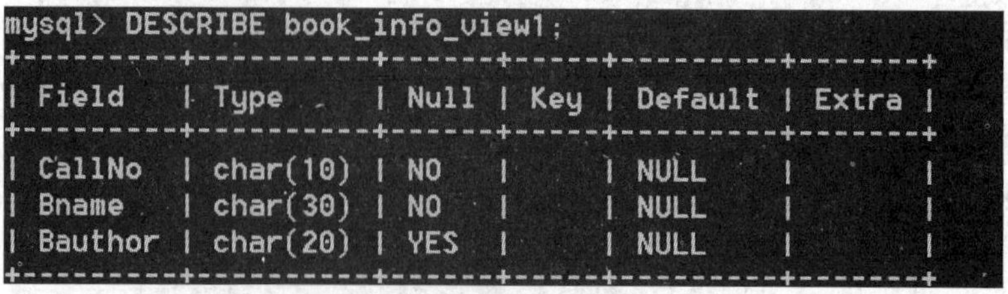

```
mysql> DESCRIBE book_info_view1;
+---------+----------+------+-----+---------+-------+
| Field   | Type     | Null | Key | Default | Extra |
+---------+----------+------+-----+---------+-------+
| CallNo  | char(10) | NO   |     | NULL    |       |
| Bname   | char(30) | NO   |     | NULL    |       |
| Bauthor | char(20) | YES  |     | NULL    |       |
+---------+----------+------+-----+---------+-------+
```

图 3.103　DESCRIBE 查看视图

3.8.3.2　使用 SHOW TABLE STATUS 语句查看视图基本信息

其基本语法格式如下：

SHOW TABLE STATUS LIKE　'视图名';

【例 3-87】使用 SHOW TABLE STATUS 语句查看视图 book_info_view1 的定义。输入语句如下：

SHOW TABLE STATUS LIKE 'book_info_view1' \G

语句执行完后，结果如图 3.104 所示。

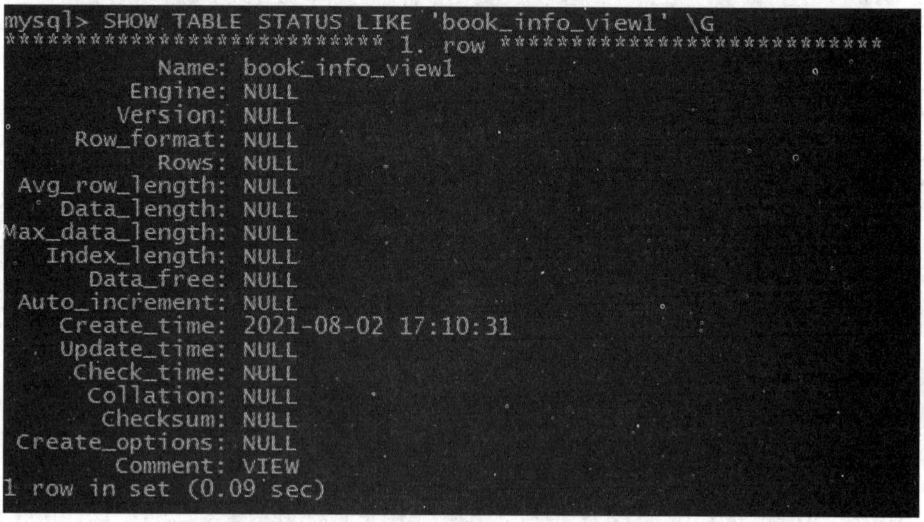

```
mysql> SHOW TABLE STATUS LIKE 'book_info_view1' \G
*************************** 1. row ***************************
           Name: book_info_view1
         Engine: NULL
        Version: NULL
     Row_format: NULL
           Rows: NULL
 Avg_row_length: NULL
    Data_length: NULL
Max_data_length: NULL
   Index_length: NULL
      Data_free: NULL
 Auto_increment: NULL
    Create_time: 2021-08-02 17:10:31
    Update_time: NULL
     Check_time: NULL
      Collation: NULL
       Checksum: NULL
 Create_options: NULL
        Comment: VIEW
1 row in set (0.09 sec)
```

图 3.104　SHOW TABLE STATUS 查看视图

说明：VIEW 说明该表为视图，其他的信息为 NULL 说明这是一个虚表。

3.8.3.3　使用 SHOW CREATE VIEW 语句查看视图详细信息

其基本语法格式如下：

SHOW CREATE VIEW 视图名;

【例 3-88】使用 SHOW CREATE VIEW 语句查看视图 book_info_view1 的定义。输入语句如下：

SHOW CREATE VIEW book_info_view1 \G

用户可以设置横屏显示视图的名称、创建视图的语句等信息。

语句执行完后，结果如图 3.105 所示。

```
mysql> SHOW CREATE VIEW book_info_view1 \G
*************************** 1. row ***************************
                View: book_info_view1
         Create View: CREATE ALGORITHM=UNDEFINED DEFINER=`root`@`localhost` SQL
SECURITY DEFINER VIEW `book_info_view1` AS select `book_info`.`CallNo` AS `calln
o`,`book_info`.`Bname` AS `bname`,`book_info`.`Bauthor` AS `bauthor` from `book_
info`
character_set_client: utf8mb4
collation_connection: utf8mb4_0900_ai_ci
1 row in set (0.07 sec)
```

图 3.105　SHOW CREATE VIEW 查看视图

3.8.4　视图的修改

修改视图是指修改数据库中已存在的视图，使用 ALTER 语句修改视图，基本语法格式如下：

ALTERVIEW view_name [(columnlist)]

AS SELECT_statement

[WITH [CASCADED | LOCAL] CHECK OPTION];

其中，view_name 为要修改的视图名称；column_list 为属性列；SELECT_statement 表示 SELECT 语句；[WITH [CASCADED | LOCAL] CHECK OPTION] 为可选参数，表示视图在更新时要保证在视图的权限范围内。CASCADED 与 LOCAL 为可选参数，CASCADED 为默认值，表示更新视图时要满足所有相关视图和表的条件；LOCAL 表示更新视图时满足该视图本身定义的条件。但如果视图的操作破坏了相关表的完整性约束，操作还是会被拒绝。

【例 3-89】以上例题视图 book_info_view2 已存在，在该视图中增加出版年份 (PubYear) 信息，输入语句如下：

ALTER VIEW book_info_view2(V_CallNo, V_Bname, V_Press, V_PubYear)

AS SELECT CallNo, Bname, Press, PubYear FROM book_info

WITH CASCADED CHECK OPTION;

语句执行完后，用 SELECT * FROM book_info_view2 查看修改后的视图，如图 3.106 所示。比对原视图，新增加了出版年份（PubYear）信息。

```
mysql> ALTER VIEW book_info_view2 (V_CallNo,V_Bname,V_Press,V_PubYear)
    -> AS SELECT CallNo,Bname,Press,PubYear FROM book_info
    -> WITH CASCADED CHECK OPTION;;
Query OK, 0 rows affected (0.01 sec)

ERROR:
No query specified

mysql> SELECT * FROM book_info_view2;
+----------+----------------+--------------+-----------+
| V_CallNo | V_Bname        | V_Press      | V_PubYear |
+----------+----------------+--------------+-----------+
| Art041   | 摄影艺术教程   | 人民出版社   |      2019 |
| Bio091   | 中国猫科动物   | 农业出版社   |      2017 |
| Cpt081   | MySQL数据库教程 | 科学出版社   |      2019 |
| Cpt082   | Java程序设计   | 工业出版社   |      2018 |
| Cpt083   | 数据库原理及应用 | 清华大学出版社 |      2018 |
| Cpt084   | 数据库原理与设计 | 清华大学出版社 |      2017 |
| Mat012   | 高等数学       | 高等教育出版社 |      2014 |
+----------+----------------+--------------+-----------+
```

图 3.106　视图的修改

3.8.5　删除视图

当不再需要视图时，我们可以删除视图。删除一个或多个视图可以使用 DROP VIEW 语句，基本语法格式如下：

DROP VIEW view_name［，view_name］…［CASCADE］

其中，view_name 是要删除的视图名称，可以添加多个需要删除的视图名称，各个名称之间使用逗号分开。删除视图必须拥有 DROP 权限。视图删除后视图的定义将从数据字典中删除。如果该视图上还导出了其他视图，则可使用 CASCADE 级联删除语句把该视图和由它导出的所有视图一起删除。基本表删除后，由该基本表导出的所有视图均无法使用了，但是视图的定义没有从数据字典中清除。删除这些视图定义需要使用 DROP VIEW 语句。

【例 3-90】删除 book_info_view2 视图，输入语句如下：

DROP VIEW book_info_view2；

用 SHOW CREATE VIEW book_info_view2 查看删除视图是否成功，如图 3.107 所示。

```
mysql> DROP VIEW book_info_view2;
Query OK, 0 rows affected (0.01 sec)

mysql> SHOW CREATE VIEW book_info_view2;
ERROR 1146 (42S02): Table 'library_db.book_info_view2' doesn't exist
```

图 3.107　查看删除视图是否成功

3.8.6　视图的操作

视图的操作实质是指通过视图对基本表中的数据进行查询、插入、修改和删除。用 SHOW TABLES 语句可查看视图名，可见 MySQL 中对视图的操作是按基本表的操作来完成的，只不过视图是一个只有定义没有数据的虚表。另外，对视图查询、插入、修改和删除的基本语法格式和基本表的一样。例如以上章节用 SELECT * FROM readbrw_view 来查询视图。由于查询数据不会改变基本表的数据，查询方式同基本表一样，这里不再叙述，请读者参阅以上章节基本表数据的查询部分。因为视图是一个虚表，其中没有数据，更新视图时都是转到基本表上进行更新的，如果对视图进行插入、修改和删除操作，实质上是对其相关基本表进行插入、修改和删除操作，那么对视图的更新操作就不仅仅是视图本身的约束，还要受到相关基本表的约束，视图操作不能破坏相关基本表的约束条件，否则操作就会被拒绝。以下介绍更新视图的几种操作。

3.8.6.1　用 INSERT 语句在视图中插入记录

【例 3-91】在以上章节中已建立了视图 book_info_view1，将记录（'Cpt085'，'数据库系统概论'，'王珊'）插入 book_info_view1 视图中，输入语句如下：

INSERT INTO book_info_view1 VALUES ('Cpt085'，'数据库系统概论'，'王珊')；

用 SELECT * FROM book_info_view1 查询视图 book_info_view1，如图 3.108 所示。

```
mysql> INSERT INTO book_info_view1 VALUES ('Cpt085','数据库系统概论','王珊');
Query OK, 1 row affected (0.06 sec)

mysql> SELECT * FROM book_info_view1;
+--------+------------------+---------+
| CallNo | Bname            | Bauthor |
+--------+------------------+---------+
| Art041 | 摄影艺术教程     | 龙文可  |
| Bio091 | 中国猫科动物     | 余豪豪  |
| Cpt081 | MySQL数据库教程  | 王明东  |
| Cpt082 | Java程序设计     | 林冬冬  |
| Cpt083 | 数据库原理及应用 | 蒙祖强  |
| Cpt084 | 数据库原理与设计 | 万常选  |
| Cpt085 | 数据库系统概论   | 王珊    |
| Mat012 | 高等数学         | 汤家凤  |
+--------+------------------+---------+
```

图 3.108 查询视图

用 SELECT * FROM book_info 查询相关基本表 book_info 数据，如图 3.109 所示。

```
mysql> SELECT * FROM book_info;
+--------+------------------+---------+----------+----------------+---------+
| CallNo | Bname            | Bauthor | Btype    | Press          | PubYear |
+--------+------------------+---------+----------+----------------+---------+
| Art041 | 摄影艺术教程     | 龙文可  | 艺术     | 人民出版社     |    2019 |
| Bio091 | 中国猫科动物     | 余豪豪  | 生物科学 | 农业出版社     |    2017 |
| Cpt081 | MySQL数据库教程  | 王明东  | 计算机   | 科学出版社     |    2019 |
| Cpt082 | Java程序设计     | 林冬冬  | 计算机   | 工业出版社     |    2018 |
| Cpt083 | 数据库原理及应用 | 蒙祖强  | 计算机   | 清华大学出版社 |    2018 |
| Cpt084 | 数据库原理与设计 | 万常选  | 计算机   | 清华大学出版社 |    2017 |
| Cpt085 | 数据库系统概论   | 王珊    | NULL     | NULL           |    NULL |
| Mat012 | 高等数学         | 汤家凤  | 数学     | 高等教育出版社 |    2014 |
+--------+------------------+---------+----------+----------------+---------+
```

图 3.109 查询基本表 book_info

可见，在 book_info_view1 视图中插入的记录（'Cpt085'，'数据库系统概论'，'王珊'），实质是插入到了基本表 book_info 中，并遵循基本表 book_info 的约束条件。

3.8.6.2 用 UPDATE 语句在视图中修改记录

【例 3-92】在上例视图 book_info_view1 中，将书名为“数据库系统概论”的书的名字改为“数据库系统概论（第 5 版）”，输入语句如下：

UPDATE book_info_view1 SET Bname='数据库系统概论（第 5 版）'

WHERE Bname='数据库系统概论';

用 SELECT * FROM book_info_view1 查询视图 book_info_view1，如图 3.110 所示。

```
mysql> SELECT * FROM book_info_view1;
+--------+--------------------------+---------+
| CallNo | Bname                    | Bauthor |
+--------+--------------------------+---------+
| Art041 | 摄影艺术教程             | 龙文可  |
| Bio091 | 中国猫科动物             | 余豪豪  |
| Cpt081 | MySQL数据库教程          | 王明东  |
| Cpt082 | Java程序设计             | 林冬冬  |
| Cpt083 | 数据库原理及应用         | 蒙祖强  |
| Cpt084 | 数据库原理与设计         | 万常选  |
| Cpt085 | 数据库系统概论(第5版)    | 王珊    |
| Mat012 | 高等数学                 | 汤家凤  |
+--------+--------------------------+---------+
```

图 3.110 查询视图

用 SELECT * FROM book_info 查询相关基本表 book_info 的数据，如图 3.111 所示。

```
mysql> SELECT * FROM book_info;
+--------+------------------------+---------+----------+----------------+---------+
| CallNo | Bname                  | Bauthor | Btype    | Press          | PubYear |
+--------+------------------------+---------+----------+----------------+---------+
| Art041 | 摄影艺术教程           | 龙文可  | 艺术     | 人民出版社     |    2019 |
| Bio091 | 中国猫科动物           | 余豪豪  | 生物科学 | 农业出版社     |    2017 |
| Cpt081 | MySQL数据库教程        | 王明东  | 计算机   | 科学出版社     |    2019 |
| Cpt082 | Java程序设计           | 林冬冬  | 计算机   | 工业出版社     |    2018 |
| Cpt083 | 数据库原理及应用       | 蒙祖强  | 计算机   | 清华大学出版社 |    2018 |
| Cpt084 | 数据库原理与设计       | 万常选  | 计算机   | 清华大学出版社 |    2017 |
| Cpt085 | 数据库系统概论(第5版) | 王珊    | NULL     | NULL           |    NULL |
| Mat012 | 高等数学               | 汤家凤  | 数学     | 高等教育出版社 |    2014 |
+--------+------------------------+---------+----------+----------------+---------+
```

图 3.111　**查询基本表** book_info

可见，在 book_info_view1 视图中更新了书名“数据库系统概论（第 5 版）”，实质是更新了基本表 book_info 中的书名，并遵循基本表 book_info 的约束条件。

3.8.6.3　用 DELETE 语句在视图中删除记录

【例 3-93】在上例视图 book_info_view1 中，将索书号为“Cpt085”的图书记录删除，输入语句如下：

DELETE FROM book_info_view1 WHERE CallNo ='Cpt085';

用 SELECT * FROM book_info_view1 查询视图 book_info_view1，如图 3.112 所示。

```
mysql> SELECT * FROM book_info_view1;
+--------+------------------+---------+
| CallNo | Bname            | Bauthor |
+--------+------------------+---------+
| Art041 | 摄影艺术教程     | 龙文可  |
| Bio091 | 中国猫科动物     | 余豪豪  |
| Cpt081 | MySQL数据库教程  | 王明东  |
| Cpt082 | Java程序设计     | 林冬冬  |
| Cpt083 | 数据库原理及应用 | 蒙祖强  |
| Cpt084 | 数据库原理与设计 | 万常选  |
| Mat012 | 高等数学         | 汤家凤  |
+--------+------------------+---------+
```

图 3.112　**查询视图**

用 SELECT * FROM book_info 查询相关基本表 book_info 中的数据，如图 3.113 所示。

```
mysql> SELECT * FROM book_info;
+--------+------------------+---------+----------+----------------+---------+
| CallNo | Bname            | Bauthor | Btype    | Press          | PubYear |
+--------+------------------+---------+----------+----------------+---------+
| Art041 | 摄影艺术教程     | 龙文可  | 艺术     | 人民出版社     |    2019 |
| Bio091 | 中国猫科动物     | 余豪豪  | 生物科学 | 农业出版社     |    2017 |
| Cpt081 | MySQL数据库教程  | 王明东  | 计算机   | 科学出版社     |    2019 |
| Cpt082 | Java程序设计     | 林冬冬  | 计算机   | 工业出版社     |    2018 |
| Cpt083 | 数据库原理及应用 | 蒙祖强  | 计算机   | 清华大学出版社 |    2018 |
| Cpt084 | 数据库原理与设计 | 万常选  | 计算机   | 清华大学出版社 |    2017 |
| Mat012 | 高等数学         | 汤家凤  | 数学     | 高等教育出版社 |    2014 |
+--------+------------------+---------+----------+----------------+---------+
```

图 3.113　**查询基本表** book_info

可见，在 book_info_view1 视图中删除了索书号为“Cpt085”的图书记录，实质是删除了基本表 book_info 中索书号为“Cpt085”的图书记录，并遵循基本表 book_info 的约束条件。

3.9 小结

本章围绕 SQL 语言的学习与应用，以数据定义、数据更新、数据查询控制等应用为目录主线，以图书馆借阅系统数据库为实例，介绍了如何安装 MySQL、MySQL 在数据管理方面的主要相关技术和操作。主要内容如下：

（1）MySQL 的安装配置。

（2）创建数据库和删除数据库。

（3）基本表的定义与操作，包括创建基本表、查看表结构、修改表和删除表。

（4）数据类型的概念和区别。

（5）数据库中插入数据 INSERT 语句、更新数据 UPDATE 语句以及删除数据 DELETE 语句的使用。

（6）使用 SELECT 语句进行单表查询和多表查询，包括查询数据表中一列或多列数据、使用聚集函数显示查询结果、连接查询、嵌套查询、复合条件查询等。这是本章学习的重点。

（7）索引的含义、索引的分类以及如何创建和删除索引。

（8）视图的含义、视图的作用、创建视图以及查看、修改、更新和删除视图。

习题

1. 简述 MySQL 的特点。
2. MySQL 中创建数据库的语句是什么？
3. MySQL 中创建基本表（数据表）的语句是什么？
4. MySQL 主要提供了哪几种数据类型？
5. MySQL 中主键列必须遵守哪些规则？
6. MySQL 中候选键与主键之间的区别是什么？
7. 如何查询所有字段？
8. 什么是基本表？什么是视图？两者的区别和联系是什么？
9. 叙述视图的作用。

实验项目一：MySQL 的安装和登录

一、实验目的
1. 掌握 MySQL 数据库的安装方法。
2. 掌握登录和退出 MySQL 数据库的方法。
3. 了解数据库、表、数据库对象。

二、实验内容

了解安装 MySQL 的软硬件要求和 MySQL 各组件的主要功能，选择 MySQL 数据库的版本并获取安装包文件，任选一种操作系统平台完成安装 MySQL 数据库，并能成功登录和退出。

三、实验步骤

1. 安装 MySQL 数据库服务器（附主要安装步骤截图）。

2. 用 Windows 命令行窗口和 MySQL Command Line Client 工具成功登录 MySQL 数据库（附登录截图）。

3. 使用命令行方式登录数据库。

（1）在客户端输入"help"或"\ h"，查看 MySQL 帮助菜单的内容。

（2）使用 SHOW DATABASES 语句查看系统自动创建的数据库。

（3）使用 USE 语句选择系统库 mysql 为当前数据库。

（4）使用 SHOW TABLES 语句查看当前数据库中的表名。

四、实验分析

请读者从实验过程中是否掌握了实验的目的、在实验中自己容易犯的错误及心得体会等方面去分析本次实验。

实验项目二：MySQL 中数据库创建、查看与删除

一、实验目的

学会在 MySQL 中使用 SQL 语句创建、查看与删除数据库。

二、实验内容

登录 MySQL 数据库，创建数据库，要求数据库名为：自己姓名的汉语拼音_db，数据库字符集为：utf8，例如张三创建的数据库名为：zhangsan_db。

三、实验步骤

1. 使用命令行方式登录 MySQL 数据库，用 CREATE 语句创建数据库，要求数据库名为：自己姓名的汉语拼音_db，数据库字符集为：utf8。

2. 使用 SHOW DATABASES 语句查看以上创建的数据库。

3. 使用 DROP DATABASE 语句删除以上创建的数据库。

四、实验分析

请读者从实验过程中是否掌握了实验的目的、在实验中自己容易犯的错误及心得体会等方面去分析本次实验。

实验项目三：MySQL 中数据表的创建
（ InnoDB 存储引擎，数据类型 ）

一、实验目的

1. 了解 MySQL 数据库中的主要存储引擎。

2. 了解表的结构特点。

3. 了解 MySQL 的基本数据类型。

4. 学会使用 SQL 语句创建基本表。

二、实验内容

在以"自己姓名的汉语拼音_db"命名的数据库中创建三个基本表。

（1）部门表：departments。

（2）员工表：employees。

（3）员工薪水表：salary。

三个基本表的表结构如下：

departments 表结构

列名	数据类型	长度	是否允许空值	说明
departmentid	CHAR	3	否	部门编号，主键
departmentname	CHAR	20	否	部门名
note	TEXT	16	是	备注

employees 表结构

列名	数据类型	长度	是否允许空值	说明
employeeid	CHAR	6	否	员工编号，主键
name	CHAR	10	否	姓名
education	CHAR	4	否	学历
birthday	DATE	16	否	出生日期
sex	CHAR	2	否	性别（1 为男，2 为女）
workyear	TINYINT	1	是	工作时间
address	VARCHAR	20	是	地址
phonenumber	CHAR	12	是	电话
departmentid	CHAR	3	否	员工部门号，外键，参考 departments 表的部门编号

salary 表结构

列名	数据类型	长度	是否允许空值	说明
employeeid	CHAR	6	否	员工编号，外键，参考 employees 表的员工编号
income	FLOAT	8	否	收入
outcome	FLOAT	8	否	支出

三、实验步骤

1. 使用 use 命令连接"自己姓名的汉语拼音_db"命名的数据库。

2. 创建三个基本表，设置存储引擎为：InnoDB。

（1）部门表：departments。

（2）员工表：employees。

（3）员工薪水表：salary。

四、实验分析

请读者从实验过程中是否掌握了实验的目的、在实验中自己容易犯的错误及心得体会等方面去分析本次实验。

实验项目四：MySQL 中数据表结构的查看、修改与删除

一、实验目的

学会使用 SQL 语句查看、修改与删除基本表（数据表）。

二、实验内容

1. 创建基本表 person。

person 表结构

列名	数据类型	长度	是否允许空值	说明
id	CHAR	6	否	编号，主键
name	CHAR	10	否	姓名
birthday	DATE	16	否	出生日期
sex	CHAR	2	否	性别（默认值为：女）
workyear	TINYINT	1	是	工作时间
address	VARCHAR	50	是	地址
phonenumber	CHAR	12	是	电话

2. 查看 person 表结构。

3. 修改 person 表结构，将表中的 workyear 列删除；增加电子邮件 emailaddress 列，并设置为 varchar 类型、长度 30；将 sex 列的默认值修改为"男"。

4. 删除 person 表。

三、实验步骤

1. 使用 SQL 语句在"自己姓名的汉语拼音_db"命名的数据库中创建基本表 person。

2. 使用 DESCRIBE 语句查看 person 表。

3. 使用命令行将 person 表中的 workyear 列删除；增加电子邮件 emailaddress 列，并将其设置为 varchar 类型、长度 30。

4. 使用命令行修改 person 表，将 sex 列的默认值修改为"男"。

5. 使用 DROP TABLE 语句删除 person 表。

四、实验分析

请读者从实验过程中是否掌握了实验的目的、在实验中自己容易犯的错误及心得体会等方面去分析本次实验。

实验项目五：MySQL 数据库中的数据更新

一、实验目的

1. 学会用 SQL 语句进行插入、修改和删除数据操作。

2. 数据更新操作时要注意数据完整性。

二、实验内容

1. 完成实验项目三后，已创建 3 个基本表，现在将各表的样本数据添加到表中，样本数据如下面的表所示。

departments 表数据样本

部门编号	部门名称	备注	部门号	部门名称	备注
1	财务部	NULL	4	研发部	NULL
2	人力资源部	NULL	5	市场部	NULL
3	办公室	NULL	6	保安部	NULL

employees 表数据样本

员工编号	姓名	学历	出生日期	性别	工作时间	住址	电话	部门号
000001	周志洪	大专	1966-01-23	男	8	中山路 32-1-508	83355201	2
010008	陈家乐	本科	1976-03-28	男	3	北京东路 100-2	83321101	1
020010	王元昊	硕士	1982-12-09	男	2	四川路 10-0-108	83792102	1

续表

员工编号	姓名	学历	出生日期	性别	工作时间	住址	电话	部门号
020018	李丽	大专	1960-07-30	女	6	中山东路 102-2	83413103	1
102201	张明	本科	1972-10-18	男	3	湖南街 100-2	83606501	5
102208	刘星宇	硕士	1965-09-28	男	2	惠民巷 5-3-106	84708502	5

salary 表数据样本

员工编号	收入	支出	编号	收入	支出
000001	2 100.8	123.09	102208	3 259.98	281.52
010008	1 582.62	88.03	020010	2 860.0	298.0
102201	2 569.88	185.65	020018	2 347.68	180.0

2. 使用 SQL 语句，在实验项目二建立的数据表 departments、employees 和 salary 中插入多条记录，然后修改和删除一些记录。使用 INSERT、UPDATE 和 DELETE 语句进行有效的插入、修改和删除数据操作，要注意在数据更新操作时，必须保证数据的完整性。

三、实验步骤

1. 录入三个样表数据。

2. 用 SELECT 语句查询三个数据表所有数据。

3. 修改数据。

（1）使用 SQL 命令修改表 salary，将编号为 102201 的职工收入改为 2 850 元。

（2）将所有职工收入增加 200 元。

4. 删除数据。

（1）使用 SQL 命令删除 employees 中编号为 102208 的职工信息。

（2）删除 salary 表中编号为 102201 的记录。

四、实验分析

请读者从实验过程中是否掌握了实验的目的、在实验中自己容易犯的错误及心得体会等方面去分析本次实验。如果操作没成功，请说明为什么。

实验项目六：MySQL 数据库单表查询

一、实验目的

1. 掌握 SELECT 语句的基本用法。

2. 掌握各种查询条件的设计。

3. 掌握 GEOUP BY、ORDER BY 子句的作用和使用方法。

二、实验内容

各种单表查询语句的设计与实现。

三、实验步骤

1. 用 SELECT 语句查询 departmrnts 表的所有记录。

2. 用 SELECT 语句查询 departments 表的所有部门号和部门名称。

3. 查询 employees 表中部门号和性别，要求使用 DISTINCT 消除重复行。

4. 查询所有 1975 年以后出生的员工的姓名和住址。

5. 查询 empoyees 表中女员工的姓名和出生日期，要求显示结果各列标题用中文表示。

6. 计算 salary 表中员工收入的平均数。

7. 计算 salary 表中所有员工的总支出。

8. 在 employees 表中查找所有住址含有"中山"的员工的员工编号、姓名及住址。

9. 在 employees 表中查找员工号码中倒数第二个数字为 0 的姓名、性别及学历。

10. GROUP BY 和 ORDER BY 子句的使用。

（1）按员工的学历分组，列出硕士、本科、大专的人数。

（2）将员工信息按出生日期从小到大排序。

四、实验分析

请读者从实验过程中是否掌握了实验的目的、在实验中自己容易犯的错误及心得体会等方面去分析本次实验。

实验项目七：MySQL 数据库多表查询

一、实验目的

1. 掌握多表连接查询。

2. 掌握嵌套查询。

3. 掌握各种复杂查询条件的设计。

二、实验内容

各种多表查询语句的设计与实现。

三、实验步骤（有些题目可以多种方式实现）

1. 查询每个员工及其工作部门的详细信息。

2. 查找不在财务部工作的所有员工的信息。

3. 查询所有财务部门的员工号码和姓名。

4. 查找所有收入在 3 000 元以下的员工的信息。

5. 用嵌套查询的方法查找年龄比研发部所有员工年龄都大的员工姓名。

四、实验分析

请读者从实验过程中是否掌握了实验的目的、在实验中自己容易犯的错误及心得体会等方面去分析本次实验。

实验项目八：MySQL 数据表索引创建与管理

一、实验目的

掌握索引的使用方法。

二、实验内容

1. 了解索引的作用与分类。

2. 掌握索引的创建和使用方法。

3. 删除索引。

三、实验步骤

1. 创建索引。

（1）在 employees 表的 name 列和 address 列上建立复合索引。

（2）对 departments 表上的 departmentname 列建立唯一性索引。

（3）向 employees 表中的出生日期列添加一个唯一性索引，姓名列和性别列上添加一个复合索引。

2. 删除索引。

删除上例在 employees 表 name 列和 address 列上建立的复合索引。

四、实验分析

请读者从实验过程中是否掌握了实验的目的、在实验中自己容易犯的错误及心得体会等方面去分析本次实验。

实验项目九：MySQL 视图的定义、查询与更新

一、实验目的

1. 理解视图的概念和作用。

2. 掌握视图的创建方法。

3. 掌握如何查询和修改视图。

二、实验内容

视图的创建及使用。

三、实验步骤

1. 创建视图（在以"自己姓名的汉语拼音_db"命名的数据库中完成）。

（1）创建视图 DS_VIEW，视图包含 departments 表的全部列。

（2）创建视图 employees_view，视图包含员工编号、姓名和收入。

2. 查询视图。

（1）从视图 DS_VIEW 中查询部门号为 3 的部门名称。

（2）从视图 employees_view 查询姓名为"李丽"的员工的收入。

3．更新视图。

（1）向视图 DS_VIEW 中插入一行数据：6，广告部，广告宣传业务。

（2）执行完该命令使用 SELECT 语句分别查看视图 DS_VIEW 和基本表 departments 中发生的变化。

（3）修改视图 employees_view 中编号为 000001 的员工的姓名为"周志宏"。

（4）删除该视图 DS_VIEW 中部门号为"1"的数据。（是否能成功？）

4．删除视图。

删除视图 DS_VIEW。

四、实验分析

请读者从实验过程中是否掌握了实验的目的、在实验中自己容易犯的错误及心得体会等方面去分析本次实验。

4 数据库的安全性

【学习目的及要求】

理解数据库的安全性概念，数据库的安全性所涉及的范畴，树立安全意识，重视安全防范。理解数据库系统存取控制机制，重点学习数据库管理系统 MySQL 在数据安全性方面的技术和保障。学生通过学习实践操作，熟练掌握以下主要内容：

● 用户权限管理的理解和应用。

● 灵活应用日志配合数据库安全性保障。

● 数据库的备份与恢复。

【本章导读】

数据库的特点之一是由数据库管理系统提供数据保护功能来保证数据的安全可靠。本章围绕数据库的安全性，介绍数据库安全性的概念、所涉及的范畴以及数据库系统存取控制机制；重点讲述数据库管理系统 MySQL 在数据安全性方面的技术和保障，以用户权限管理、日志功能开启、数据库备份恢复应用为目录主线，理论联系实际地介绍主要相关技术和操作。

读者可从本章了解到账户管理的方法、权限管理的方法、访问控制机制以及创建用户的方法和技巧；日志的概念，日志对数据库的安全能起到一定程度的保障作用，MySQL 中几种常用日志的使用；数据备份的重要性，数据备份恢复的方法和使用。另外，视图的使用对数据库也能提供一定程度的保护作用。

本章结构如下：4.1 节是关于数据库安全性的概述；4.2 节介绍存取控制机制；4.3 节讲解用户与权限管理；4.4 节介绍日志功能；4.5 节介绍数据库的备份与恢复；4.6 节是本章小结。

4.1 数据库安全性概述

数据库的安全性是指保护数据库以防止不合法使用所造成的数据泄露、更改或破坏。安全性问题不是数据库系统所独有的，所有计算机系统都存在不安全因素，只是在数据库系统中由于大量数据集中存放，而且为众多用户共享，因而数据安全性问题显得更为突出。所以数据库的安全性是数据库设计、使用和维护必须要重点考虑的问题。

对数据库安全性产生威胁的因素主要有以下几方面。

（1）非法用户对数据库的恶意破坏。

一些黑客和犯罪分子非法获取了数据库的用户名和密码，然后假冒合法用户窃取、修改甚至破坏数据。因此，我们必须阻止有损数据库安全的非法操作，保证数据免受未经授权的访问和破坏。数据库管理系统提供的安全措施主要包括用户身份认证、存取控制和数据备份恢复等技术。

（2）数据库中重要或敏感的数据被泄露。

非法用户千方百计盗窃数据库中的重要数据，一些机密信息被暴露。为防止数据泄露，用户可采取数据加密存储和加密传输等。此外，用户还可开启日志功能，通过分析日志，可以对潜在的威胁提前采取措施加以防范，对非法用户的入侵行为及信息破坏情况进行跟踪。

（3）安全环境的脆弱性。

数据库的安全性与计算机系统的安全性，包括计算机硬件、操作系统、网络系统等的安全性是紧密联系的。整个计算机系统安全性的不足都会造成数据库安全性被破坏。因此，我们必须加强计算机系统的安全性保障。随着计算机技术的发展，计算机安全性问题越来越突出，人们对各种计算机及其相关产品、信息系统的安全性要求越来越高。为此，人们在计算机安全技术方面逐步发展建立了完善可信的安全标准来规范和指导计算机系统产品的研发和维护，只有遵从安全标准的体系才更能保障数据库的安全性。

本章对计算机安全、信息安全等技术不做深入探讨，只介绍数据库管理系统中常用的数据安全相关的技术和操作。MySQL 主要由用户与权限管理、日志功能、数据备份与恢复等技术来保障数据库的安全性。第 3 章介绍过视图的作用，视图的使用对数据库也能提供一定程度的保护作用。为保障数据库的安全性，读者也可以应用视图，本章不再叙述。

4.2　存取控制机制

在一般计算机系统中，用户要求进入计算机系统时，系统首先根据输入的用户标识进行用户身份鉴定，只有合法的用户才准许进入计算机系统。数据库管理系统对用户进行存取控制，只允许用户执行合法操作，操作系统也会有自己的保护措施，机密数据最后还可以加密存储到数据库中。

数据库安全保护的存取控制流程为：首先，数据库管理系统对提出 SQL 访问请求的数据库用户进行身份鉴别，防止非法用户使用系统；其次，进行存取控制，并且只能操作有权限的行为。为监控恶意访问，用户可根据具体安全需求使用日志功能，对用户访问行为和系统关键操作进行记录和分析。数据库管理系统不仅能存放用户数据，还能存储与安全有关的标记和信息（称为安全数据）。

存取控制机制主要包括定义用户权限和合法权限检查两部分。

（1）定义用户权限并将用户权限记录到数据字典中。

用户对某一数据对象的操作权力称为权限。某个用户应该具有何种权限是个管理问题，而不是技术问题。数据库管理系统的功能是保证这些决定的执行。为此，数据库管理系统必须提供适当的语言来定义用户权限，这些定义存储在数据字典中，被称为安全规则或授权规则。

（2）合法权限检查。

每当用户发出存取数据库的操作请求后（请求一般应包括操作用户、操作对象和操作类型等信息），数据库管理系统就会查找数据字典，根据安全规则进行合法权限检查，若用户的操作请求超出了定义的权限，系统将拒绝执行此操作。

4.3 用户与权限管理

MySQL 是一个多用户数据库，具有功能强大的访问控制系统，可以为不同用户指定允许的权限。MySQL 用户可以分为 root 用户和普通用户。root 用户是超级管理员，拥有所有权限，包括创建用户、删除用户和修改用户的密码等管理权限；普通用户只拥有被授予的各种权限。本节将介绍 MySQL 中用户与权限管理的相关操作。

4.3.1 权限表

MySQL 服务器通过权限表来控制用户对数据库的访问，进行用户与权限的管理。权限表存放在 MySQL 数据库中，由 MySQL_install_db 脚本初始化。MySQL 权限表主要有 user 表、db 表、host 表、tables_priv 表、columns_priv 表和 procs_priv 表。

（1）user 表。

user 表是 MySQL 中最重要的一个权限表，记录允许连接到服务器的账号信息。

（2）db 表。

db 表也是 MySQL 数据中非常重要的权限表。db 表中存储了用户对某个数据库的操作权限，决定用户能从哪个主机存取哪个数据库。

（3）host 表。

host 表是 db 表的扩展，MySQL 查找某个用户的权限时，首先会从 db 表中查找，如果找不到 host 字段的值，则会到 host 表去查找，这两张表的权限字段几乎相同，通常 db 表中的记录就已经满足需求。

（4）tables_priv 表。

tables_priv 表用来对表设置操作权限。

（5）columns_priv 表。

columns_priv 表用来对表的某一列设置权限。

（6）procs_priv 表。

procs_priv 表可以对存储过程和存储函数设置操作权限。

【例 4-1】用 root 用户连接登录数据库服务器，SHOW DATABASES 语句显示当前存在的数据库名，可以看到一个名为 mysql 的数据库。再用 USE mysql 语句连接名为 mysql 的数据库，用 SHOW TABLES 语句显示连接库中所有表名，可以找到以上介绍的几个权限表，如图 4.1 所示。

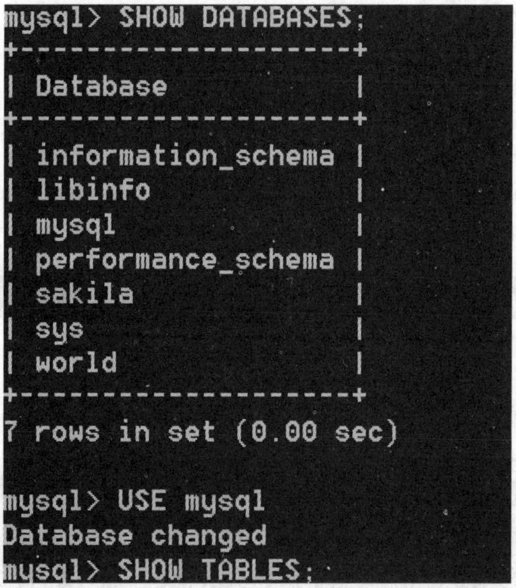

```
mysql> SHOW DATABASES;
+--------------------+
| Database           |
+--------------------+
| information_schema |
| libinfo            |
| mysql              |
| performance_schema |
| sakila             |
| sys                |
| world              |
+--------------------+
7 rows in set (0.00 sec)

mysql> USE mysql
Database changed
mysql> SHOW TABLES;
```

图 4.1　寻找权限表

以上权限表属于系统表，都有很复杂的字段和含义以及字段的各种参数选择的作用效果，这里不再详述，有需要更深入了解权限表内容的高级用户，可查阅 MySQL 相关使用资料和帮助文档。

在 MySQL 中，实现用户与权限管理的方法主要有两种。第一种方法是通过直接操作维护权限表以实现用户与权限管理。有一定 MySQL 使用经验的高级用户常会用到这种方法。第二种方法是使用 SQL 提供的权限管理命令，即用授权（GRANT）和权限回收（REVOKE）语句来管理和维护用户权限管理工作，用户只需认真编写好 SQL 命令，命令语句执行后，系统会自动维护各权限表。这样做的好处是，管理员只需把主要精力放在数据库的用户权限规划和管理上，而不用去直接操纵权限表，就能够简单快速地完成用户权限管理工作，减少直接操作维护权限表出错的可能。本书主要介绍第二种方法，建议初学者使用该方法。

4.3.2　用户的创建

4.3.2.1　创建用户

创建用户，必须有相应的权限来执行创建操作。在 MySQL 中，我们可以用 CREATE USER 语句来创建新用户。CREATE USER 创建新用户的基本语法结构如下：

CREATE USER user@ host IDENTIFIED BY [PASSWORD] 'password';

user 表示创建的用户，host 表示允许登录的用户主机名称，IDENTIFIED BY 表示用来设置用户的密码，[PASSWORD] 为可选参数，表示使用哈希值设置密码，'password' 表示用户登录时使用的明文密码，user@ host 部分如果只指定用户名 user，主机名部分则默认为 '%'（对所有的主机开放权限）。如果省略 IDENTIFIED BY 部分，MySQL 服务端使用内建的身份验证机制，用户在登录时不能指定密码。如果要创建指定密码的用户，用户需要用 IDENTIFIED BY 指定明文密码。新创建的用户没有任何权限，需要授权后才能有效使用。

【例 4-2】使用 CREATE USER 创建一个用户，用户名是 libuser1，主机名是 localhost，密码是 guanliyuan1。输入语句如下：

CREATE USER 'libuser1'@ 'localhost' IDENTIFIED BY 'guanliyuan1';

语句执行，如图 4.2 所示。

```
mysql> CREATE USER 'libuser1'@'localhost' IDENTIFIED BY 'guanliyuan1';
Query OK, 0 rows affected (0.00 sec)
```

图 4.2　CREATE USER 创建用户

此时换到另一个窗口，用新创建的用户登录，如图 4.3 所示。

```
C:\Users\lenovo>mysql -h localhost -u libuser1 -p
Enter password: ***********
Welcome to the MySQL monitor.  Commands end with ; or \g.
Your MySQL connection id is 12
Server version: 5.7.22-log MySQL Community Server (GPL)

Copyright (c) 2000, 2018, Oracle and/or its affiliates. All rights reserved.

Oracle is a registered trademark of Oracle Corporation and/or its
affiliates. Other names may be trademarks of their respective
owners.

Type 'help;' or '\h' for help. Type '\c' to clear the current input statement.

mysql>
```

图 4.3　新用户登录

【例 4-3】使用 CREATE USER 创建一个用户，用户名是 libuser2，不指定主机名，密码是 guanliyuan2。输入语句如下：

CREATE USER libuser2 IDENTIFIED BY 'guanliyuan2';

创建用户后，需要使用 GRANT 语句对用户进行授权，获得授权后的用户才能在权限范围内进行数据操作。对用户的授权将在本章“4.3.3 权限管理”一节进行介绍。

4.3.2.2　密码修改

（1）root 用户登录修改 root 用户密码。

用 mysqladmin 命令在命令行指定新密码，基本语法结构如下：

mysqladmin -u username -h localhost -p password newpwd;

其中，username 为要修改密码的用户名，在这里要修改 root 用户密码，特指定为 root 用户；参数-h 指需要修改的主机名，该参数可以不写，默认是 localhost；-p 表示输入当前密码；password 关键字后面双引号内的内容“newpwd”为新设置的密码。执行成功后，root 用户的密码将被修改为 newpwd。

【例 4-4】使用 mysqladmin 将 root 用户的密码修改为"guanliyuan0"。输入语句如下：

mysqladmin -u root -p password guanliyuan0;

注意，此操作要退出 mysql 后输入命令，如图 4.4 所示。

```
C:\Users\lenovo>mysqladmin -u root -p password "guanliyuan0"
Enter password: ****
mysqladmin: [Warning] Using a password on the command line interface can be insecure.
Warning: Since password will be sent to server in plain text, use ssl connection to ensure password safety.
```

图 4.4　mysqladmin 命令修改 root 密码

用 ALTER USER 语句修改 root 用户的密码，ALTER USER 语句可以用来重新设置自身密码或者其他用户的密码。使用 ALTER USER 语句设置自身密码，其基本语法结构如下：

ALTER USER 'root'@'localhost' IDENTIFIED BY 'newpassword'；

newpassword 为修改后的新密码。

【例 4-5】使用 ALTER USER 语句将 root 用户的密码再次改为“root”，输入语句如下：

ALTER USER 'root'@'localhost' IDENTIFIED BY 'root'；

注意此操作要在 root 用户登录状态，MySQL 输入提示符下进行，如图 4.5 所示。

```
mysql> ALTER USER 'root'@'localhost' IDENTIFIED BY 'root';
Query OK, 0 rows affected (0.01 sec)
```

图 4.5　ALTER USER 语句修改 root 密码

（2）root 用户登录修改普通用户的密码。

root 用户拥有最高的权限，不仅可以修改自己的密码，还可以修改其他用户的密码。root 用户登录 MySQL 服务器后，可以通过 ALTER USER 语句修改用户的密码。

用 ALTER USER 语句修改其他用户密码，其基本语法结构如下：

ALTER USER 'username'@'localhost' IDENTIFIED BY 'newpassword'；

newpassword 为修改后的新密码。

【例 4-6】root 用户登录，首先创建一个用户，用户名是 libuser3，主机名是 localhost，密码是 123456。输入语句如下：

CREATE USER 'libuser3'@'localhost' IDENTIFIED BY '123456'；

再用 ALTER USER 语句将 libuser3 用户的密码修改为“guanliyuan3”，输入语句如下：

ALTER USER 'libuser3'@'localhost' IDENTIFIED BY 'guanliyuan3'；

操作完成后，结果如图 4.6 所示。

```
mysql> ALTER USER 'libuser3'@'localhost' IDENTIFIED BY 'guanliyuan3';
Query OK, 0 rows affected (0.05 sec)
```

图 4.6　root 用户用 ALTER USER 语句修改其他用户密码

注意：只有 root 用户可以通过 ALTER USER 语句更改其他用户的密码；普通用户只能通过 ALTER USER 语句修改自己的密码。

（3）普通用户登录修改自己的密码。

普通用户登录 MySQL 服务器后，可通过 ALTER USER 语句修改自己的密码。其基本语法结构如下：

ALTER USER 'username'@ 'localhost' IDENTIFIED BY 'newpassword';

newpassword 为修改后的新密码。

【例 4-7】用以上例题创建的用户 libuser4 登录，将自己的密码修改为"mimayigai"，输入语句如下：

ALTER USER 'libuser4'@ 'localhost' IDENTIFIED BY 'mimayigai';

操作完成后，结果如图 4.7 所示。

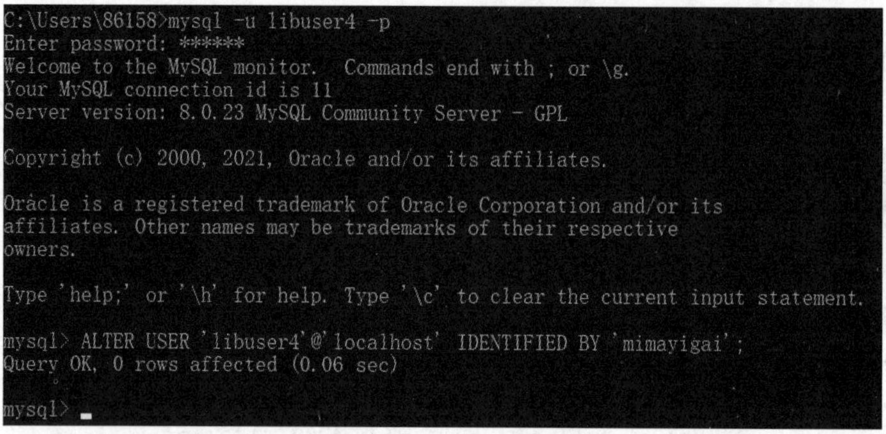

图 4.7　普通用户 ALTER USER 语句修改自己的密码

4.3.2.3　删除用户

MySQL 数据库可用 DROP USER 语句删除用户，其基本语法结构如下：

DROP USER username ［, username］;

DROP USER 语句用于删除一个或多个 MySQL 账户。用户要使用 DROP USER，必须拥有 MySQL 数据库的全局 CREATE USER 权限或 DELETE 权限。

【例 4-8】使用 DROP USER 删除用户 'libuser4'@ 'localhost'，输入语句如下：

DROP USER 'libuser4'@ 'localhost';

或

DROP USER libuser4@ localhost;

删除用户名的格式和创建时的格式一致。

4.3.3　权限管理

4.3.3.1　MySQL 的各种权限

账户权限信息被存储在 MySQL 系统库权限表 user、db、host、tables_priv、columns_priv 和 procs_priv 中。在 MySQL 启动时，服务器将这些系统库表中权限信息读入内存。GRANT 和 REVOKE 语句所涉及的权限名称、对应列、权限操作的对象及范围如表 4.1 所示。

表 4.1 GRANT 和 REVOKE 语句中可以使用的权限

权限	user 表中对应的列	权限的范围
CREATE	Create_priv	数据库、表或索引
DROP	Drop_priv	数据库、表或视图
GRANT OPTION	Grant_priv	数据库、表或存储过程
REFERENCES	References_priv	数据库或表
EVENT	Event_priv	数据库
ALTER	Alter_priv	数据库
DELETE	Delete_priv	表
INDEX	Index_priv	表
INSERT	Insert_priv	表
SELECT	Select_priv	表或列
UPDATE	Update_priv	表或列
CREATE TEMPORARY TABLES	Create_tmp_table_priv	表
LOCK TABLES	Lock_tables_priv	表
TRIGGER	Trigger_priv	表
CREATE VIEW	Create_view_priv	视图
SHOW VIEW	Show_view_priv	视图
ALTER ROUTINE	Alter_routine_priv	存储过程和函数
CREATE ROUTINE	Create_routine_priv	存储过程和函数
EXECUTE	Execute_priv	存储过程和函数
FILE	File_priv	访问服务器上的文件
CREATE TABLESPACE	Create_tablespace_priv	服务器管理
CREATE USER	Create_user_priv	服务器管理
PROCESS	Process_priv	存储过程和函数
RELOAD	Reload_priv	访问服务器上的文件
REPLICATION CLIENT	Repl_client_priv	服务器管理
REPLICATION SLAVE	Repl_slave_priv	服务器管理
SHOW DATABASES	Show_db_priv	服务器管理
SHUTDOWN	Shutdown_priv	服务器管理
SUPER	Super_priv	服务器管理

4.3.3.2 授权

授权就是为某个用户授予权限。合理的授权可以保障数据库的安全。MySQL 可以使用 GRANT 语句为用户授予权限，只有拥有 GRANT 权限的用户才能执行 GRANT 语句。其基本语法结构如下：

GRANT priv_type [（columns）[，priv_type [（columns）]] …

ON [object_type] tablel，table2，…，tablen

TO user [，user…]

[WITH GRANT QPTION]

其中，priv_type 参数表示权限类型；columns 参数表示权限作用于哪些列上，如果不指定该参数，则表示作用于整个表；tablel，table2，…，tablen 表示授予权限的列所在的表；object_type 指定授权作用的对象类型包括 TABLE（表）、FUNCTION（函数）和 PROCEDURE（存储过程），user 参数表示用户账户，由用户名和主机名构成，形式是 'usemame'@'hostname'；IDENTIFIED BY 参数用于设置密码。如要授予全局权限则用 GRANT ALL ON ∗.∗ TO user。

WITH 关键字后可以跟一个或多个 with_option 参数。这个参数有 5 个选项，意义如下：

（1）GRANT OPTION：被授权的用户可以将这些权限又赋予别的用户。

（2）MAX_QUERIES_PER_HOUR count：设置每个小时可以执行 count 次查询。

（3）MAX_UPDATES_PER_HOUR count：设置每小时可以执行 count 次更新。

（4）MAX_CONNECTIONS_PER_HOUR count：设置每小时可以建立 count 个连接。

（5）MAX_USER_CONNECTIONS count：设置单个用户可以同时建立 count 个连接。

【例4-9】创建用户 libuser4，密码为"guanliyuan4"，使用 GRANT 语句给该用户授予对所有数据库、数据表有查询、插入权限，允许该用户把权限授予其他用户，控制台下的语句如下：

CREATE USER 'libuser4'@'localhost'

        IDENTIFIED BY 'guanliyuan4';

GRANT SELECT,INSERT ON ∗.∗

        TO 'libuser4'@'localhost'

        WITH GRANT OPTION；

如果权限对象是某库某表，则按<数据库名>.<数据表名>的格式书写，∗.∗表示所有数据库、数据表。正如前面章节提到可用 GRANT 语句创建用户样。MySQL 可用 SHOW GRANT 语句显示指定用户的权限信息，如查看 libuser4 用户权限信息，输入语句如下：

SHOW GRANTS FOR 'libuser4'@'localhost'；

用户授权及权限查看操作如图 4.8 所示。

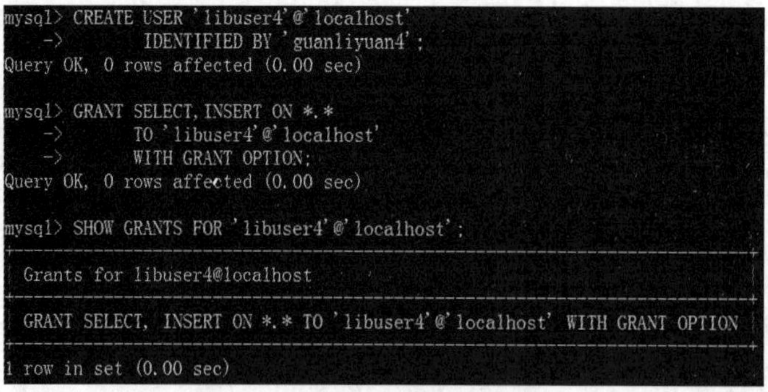

图 4.8　用户授权及权限查看

【例4-10】用 GRANT 语句将数据库所有权限授予用户 libuser1，输入语句如下：

GRANT ALL PRIVILEGES ON *.* TO libuser1@ localhost；

或

GRANT ALL ON *.* TO libuser1@ localhost；

4.3.3.3 权限回收

权限收回就是取消已经赋予用户的某些权限。收回用户不必要的权限可以在一定程度上保证数据库的安全性。MySQL 使用 REVOKE 语句取消用户的某些权限。其基本语法结构如下：

REVOKE priv_type [(columns) [, priv_type [(columns)]]···

ON tablel, table2, ···, tablen

FROM'user'@ 'hostname'[, 'user'@ 'host'···]

其中，priv_type 参数表示权限类型；columns 参数表示权限作用在于哪些列上，如果不指定该参数，表示作用于整个表；tablel, table2, ···, tablen 表示从哪个表中收回权限；FROM 语句指明需要收回权限的账户，'user'@ 'hostname' 参数表示用户账户，由用户名和主机名构成。用户要使用 REVOKE 语句，必须拥有 MySQL 数据库的全局 CREATE USER 权限或 UPDATE 权限。原则上"谁授权，谁收回权限"。

【例4-11】用 REVOKE 语句取消用户 libuser4 的插入权限。输入语句如下：

REVOKE INSERT ON *.* FROM 'libuser4'@ 'localhost'；

语句执行后，查看 libuser4 用户权限信息，输入语句如下：

SHOW GRANTS FOR 'libuser4'@ 'localhost'；

授权回收及权限查看操作如图 4.9 所示。

```
mysql> REVOKE INSERT ON *.* FROM ' libuser4'@'localhost';
Query OK, 0 rows affected (0.00 sec)

mysql> SHOW GRANTS FOR ' libuser4'@'localhost';
+------------------------------------------------------------+
| Grants for libuser4@localhost                              |
+------------------------------------------------------------+
| GRANT SELECT ON *.* TO 'libuser4'@'localhost' WITH GRANT OPTION |
+------------------------------------------------------------+
1 row in set (0.00 sec)
```

图 4.9 授权回收及权限查看

【例4-12】用 REVOKE 语句将用户 libuser1 的所有权限收回，输入语句如下：

REVOKE ALL PRIVILEGES ON *.* FROM 'libuser1@ localhost'；

或

REVOKE ALL ON *.* FROM 'libuser1@ localhost'；

注意，用此操作收回了用户所有的权限，但用户还是存在的。

4.3.3.4 角色的使用

数据库角色是被命名的一组与数据库操作相关的权限，角色是权限的集合。因此，我们可以创建一个角色，再把角色赋予具有相同权限的用户，用户被授予角色权限，则该用户拥有该角色的权限。使用角色来管理数据库权限可以简化授权的操作，但 MySQL8.0 以下的版本是不支持角色功能的，角色的使用是 MySQL8.0 以上版本新增加的功能。

（1）创建角色。

使用 CREATE ROLE 语句创建角色，基本语法结构如下：

CREATE ROLE <角色名>；

（2）给角色授权。

使用 GRANT 语句将权限授予某个角色，基本语法结构如下：

GRANT <权限> ［，<权限>］…

ON <对象名>

TO <角色>；

（3）将角色授予某用户。

使用 GRANT 语句将角色授予某用户，基本语法结构如下：

GRANT <角色 1> ［，<角色 2>］…

TO <用户>；

（4）撤销角色。

使用 REVOKE 语句撤销某用户所拥有的角色，基本语法结构如下：

REVOKE<角色 1> ［，<角色 2>］…

FROM<用户>；

（5）角色权限回收。

使用 REVOKE 语句回收角色所拥有的权限，不仅会影响角色本身的权限，还会影响任何授予了该角色的用户权限。基本语法结构如下：

REVOKE <权限> ［，<权限>］…

ON <对象名>

FROM <角色>；

（6）删除角色。

删除角色会从授权它的每个账户中撤销该角色，使用 DROP ROLE 语句删除角色，基本语法结构如下：

DROP ROLE<角色名>；

【例 4-13】通过角色来实现将一组权限授予某些用户。步骤如下：

（1）创建角色 librole1。

CREATE ROLE 'librole1'；

（2）使用 GRANT 语句给角色 librole1 授权，角色 librole1 拥有 libinfo 数据库所有数据的查询、插入权限。

GRANT SELECT，INSERT ON libinfo.＊ TO 'librole1'；

（3）使用 CREATE USER 创建两个用户，分别为：（用户名是 libuser5，主机名是 localhost，密码是 123456）和（用户名是 libuser6，主机名是 localhost，密码是 123456）。

CREATE USER 'libuser5'@ 'localhost' IDENTIFIED BY '123456'；

CREATE USER 'libuser6'@ 'localhost' IDENTIFIED BY '123456'；

（4）将角色 librole1 授予用户 'libuser5'@ 'localhost'，'libuser6'@ 'localhost'，使用户具有角色 librole1 所包含的权限。

GRANT 'librole1' TO 'libuser5'@ 'localhost'，'libuser6'@ 'localhost'；

操作完成后，结果如图 4.10 所示。

```
mysql> CREATE ROLE 'librole1';
Query OK, 0 rows affected (0.01 sec)

mysql> GRANT SELECT, INSERT ON libinfo.* TO 'librole1';
Query OK, 0 rows affected (0.01 sec)

mysql> CREATE USER 'libuser5'@'localhost' IDENTIFIED BY '123456';
Query OK, 0 rows affected (0.02 sec)

mysql> CREATE USER 'libuser6'@'localhost' IDENTIFIED BY '123456';
Query OK, 0 rows affected (0.01 sec)

mysql> GRANT 'librole1' TO 'libuser5'@'localhost','libuser6'@'localhost';
Query OK, 0 rows affected (0.01 sec)
```

图 4.10　利用角色授权用户步骤

【例 4-14】使用 SHOW GRANTS 语句查看用户 'libuser6'@ 'localhost' 从角色 librole1 获得了哪些权限，如图 4.11 所示。

SHOW GRANTS FOR 'libuser6'@ 'localhost' USING 'librole1'；

```
mysql> SHOW GRANTS FOR 'libuser6'@'localhost' USING 'librole1';
+--------------------------------------------------------------+
| Grants for libuser6@localhost                                |
+--------------------------------------------------------------+
| GRANT USAGE ON *.* TO `libuser6`@`localhost`                 |
| GRANT SELECT, INSERT ON `library_db`.* TO `libuser6`@`localhost` |
| GRANT `librole1`@`%` TO `libuser6`@`localhost`               |
+--------------------------------------------------------------+
3 rows in set (0.00 sec)
```

图 4.11　显示权限

【例 4-15】收回用户 'libuser6'@ 'localhost' 的角色 librole1 权限，如图 4.12 所示。

REVOKE 'librole1' FROM 'libuser6'@ 'localhost'；

```
mysql> REVOKE 'librole1' FROM 'libuser6'@'localhost';
Query OK, 0 rows affected (0.01 sec)
```

图 4.12　利用角色收回用户权限

【例 4-16】收回角色 librole1 对 libinfo 数据库所有数据的插入权限，如图 4.13 所示。

REVOKE INSERT ON libinfo.* FROM 'librole1'；

```
mysql> REVOKE INSERT ON libinfo.* FROM 'libuser1';
Query OK, 0 rows affected (0.01 sec)
```

图 4.13　收回角色权限

【例 4-17】删除角色 librole1，如图 4.14 所示。

DROP ROLE 'librole1';

```
mysql> DROP ROLE 'librole1';
Query OK, 0 rows affected (0.02 sec)
```

图 4.14　删除角色

4.4　日志功能

日志功能就是数据库管理系统能够为数据库使用行为进行记录，当数据库出现安全问题和异常时，数据库管理系统通过查看分析日志记录，可以帮助用户发现问题所在，对数据库的安全起到一定程度的保障作用。MySQL 日志记录数据库日常操作和错误信息，MySQL 有不同类型的日志文件，用户从日志文件中可以查询数据库的运行情况、用户操作、错误信息等。本节将介绍 MySQL 各种日志的作用以及使用操作。

MySQL 日志主要分为四类：

（1）二进制日志：记录所有更改数据的语句，可以用于数据恢复。

（2）错误日志：记录 MySQL 服务的启动、运行或停止时出现的问题。

（3）通用查询日志：记录建立的客户端连接和执行的语句。

（4）慢查询日志：记录所有执行时间超过规定值的查询或不使用索引的查询。

在默认情况下，所有日志创建在 MySQL 数据目录中。通过刷新日志，用户可以关闭和重新打开日志文件（或者在某些情况下切换到一个新的日志）。系统执行一个 FLUSH LOGS 语句和执行 mysqladmin flush-logs 或 mysqladmin refresh 时，将刷新日志。日志记录的作用确实很大，但也不是使用得越多越好，因为启动日志记录后，系统将消耗额外的时间和空间处理日志记录，会降低 MySQL 数据库的性能。例如，在查询非常频繁的数据库系统时，如果开启了查询日志和慢查询日志，MySQL 数据库会花费很多时间记录日志，同时日志文件会占用大量的磁盘空间。因此，日志功能的开启与关闭，也要根据情况和需要而定，应该尽量使得整个数据库系统既安全又高效。

4.4.1　二进制日志

二进制日志主要记录 MySQL 数据库的变化。二进制日志包含了所有更新数据的事件，还包含关于每个更新数据库的语句的执行时间信息。但是，它不包含没有修改任何数据的语句。使用二进制日志的主要目的是恢复数据库。本节将介绍二进制日志的相关内容。

4.4.1.1　启动和设置二进制日志

在默认情况下，二进制日志是关闭的，用户可以通过修改 MySQL 的配置文件来启动和设置二进制日志。

如安装的是低版本的 MySQL，安装目录下可找到配置文件 my.ini；MySQL8.0 的配置文件 my.ini 通常在 C:\ProgramData\MySQL\MySQL Server 8.0 目录下，配置文件 my.ini 文件找到后可用文本编辑器打开，增加以下几行记录，保存文件重启 MySQL 数据库，就开启二进制日志记录了。

Log-bin[=path/[filename]]

expire_logs_days=常量

max_binlog_size=常量

Log-bin 定义开启二进制日志；path 表示日志文件所在的目录路径；filename 指定了日志文件的名称；expire_logs_days 定义了 MySQL 清除过期日志的时间，即二进制日志自动删除的天数，默认值为 0，表示没有自动删除。max_binlog_size 定义了单个文件的大小限制，不能将该变量设置为大于 1GB 或小于 4 096B，默认值是 1GB。

开启二进制日志记录后，系统会创建以 filename 为名称、后缀为 .000001 和 .index 的两个文件。当 MySQL 服务重新启动一次，后缀为 .000001 的日志文件会增加一个，并且后缀名加 1 递增；如果日志长度超过了 max_binlog_size 的上限（默认是 1GB），就会创建一个新的日志文件。

【例 4-18】在本地 MySQL 服务器上开启二进制日志记录，在 my.ini 文件中输入语句如下：

log-bin="C:/log/binlog"

expire_logs_days=10

max_binlog_size=100M

保存文件重启数据库，开启二进制日志记录。

4.4.1.2 查看二进制日志

MySQL 可用 SHOW BINARY LOGS 语句查看当前的二进制日志文件的个数及其文件名。因为 MySQL 二进制日志并不能直接查看，如果要查看日志内容，可以用 mysqlbinlog 命令查看。

【例 4-19】使用 SHOW BINARY LOGS 查看二进制日志文件个数及文件名，该命令在 MySQL 登录状态使用，输入语句如下：

SHOW BINARY LOGS;

该语句执行后，结果如图 4.15 所示。

图 4.15 查看二进制日志文件个数及文件名

【例 4-20】在【例 4-19】中，用 mysqlbinlog 命令查看二进制日志，该命令是在退出 MySQL 登录状态使用，输入语句如下：

mysqlbinlog C:/log/binlog.000001

该语句执行后，部分内容显示如图 4.16 所示。

```
C:\>mysqlbinlog C:/log/binlog.000001
/*!50530 SET @@SESSION.PSEUDO_SLAVE_MODE=1*/;
/*!50003 SET @OLD_COMPLETION_TYPE=@@COMPLETION_TYPE,COMPL
DELIMITER /*!*/;
# at 4
#200304 22:46:02 server id 1  end_log_pos 123 CRC32 0x487
ROLLBACK/*!*/;
BINLOG '
Kr9fXg8BAAAAdwAAAHsAAAAAAAQANS43LjIyLWxvZwAAAAAAAAAAAAAAA
AAAAAAAAAAAAAAAAAAAqv19eEzgNAAgAEgAEBAQEEgAAXwAEGggAAAAIC
AYrKd0g=
'/*!*/;
```

图 4.16 查看二进制日志文件

4.4.1.3 删除二进制日志

MySQL 提供了安全的手动删除二进制日志文件的方法，用 RESET MASTER 语句删除所有的二进制日志文件或用 PURGE MASTER LOGS 删除部分二进制日志文件。

（1）用 RESET MASTER 语句删除所有二进制日志文件。

直接输入 RESET MASTER，执行完该语句后，所有二进制日志将被删除，MySQL 会重新创建二进制日志，新的日志文件扩展名将重新从 000001 开始编号。

【例 4-21】删除 MySQL 数据库所有二进制日志文件，输入语句如下：

RESET MASTER;

该语句执行后，结果如图 4.17 所示，也可以直接到存放日志文件的路径目录下查看效果。

```
mysql> RESET MASTER;
Query OK, 0 rows affected (0.47 sec)

mysql> SHOW BINARY LOGS;
+---------------+-----------+
| Log_name      | File_size |
+---------------+-----------+
| binlog.000001 |       154 |
+---------------+-----------+
1 row in set (0.06 sec)
```

图 4.17 删除所有二进制日志文件

（2）用 PURGE MASTER LOGS 删除指定部分二进制日志文件。

格式如下：

PURGE {MASTER | BINARY} LOGS TO "log_name";

或

PURGE {MASTER | BINARY} LOGS BEFORE"date";

log_name 为指定文件名，执行该命令将删除文件名编号比指定文件名编号小的所有日志文件。date 为指定日期，执行该命令将删除指定日期以前的所有日志文件。

【例4-22】用 PURGE MASTER LOGS 删除创建时间比 binlog.000002 早的所有日志文件。输入语句如下：

PURGE MASTER LOGS TO"binlog.000002"；

该语句执行后，也可以直接到存放日志文件的路径目录下查看效果。

【例4-23】用 PURGE MASTER LOGS 删除 2020 年 1 月 8 日前创建的所有日志文件。输入语句如下：

PURGE MASTER LOGS BEFORE"20200108"；

该语句执行后，也可以直接到存放日志文件的路径目录下查看效果。

4.4.1.4 用二进制日志恢复数据库

如果 MySQL 服务器启用了二进制日志，当数据异常或丢失时，可以使用 mysqlbinlog 工具恢复数据到指定时间点的状态。

【例4-24】用 mysqlbinlog 恢复 MySQL 数据库到 2020 年 1 月 1 日 00：00：00 时的状态，输入语句如下：

mysqlbinlog --stop-datetime = "2020-01-01 00：00：00" C：\ log \ binlog.000002 | mysql -u root -p

Enter password：＊＊＊＊＊＊＊＊

4.4.2 错误日志

错误日志文件包含了 MySQL 数据库在启动、停止和服务器运行过程中发生任何严重错误时的相关信息。在系统异常时，用户也可以分析错误日志，来配合查找问题所在。

4.4.2.1 启动和设置错误日志

默认情况下，错误日志会保存到数据库的数据目录下。如果没有在配置文件中指定文件名，则文件名默认为：主机名.err。例如，如果 MySQL 所在的服务器主机名为 dbserver，则记录错误日志的文件名为 dbserver.err。执行 FLUSH LOGS 后，错误日志文件会重新加载。上一节介绍了 MySQL 的配置文件 my.ini，错误日志的启动和停止等设置都可以通过修改 my.ini 文件来完成。

错误日志的配置项是 log-error，找到配置文件 my.ini，用文本编辑器打开 my.ini 文件，确保 log-error 有效，则启动错误日志记录。格式为：

log-error=[path/ [filename]]

path 为日志文件所在的目录路径，filename 为错误日志文件名。修改配置项后，需重启 MySQL 数据库生效。

例如：

log-error="C：/log/dbserver.err"

4.4.2.2 查看错误日志

通过错误日志，我们可以监视系统的运行状态，以便及时发现故障、修复故障。MySQL 错误日志是以文本文件形式存储的，可以直接使用文本编辑器（记事本）打开 MySQL 错误日志进行查看分析。当不知道日志文件的存储路径时，我们可使用 SHOW

VARIABLES 语句查询错误日志文件的存储路径。查询错误日志文件的存储路径的语句如下：

SHOW VARIABLES LIKE 'log_error';

其结果如图 4.18 所示。

```
mysql> SHOW VARIABLES LIKE 'log_error';
+---------------+--------------------+
| Variable_name | Value              |
+---------------+--------------------+
| log_error     | C:\log\dbserver.err |
+---------------+--------------------+
1 row in set, 1 warning (0.01 sec)
```

图 4.18　显示错误日志文件的存储路径

4.4.2.3　删除错误日志

MySQL 的错误日志是以文本文件的形式存储在文件系统中的，可以直接删除。但在运行状态下删除错误日志文件后，MySQL 并不会自动创建日志文件。所以，安全的做法是在 MySQL 输入提示符下，输入语句：

FLUSH logs;

删除错误日志结果如图 4.19 所示。

```
mysql> FLUSH logs;
Query OK, 0 rows affected (0.03 sec)
```

图 4.19　删除错误日志

4.4.3　通用查询日志

通用查询日志记录 MySQL 的所有用户操作，包括启动和关闭服务、执行查询和更新语句等。

4.4.3.1　启动和设置通用查询日志

在默认情况下，通用查询日志并没有开启。同样，我们可以通过修改 MySQL 的配置文件 my.ini 来启动和设置通用查询日志。在 my.ini 文件中加入 general-log 选项，格式为：

general-log=1

general-log=[path/[filename]]

path 为通用查询日志文件所在的目录路径，filename 为通用查询日志文件名。修改配置项后，重启 MySQL 数据库生效。

例如：

general-log=1

general_log_file="C:/log/dbserver.log"

4.4.3.2　查看通用查询日志

通用查询日志中记录了用户的所有操作。通过查看通用查询日志，我们可以了解用户对 MySQL 进行的操作。通用查询日志是以文本文件形式存储的，同样可以直接使用文本编辑器（记事本）打开 MySQL 通用查询日志，进行查看分析。

4.4.3.3　删除通用查询日志

通用查询日志是以文本文件的形式存储在文件系统中的。通用查询日志记录用户的所有操作，在用户查询、更新频繁的情况下，通用查询日志会增长得很快。数据库管理员可以定期删除较早的通用查询日志，以节省磁盘空间。

删除通用查询日志的步骤：

（1）找到通用查询日志文件，直接删掉。

（2）通过 mysqladmin -flush logs 命令建立新的日志文件，在退出 MySQL 状态下输入语句如下：

mysqladmin -u root -p flush-logs

建立新的日志文件如图 4.20 所示。

```
C:\Users\lenovo>mysqladmin -u root -p flush-logs
Enter password: ****
```

图 4.20　建立新的日志文件

4.4.4　慢查询日志

慢查询日志是记录查询时长超过指定时间的日志，通过慢查询日志可以找出执行时间较长、执行效率较低的语句，然后进行改进优化。慢查询日志的启动同样是在 my.ini 文件中加入 slow-query-log 选项，格式为：

slow-query-log = 1

general-log = [path/[filename]]

long_query_time = 10

慢查询日志主要起辅助设计优化数据库的作用，对数据库的安全作用不大。慢查询日志的查看及删除，和通用查询日志几乎一样，这里不再叙述。

4.5　数据库的备份与恢复

我们会尽量采取一些办法来保证数据库的安全性，但有时不确定的意外情况还是可能造成数据的丢失，对数据库的安全造成威胁。所以，保证数据安全最重要的一个措施是对数据进行定期备份，如果数据库中的数据丢失或者出现错误，我们可以使用备份的数据进行恢复，这样就尽可能地降低了意外因素带来的损失。

对于现在开发的数据库应用系统，开发者都会在应用程序级别设计数据备份与恢复功能。但这里只讨论由数据库管理系统（DBMS）自身提供的数据备份与恢复技术。MySQL 提供了几种方法对数据进行备份与恢复。由于受到数据库存储引擎、数据库版本型号和数据库系统平台的影响，各种备份与恢复方法也不尽相同。本节只介绍一种安全可靠、简单高效的技术，即由 MySQL 提供的 mysqldump 数据库备份工具进行备份与恢复工作。

4.5.1　数据备份

数据库管理员应该定期备份数据库，使得在意外情况发生时，尽可能减少损失。在使用 mysqldump 命令进行备份时，系统可以将数据库备份成一个文本文件，该文件实际上包含多个 CREATE 和 INSERT 语句，用这些语句可以重新创建表和插入数据，起到恢复数据的作用。mysqldump 备份数据语句的基本语法结构如下：

mysqldump −h hostname −u user −p dbname［tbname，［tbname…］］> filename. sql

hostname 为主机名称；user 为用户名称；dbname 为需要备份的数据库名称，可以不加表名，同时备份多个数据库；tbname 为数据库 dbname 中需要备份的数据表，可以指定多个需要备份的表；右箭头符号">"指定 mysqldump 将备份数据库表的定义和数据写入备份文件；filename. sql 为备份文件的名称。

4.5.1.1　用 mysqldump 备份单个数据库中的所有表

【例 4-25】用 mysqldump 命令备份数据库 libinfo 中的所有表，备份文件存放路径及名称为 C：\backup\librarydb_20200130. sql，输入语句如下：

mysqldump −u root −p libinfo > C：/backup/librarydb_20200130. sql

Enter password：＊＊＊＊＊＊＊＊

其操作如图 4.21 所示。该语句执行后，可在 C：\backup 备份文件夹下找到备份文件。

```
C:\>mysqldump -u root -p libinfo > C:/backup/librarydb_20200130.sql
Enter password: ××××
```

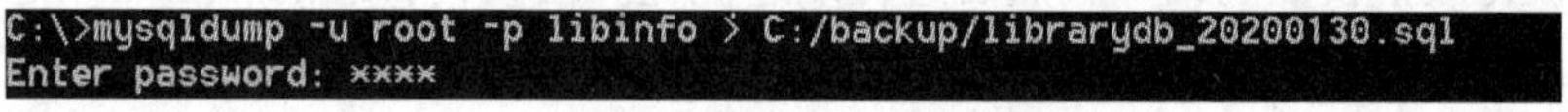

图 4.21　mysqldump 备份单个数据库中的所有表

4.5.1.2　用 mysqldump 备份数据库中的某个表

【例 4-26】用 mysqldump 命令备份数据库 libinfo 中的 reader 表，备份文件存放路径及名称为 C：\backup\readertb_20200125. sql，输入语句如下：

mysqldump −u root −p libinfo reader > C：/backup/readertb_20200125. sql

Enter password：＊＊＊＊＊＊＊＊

其操作如图 4.22 所示。该语句执行后，可在 C：\backup 备份文件夹下找到备份文件。

```
C:\>mysqldump -u root -p libinfo reader > C:/backup/readertb_20200125.sql
Enter password: ××××
```

图 4.22　mysqldump 备份数据库中的某个表

4.5.1.3　用 mysqldump 备份多个数据库

基本语法结构如下：

mysqldump −h hostname −u user −p −−databases dbname［dbname…］> filename. sql

其中，hostname 表示主机名称；user 表示用户名称；在−−databases 参数之后，必须指定至少一个数据库的名称，多个数据库名称之间用空格隔开；dbname 为需要备份的数据库名称，可同时备份多个数据库；右箭头符号 ">" 指定 mysqldump 将备份数据库表的定义和数据写入备份文件；filename. sql 为备份文件的名称。

【例 4-27】用 mysqldump 命令备份数据库中图书馆借阅库 libinfo 和系统库 mysql，备份文件存放路径及名称为 C：\backup\lib_mysql_20200126. sql，输入语句如下：

mysqldump -u root -p--databases libinfo mysql > C:/backup/lib_mysql_20200126. sql

Enter password：＊＊＊＊＊＊＊＊

其操作如图 4.23 所示。该语句执行后，可在 C：\backup 备份文件夹下找到备份文件。

```
C:\>mysqldump -u root -p --databases libinfo mysql > C:/backup/lib_mysql_20200126.sql
Enter password: ****
```

图 4.23　MySQLdump **备份多个库**

【例 4-28】用 mysqldump 备份服务器中的所有数据库，备份文件存放路径及名称为 C：\backup\alldb_20200128. sql，输入语句如下：

mysqldump　-u root -p --all-databases > C:/backup/alldb_20200128. sql

Enter password：＊＊＊＊＊＊＊＊

其操作如图 4.24 所示。该语句执行后，可在 C：\backup 备份文件夹下找到备份文件。

```
c:\>mysqldump  -u root -p --all-databases > C:/backup/alldb_20200128.sql
Enter password: ****

c:\>
```

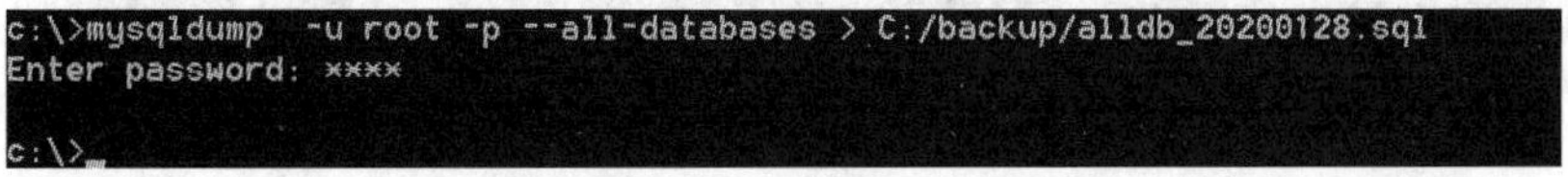

图 4.24　mysqldump **备份所有数据库**

4.5.2　数据恢复

当数据丢失或意外被破坏时，用户可以通过恢复已经备份的数据以尽量减少数据丢失和破坏造成的损失。本节将介绍用 MySQL 命令恢复数据的方法。

备份数据的. sql 文件包含 CREATE、INSERT 等语句。MySQL 命令可以直接执行文件中的这些语句来完成数据的恢复。其基本语法结构如下：

mysql -u user -p ［dbname］ < filename. sql

user 是执行 filename. sql 备份文件恢复数据的用户名；dbname 是数据库名。

【例 4-29】先把 libinfo 数据库删掉，然后在退出 MySQL 输入提示符状态下，用 mysql 命令将 C：\backup\librarydb_20200130. sql 文件中的备份恢复到数据库中，输入语句如下：

mysql -u root -p libinfo < C:/backup/librarydb_20200130. sql

Enter password：＊＊＊＊＊＊＊＊

其操作如图 4.25 所示。执行该语句前，用户必须先在 MySQL 服务器中创建名为 libinfo 空数据库，如果该数据库名不存在，恢复过程将会出错。该语句执行成功后，用户可登录 MySQL 数据库查看库表恢复情况。

图 4.25　MySQL 命令恢复数据

我们也可以使用 SOURCE 命令导入本地的备份文件 C:\backup\librarydb_20200130. sql。

首先，root 用户登录到服务器，同样先要创建名为 libinfo 空数据库，其次输入如下语句：

USE libinfo；

SOURCE C:/backup/librarydb_20200130. sql

操作如图 4.26 所示。

图 4.26　source 命令恢复数据

4.6　小结

本章介绍了数据库的安全性概念，数据库的安全性所涉及的范畴，重点讲述数据库管理系统 MySQL 在数据安全性方面的技术和保障。本章的重要内容包括：

（1）创建用户、删除用户和修改用户密码等管理，用户权限管理和认识系统权限表。

（2）MySQL 不同类型日志文件的作用和使用，主要包括二进制日志文件的使用，错误日志文件的使用，查询通用日志文件的使用。

（3）数据备份的重要性。数据备份、数据恢复以及 mysqldump 命令的使用。

习题

1. 什么是数据库的安全性？
2. 举例说明对数据库安全性产生威胁的因素。
3. 数据库管理系统中存取控制机制是什么？

4. MySQL 主要有哪些日志文件？各种日志文件的作用是什么？

5. 如何备份所有数据库？如何应用 mysql 命令还原数据？

实验项目十：MySQL 中用户创建和权限分配

一、实验目的

1. 掌握数据库账户的建立与删除方法。

2. 掌握数据库用户权限的授权与权限回收方法。

二、实验内容

1. 了解数据库安全的重要性。

2. 数据库账号的建立与删除，权限授权与权限回收。

三、实验步骤

1. 数据库用户。

（1）创建数据库用户 user_1、user_2 和 user_3，密码都为 123456（服务器名为 localhost）。

（2）将用户 user_1 的密码修改为 newpassword。

（3）删除用户 user_3。

（4）以 user_1 用户身份登录 MySQL。

2. 授权与权限回收。

（1）授予用户 user_1 对以"自己姓名的汉语拼音_db"命名的数据库 employees 表的所有操作权限。

（2）授予用户 user_2 对 employees 表进行插入、修改、删除操作权限。

（3）授予 user_2 在 salary 表上的 SELECT 权限，并允许其将该权限授予其他用户。

（4）回收 user_1 的 employees 表上的 SELECT 权限。

（5）取消用户 user_1 所有的权限。

四、实验分析

请读者从实验过程中是否掌握了实验的目的、在实验中自己容易犯的错误及心得体会等方面去分析本次实验。

实验项目十一：MySQL 日志使用

一、实验目的

1. 熟悉 MySQL 数据库各种日志文件及作用。

2. 掌握 MySQL 数据库日志的开启、查看和关闭。

二、实验内容

各种日志文件的开启、查看和关闭。

三、实验步骤

1. 日志文件开启。

（1）在本地数据库服务器上，开启二进制日志。

（2）在本地数据库服务器上，开启错误日志。

（3）在本地数据库服务器上，开启通用查询日志。

（4）在本地数据库服务器上，开启慢查询日志。

2. 日志文件查看（利用文本编辑器可直接打开日志文件）。

（1）查看错误日志。

（2）查看通用查询日志。

3. 关闭通用查询日志

四、实验分析

请读者从实验过程中是否掌握了实验的目的、在实验中自己容易犯的错误及心得体会等方面去分析本次实验。

实验项目十二：MySQL 数据库的备份与还原

一、实验目的

1. 掌握数据库备份的方法。

2. 掌握利用备份文件恢复数据库的方法。

二、实验内容

数据库的备份与恢复操作。

三、实验步骤

1. 使用 mysqldump 命令备份以"自己姓名的汉语拼音_db"命名的数据库 salary 表，并查看是否备份成功。

2. 备份整个以"自己姓名的汉语拼音_db"命名的整个数据库，并查看是否备份成功。

3. 先删除 employees 表，再使用 mysql 命令恢复数据库，并查看是否恢复成功。

4. 先删除以"自己姓名的汉语拼音_db"命名的数据库，再使用 mysql 命令恢复数据库，并查看是否恢复成功。

四、实验分析

请读者从实验过程中是否掌握了实验的目的、在实验中自己容易犯的错误及心得体会等方面去分析本次实验。

5 MySQL 编程

【学习目的及要求】

本章主要内容是 MySQL 编程知识，包括 SELECT 输出表达式、常量与变量、流程控制语句、存储过程、自定义函数和内部函数，为后面学习触发器和事务打下基础。

通过本章的学习，学生要达到以下目标：

● 掌握 SELECT 输出表达式；

● 了解 MySQL 各种类型的常量；

● 理解自定义变量和系统变量；

● 掌握各种选择语句，包括命令提示符下的选择语句和程序中的选择语句；

● 掌握循环语句；

● 掌握存储过程的创建、调用、查看和删除；

● 掌握自定义函数的创建、调用、查看和删除；

● 了解常用的系统函数并能灵活运用。

【本章导读】

标准 SQL 是结构化而非过程化的查询语言，具有操作统一、面向集合、功能丰富、使用简单等优点。和程序设计语言相比，标准 SQL 具有一个缺点——缺少流程控制能力，难以实现现实应用中的业务逻辑。MySQL 编程技术可以有效克服标准 SQL 语言在流程控制方面的不足，提高应用系统与数据库管理系统之间的操作性，MySQL 存储过程和自定义函数提高了代码的重用性和可维护性。

本章 5.1 节介绍 MySQL 编程基础知识，首先介绍 SELECT 输出表达式、常量、变量（包括自定义变量和系统变量）、复合语句、注释和重置命令结束标记，其次介绍选择语句，最后介绍循环语句。5.2 节介绍常用的系统函数，包括日期与时间函数、字符函数、数学函数等，并给出了部分函数运用举例。5.3 节介绍存储过程的创建、调用、查看和删除，着重介绍存储过程的创建，并给出存储过程创建的运用举例。5.4 节介绍用户自定义函数的创建、调用、查看和删除，着重介绍自定义函数的创建，并给出函数创建的运用举例。

5.1 MySQL 编程基础知识

本节主要讲述在命令提示符下的表达式输出、常量与变量、复合语句、注释、重置命令结束标记和控制语句等，数据类型与运算符已在第三章讲述，在此就不再重复。

特别说明，本章及后续两章中所有语句均在连接 MySQL 服务器且在命令提示符下运行，如果需要连接数据库会在相应的地方进行说明。

5.1.1　SELECT 输出表达式

SELECT 除了检索数据表的数据外，也可以输出常量、变量以及表达式的值，语法格式如下：

SELECT expression［AS alias］［，expression［AS alias］，……］；

语法说明：

（1）SELECT 为输出关键字。

（2）expression 是需要输出的表达式，此表达式可以是用运算符连接起来的各种表达式，也可以是变量（包括用户自定义变量和系统变量）和常量，还可以是函数调用，但不可以是存储过程，因为存储过程没有返回值。

（3）［AS alias］子句为可选项，为表达式的输出取别名，alias 为输出表达式的别名（输出结果的列名），如果省略该选项，则把表达式作为输出列名。AS 也可以省略，别名可以直接放在表达式后面，中间至少有一个空格分隔。别名 alias 可用单引号或者双引号括起来，也可以不用单引号或者双引号括起来。如果别名含有运算符，最好使用单引号或者双引号把别名括起来。

（4）可以输出多个表达式，表达式之间用逗号分隔。

【例 5-1】输出表达式 1+2 的运算结果。

语句如下：

SELECT 1+2；

输出表达式 1+2 的运算结果如图 5.1 所示。

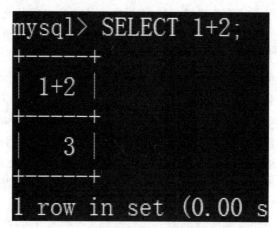

图 5.1　输出表达式 1+2 的运算结果

【例 5-2】输出常量 3 和 5 以及表达式 3 * 5 的值，并分别取别名被乘数、乘数和乘积。

语句如下：

SELECT 3 AS 被乘数，5 AS 乘数，3 * 5 AS 乘积；

输出结果如图 5.2 所示。

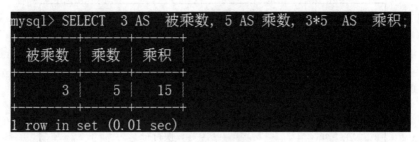

图 5.2　输出结果

该语句可以写成:

SELECT 3 被乘数, 5 乘数, 3 * 5 乘积;

其运行结果是一样的。

【例 5-3】输出当前系统版本号和当前时间。

语句如下:

SELECT VERSION( ) 服务器版本号, CURRENT_DATE　当前日期;

运行结果如图 5.3 所示。

```
mysql> SELECT VERSION() 服务器版本号,CURRENT_DATE 当前日期;
+---------------+------------+
| 服务器版本号    | 当前日期    |
+---------------+------------+
| 8.0.22        | 2021-04-11 |
+---------------+------------+
1 row in set (0.12 sec)
```

图 5.3　显示服务器版本和当前日期

VERSION( ) 为系统函数, 功能是返回当前服务器版本号。CURRENT_DATE 为系统变量, 存储了当前服务器的日期。关于系统函数和系统变量, 本章后面均会讲解。

5.1.2　常量

常量是指不变的量。在计算机世界里, 常量主要是指计算机程序运行时不被修改的量。一个数值、一个字母、一个字符、一个字符串等, 都是常量。常量需要区分为不同的数据类型。MySQL 中的常量分为字符串常量、数值常量、日期和时间常量、十六进制常量、比特值常量、布尔值常量、NULL 常量。

5.1.2.1　字符串常量

字符串常量是指用单引号或者双引号括起来的字符系列。

字符串不仅可以使用普通字符, 也可使用转义字符。转义字符以反斜杠 ("\") 开头, 指出后面的字符使用转义字符来解释, 而不是普通字符。转义字符见表 5.1。

表 5.1　转义字符

转义字符	说明
\ 0	ASCII 0(NUL) z 字符
\ '	单引号'
\ "	双引号"
\ b	退格符
\ n	换行符
\ r	回车符
\ t	tab 字符
\ Z	ASCII 26。在 Windows 中，代表文件结束
\ \	反斜线
\ %	百分符号%
\ _	下划线_

含有单引号和双引号的字符串除了表 5.1 中的表示方法外，还有另外一种表示方法。在字符串内用两个单引号表示一个单引号字符，如字符串'abc''def'，它和字符串'abc \ 'def'相同；再如''''表示一个字符串，该字符串只有一个单引号字符。在字符串内用两个双引号表示一个双引号字符，如字符'abc""def'，它和字符串'abc \ "def'相同。

【例 5-4】在命令提示符下输出字符串"Hello，the world."。

命令提示符下的命令语句：

SELECT 'Hello，the world. ';

其运行结果如图 5.4 所示。

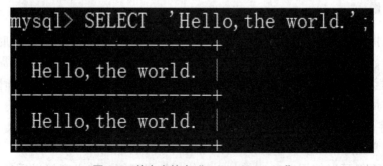

图 5.4　输出字符串"Hello，the world."

【例 5-5】将字符串"Hello，the world."分两行输出。

命令提示符下的命令语句：

SELECT 'Hello，\nthe world. ';

其运行结果如图 5.5 所示。

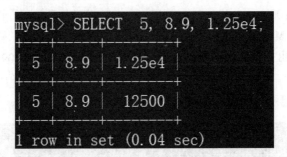

图 5.5　换行输出字符

5.1.2.2　数值常量

数值常量可以分为整型常量和浮点型常量。

例如，1、-5、21 是整型常量；2.34，-2.1，1.25e2，3.14e-2 是浮点型常量。

【例 5-6】输出整数 5、浮点数 8.9 和 1.25e4。

命令提示符下命令语句：

SELECT 5, 8.9, 1.25e4；

其运行结果如图 5.6 所示。

```
mysql> SELECT  5, 8.9, 1.25e4;
+---+-----+--------+
| 5 | 8.9 | 1.25e4 |
+---+-----+--------+
| 5 | 8.9 | 12500  |
+---+-----+--------+
1 row in set (0.04 sec)
```

图 5.6　输出整数和浮点数的运行结果

5.1.2.3　日期和时间常量

MySQL 的日期时间格式运行使用"宽松语法格式"，即使用方式灵活多样，但建议读者采用标准格式，以增加可读性。

（1）日期格式。

作为 'YYYY-MM-DD' 或 'YY-MM-DD' 格式的字符串，其允许使用"宽松"语法：任何标点符号都可以用作日期各部分之间的分隔符。例如，'2019-12-31'，'2019/12/31'，'2019^12^31'，'2019,12,31' 和 '2019@ 12@ 31' 等，均可作为 2019 年 12 月 31 日。

作为没有格式 'YYYYMMDD' 或分隔符 'YYMMDD' 的字符串，前提是该字符串作为日期有意义，比如'20191231' 视作 2019 年 12 月 31 日。

作为数字 YYYYMMDD 或 YYMMDD 格式的数字，前提是该数字作为日期有意义。例如，20191231 被视作 2019 年 12 月 31 日。

（2）时间格式。

作为 'D hh:mm:ss' 格式的字符串，其允许使用"宽松"语法：'hh:mm:ss'，'hh:mm'，'D hh:mm'，'D hh' 或 'ss'。这里 D 代表天，值可以从 0 到 31。

作为没有 'hhmmss' 格式的定界符的字符串，前提是它在一定时间内有意义。例如，'101112' 被理解为 '10:11:12'，但是 '109712' 是非法的（具有无意义的分钟部分）并变为 '00:00:00'。

以数字 hhmmss 形式表示，但前提是它有意义。例如，101112 被理解为 '10:11:12'。以下备选格式也可以理解相应的时间：ss，mmss 或 hhmm，ss。

（3）日期时间格式。

作为 'YYYY-MM-DD hh:mm:ss' 或 'YY-MM-DD hh:mm:ss' 格式的字符串，这里也允许使用"宽松"语法：任何标点符号都可以用作日期部分或时间部分之间的分隔符。例如，'2012-12-31 11:30:45'，'2012^12^31 11+30+45'，'2012/12/31 11 * 30 * 45' 和 '2012@ 12@ 31 11^30^45' 是相等的。

日期和时间部分可以用字符 T 来分隔，也可以用空格分隔。

例如，'2012-12-31 11:30:45'，'2012-12-31T11:30:45' 是等效的。

作为没有格式 'YYYYMMDDhhmmss' 或分隔符 'YYMMDDhhmmss' 的字符串，前提是该字符串作为日期有意义。例如，'20070523091528' 和 '070523091528' 被解释为 '2007-05-23 09:15:28'，但是 '071122129015' 是非法的（它具有无意义的分钟部分）并变为 '0000-00-00 00:00:00'。

作为数字 YYYYMMDDhhmmss 或 YYMMDDhhmmss 格式的数字，前提是该数字作为日期有意义。例如，19830905132800 和 830905132800 被解释为 '1983-09-05 13:28:00'。

【例 5-7】现有一个图书借阅表 brw_rtn，表中的数据如图 5.7 所示，使用不同的日期格式修改前三条记录的借书日期为延后一天。

Bno	Rno	BrwDate	RtnDate
Art04101	2019408001	2019-09-21	NULL
Cpt08101	008001	2019-03-21	2019-06-09
Cpt08101	008001	2019-09-27	NULL
Cpt08102	2018408002	2019-03-28	2019-04-25
Cpt08201	2018408001	2019-03-25	2019-04-18
Cpt08201	2018408001	2019-04-20	2019-05-19

图 5.7　brw_rtn 表数据

语句如下：
```
UPDATE   brw_rtn   SET   BrwDate = '2019,09,22'
WHERE   Bno = 'Art04101'   AND   Rno = '2019408001'
AND   BrwDate = '2019,09,21';
UPDATE   brw_rtn   SET   BrwDate = '20190322'
WHERE   Bno = 'Cpt08101'   AND   Rno = '008001'
AND   BrwDate = '20190321';
UPDATE   brw_rtn   SET   BrwDate = '2019@ 09@ 28'
WHERE   Bno = 'Cpt08101'   AND   Rno = '008001'
```

AND　　BrwDate = '2019@ 09@ 27';

连接数据库 libinfo 执行修改语句后数据如图 5.8 所示。

Bno	Rno	BrwDate	RtnDate
Art04101	2019408001	2019-09-22	NULL
Cpt08101	008001	2019-03-22	2019-06-09
Cpt08101	008001	2019-09-28	NULL
Cpt08102	2018408002	2019-03-28	2019-04-25
Cpt08201	2018408001	2019-03-25	2019-04-18
Cpt08201	2018408001	2019-04-20	2019-05-19

图 5.8　修改借书日期后的数据

5.1.2.4　十六进制常量

MySQL 数据库支持十六进制数，十六进制数的符号有十六个，0，…，9，A，…，F。MySQL 十六进制数有两种格式：

（1）X'……'。

该格式以 X 开头，后跟一对单引号括起来的十六进制数符号，十六进制数的位数必须为偶数，因为一个十六进制数通常指定为一个字符串常量，两位十六进制数对应一个字符。前缀字母 X 大小写都可以，十六进制数中的字母 A，…，F 可以不区分大小写。

例如，十六进制数常量 X'414243'，表示字符串常量 'ABC'。读者在命令提示符输出该十六进制数，可以看到将输出字符串 'ABC'。

（2）0x……。

该格式以 0x 开头，后跟十六进制数的符号。该格式对十六进制数符号的个数没有要求，但是 x 必须小写。

例如，0x41，0x3D，0xA08 等都是合法的十六进制常量。

需要注意的是，十六进制常量的默认类型是字符串，如果需要作为数字处理，用户要使用函数 CAST( ) 进行转换，或者进行加 0。

【例 5-8】定义三个变量@v1，@v2，@v3，分别赋值 0x41，0x41+0，CAST(0x41 AS UNSIGNED)，然后输出这三个变量的值。

命令提示符下的命令语句如下：

SET　@ v1 = 0x41;
SET　@ v2 = 0x41+0;
SET　@ v3 = CAST(0x41 AS UNSIGNED);
SELECT　@ v1，@ v2，@ v3;

执行命令语句后的结果如图 5.9 所示。

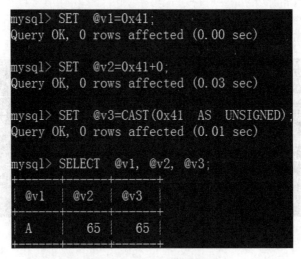

图 5.9　输出三个变量的值

从例 5-8 可知，把十六进制常量加 0，或者使用 CAST 函数转换后就是数值了，否则就是字符串。

5.1.2.5　比特值常量

比特值常量就是二进制常量，有三种格式：

（1）b'value'。

（2）B'value'。

（3）0bvalue。

其中 value 表示一串 0 和 1 组成的二进制数，第三种格式中的 b 必须是小写，不能是大写。b'1001'，B'1010'，0b1011 等都是合法的，而 b'21'，0B1001 等都不是合法的。

比特值常量默认类型是字符串，如果需要作为数字处理，用户需要使用 CAST 函数进行转换，或者加 0，具体方法与将十六进制常量转换数值的方法相同。

5.1.2.6　布尔值常量

布尔值只有两个值 true 和 false，true 表示真，其数字值为 1，false 表示假，其数字值为 0。

5.1.2.7　NULL 常量

其表示"没有值""无数据"等意义，不同于数字 0 和空字符串。

5.1.3　变量

变量来源于数学，是计算机语言中能储存计算结果或表示值的抽象概念。在数据库的操作中，变量可以将一个语句中的值传递到另外一个语句中。

在 MySQL 中，变量可以分为用户变量和系统变量。

5.1.3.1　用户变量

（1）命令提示符下的用户变量。

命令提示符下的用户变量是由用户定义的变量。用户定义的变量作用于特定的会话，一个客户端定义的用户变量不能被其他客户端看到或引用。当给定的客户端会话退出时，该客户端会话的所有用户变量将自动释放。

语法格式如下：

SET @ var_name<=│：=>expression ［，@ var_name＝expression，…］

说明：

①SET 是定义变量的关键字。

②@ var_name 是变量名。命令提示符下的用户变量名必须以@ 开头，其中 var_name 由字母、数字、"."、"_"和"$"等组成，如果 var_name 使用了特殊字符，需要使用单引号或者双引号括起来，其格式为@ 'var_name'和 @ "var_name"。变量名不区分大小写，最大长度为 64 个字符。

③expression 是给变量赋值的表达式。

④SET 语句中的变量赋值符号是 "＝"或 "：＝"，但是在 SQL 语句中，变量的赋值只能使用 "：＝"，因为 "＝"在 SQL 语句中是作为比较运算符的。

⑤变量的数据类型是根据赋值表达式的类型自动设置的，因此在定义变量的时候不需要指定数据类型。变量的赋值类型不同，变量的数据类型也会跟着改变。

⑥可以同时定义多个变量并赋值。

【例5-9】查询读者编号为 2018408001 的读者所有借阅过的图书，查询结果要显示姓名、书名和借阅时间。

控制台下命令语言如下：

SET   @ rno＝'2018408001'；

SELECT   Rname，Bname，BrwDate

FROM   books，book_info，reader，brw_rtn

WHERE   reader. Rno＝@ rno

AND   reader. Rno＝brw_rtn. Rno

AND   brw_rtn. Bno＝books. Bno

AND   books. CallNo＝book_info. CallNo；

该语句的执行需要连接数据库 libinfo，语句的运行结果如图 5.10 所示。

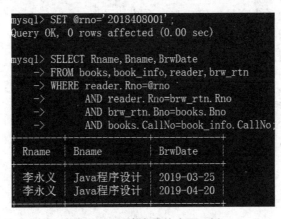

图 5.10   用户变量的应用示例

（2）程序中的变量。

程序中的变量是局部变量，有效范围仅为其定义的存储过程或者函数。程序中局部变量的定义需要使用关键字 DECLARE 来声明，语法格式如下：

DECLARE var_name［，var_name］… type［DEFAULT value］;

说明：

①DECLARE 是定义程序中变量的关键字。

②var_name 是变量名，程序中的变量名可以不用加"@"，可以同时定义多个相同数据类型的变量，变量之间使用逗号","分隔。

③type 是变量的数据类型。

④DEFAULT value 是给变量赋初值的子句，DEFAULT 是关键字，变量的初值为 value。如果没有 DEFAULT 子句，则变量的初值为 NULL。

⑤定义变量后，如果需要重新赋值，或者定义时没有初值需要赋值，用户可使用 SET 关键字来给变量赋值。比如，已经定义了变量 a，现在需要重新赋值为 5，则格式如下：

SET a＝5；

⑥局部变量名称不区分大小写，允许的字符和引用规则与其他标识符相同（字母、数字、美元符号、下划线）。

5.1.3.2　系统变量

系统变量是系统定义的变量，在 MySQL 服务器启动的时候就被赋值，它们决定了系统的运行。

系统变量运用于 SQL 语句时，大多数变量需要加两个"@"符号，但是部分系统变量不需要加两个"@"符号，不需要@符号的系统变量有：

①CURRENT_DATE：系统日期。

②CURRENT_TIME：系统时间。

③CURRENT_TIMESTAMP：系统日期和时间。

④CURRENT_USER：系统用户名。

我们通过获取系统变量的值，可以获取系统信息，如系统版本信息、系统时间等。我们也可以通过设置系统变量的值，改变系统的设置。

【例 5-10】显示系统版本信息。

命令提示符下的命令：

SELECT　@@VERSION；

执行结果如图 5.11 所示。

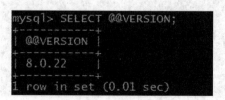

图 5.11　显示系统版本信息

5.1.3.3　系统变量的设置

在命令提示符下设置系统变量的语法格式如下：

SET 　system_var_name＝expr

｜[GLOBAL｜SESSION]　system_var_name＝expr

｜@@[GLOBAL.｜SESSION.]　system_var_name＝expr；

语法说明：

①SET 是设置系统变量的关键字。

②system_var_name 表示系统变量名，expr 表示为系统变量设置的新值。如果在变量名前加关键字 global，表示该变量是全局系统变量；如果加 session，表示该变量是会话系统变量。如果都不加，默认为会话系统变量。

③系统变量可以分为全局系统变量和会话系统变量。

④MySQL 服务器启动的时候，全局系统变量就被初始化，并且会运用于每个启动的会话。如果设置了全局系统变量，则该值将被记忆，并被用于新的连接，直到服务器重新启动。新设置的全局系统变量不会用于已经启动的会话。

⑤根据上面的语法格式可以知道，命令提示符下设置会话系统变量有三种方式：

SET 　system_var_name＝expr；

SET 　SESSION 　system_var_name＝expr；

SET 　@@SESSION.system_var_name＝expr；

⑥根据上面的语法格式可以知道，命令提示符下设置全局系统变量有两种方式：
SET 　GLOBAL 　system_var_name＝expr；SET 　@@GLOBAL. system_var_name＝expr；

⑦会话系统变量是适用于当前的会话。大多数会话系统变量的名字和全局系统变量的名字相同。当启动会话时，每个会话系统变量值和同名的全局系统变量的值相同。

⑧系统变量名不区分大小写。

【例 5-11】关闭事务自动提交的功能。

分析：事务自动提交变量是 AUTOCOMMIT，用户通过修改该变量的值来打开或者关闭事务自动提交的功能。关于事务和事务提交的概念，读者可以参阅本书第 7 章。AUTOCOMMIT 的值为 1 或者 ON，表示打开事务自动提交；如果为 0 或者 OFF，表示关闭事务自动提交。根据题目的要求，我们需要设置该变量为 0。

命令提示符下设置 AUTOCOMMIT 变量为 0 的命令语句如下：

SET 　@@AUTOCOMMIT＝0；

在实践中，用户可以首先查看该变量的值，其次设置该变量的值，最后再查看该变量的值，如图 5.12 所示。

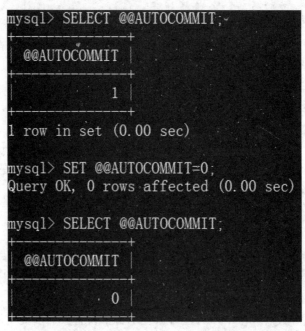

图 5.12 设置事务自动提交变量的值

注意：设置事务提交变量 AUTOCOMMIT 的值为 0 后，需要重新设置事务提交变量 AUTOCOMMIT 的值为 1，否则会导致后面的数据更新不能永久存储。

5.1.3.4 查看系统变量

查看系统变量的语法如下：

SHOW VARIABLES [LIKE 'match_string'] {; | \G | \g}

说明：

①SHOW VARIABLES：查看系统变量关键字。

② [LIKE 'match_string']：可选项，该子句用于匹配字符串，其中 LIKE 是关键字，'match_string' 是匹配的字符串，可以使用通配符 "%" 和 "_"。

③ {; | \g | \G}：语句结束符，分号和 "\g" 表示结果以行的方式显示，"\G" 表示以列的方式显示。当结果的列数比较多，或者列数虽然少但是内容多，导致命令行输出的字符串比较多时，如果以行的方式显示，一行显示不完的字符串会自动换行显示，看起来格式就会比较乱。这时以列的方式显示结果就比较直观。

【例 5-12】显示所有会话系统变量及其值。

命令提示符下命令语句如下：

SHOW   VARIABLES   \G

因为系统变量比较多，所以在这里就不给出所有变量的效果图，部分会话系统变量及其值如图 5.13 所示。

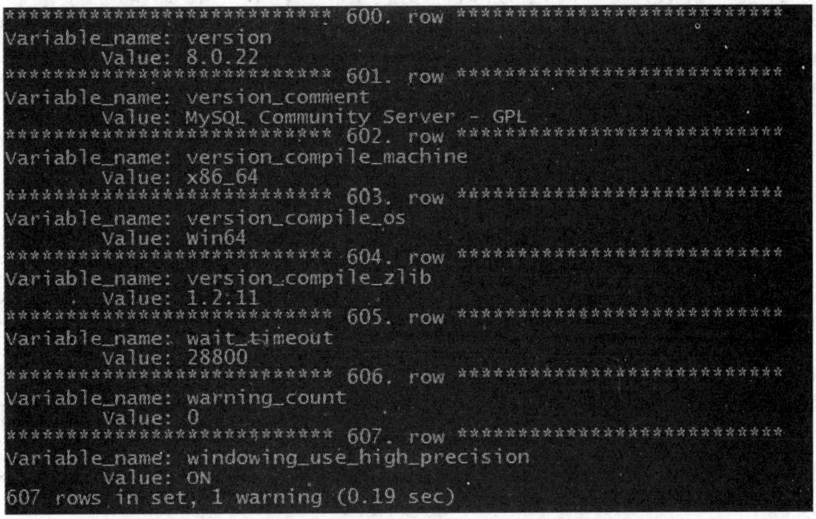

```
*************************** 600. row ***************************
Variable_name: version
        Value: 8.0.22
*************************** 601. row ***************************
Variable_name: version_comment
        Value: MySQL Community Server - GPL
*************************** 602. row ***************************
Variable_name: version_compile_machine
        Value: x86_64
*************************** 603. row ***************************
Variable_name: version_compile_os
        Value: Win64
*************************** 604. row ***************************
Variable_name: version_compile_zlib
        Value: 1.2.11
*************************** 605. row ***************************
Variable_name: wait_timeout
        Value: 28800
*************************** 606. row ***************************
Variable_name: warning_count
        Value: 0
*************************** 607. row ***************************
Variable_name: windowing_use_high_precision
        Value: ON
607 rows in set, 1 warning (0.19 sec)
```

图 5.13　部分会话系统变量及其值

5.1.4　复合语句

在编写程序时，需完成的功能往往用一组 SQL 语句实现，形成一个逻辑单元，这种方式称为复合语句。复合语句的语法格式如下：

```
BEGIN
    [statement_list]
END
```

语法说明：

①复合语句可以出现在存储程序（存储过程和函数、触发器和事件）中。

②BEGIN……END：复合语句的关键字，可以包含多条语句，这些语句放在 BEGIN 和 END 之间。

③［statement_list］：表示一个或多个语句的列表，每个语句以分号“;”作为语句结束符。空语句是合法的，所以该选项是可选的。语句可以嵌套。

5.1.5　注释

在源代码中加入注释便于用户更好地对程序进行理解，有两种方法对代码进行注释。

5.1.5.1　单行注释

使用符号“#”作为单行语句的注释，写在需要注释的行或者语句后面。

【例 5-13】单行注释的示例。

语句如下：

```
#定义两个变量并输出
SET  @a=3, @b=5;    #定义两个变量
SELECT  @a, @b;    #输出两个变量的值
```

运行结果如图 5.14 所示。

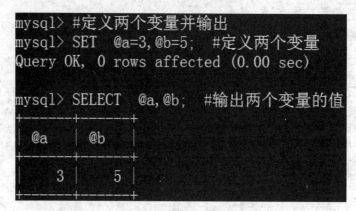

图 5.14　单行注释示例

5.1.5.2　多行注释

多行注释以"/*"开始，以"*/"结束，可以挂起多行注释，注意需要执行的语句不要放在中间。

【例 5-14】多行注释的示例。

语句如下：

/*在命令提示符下可以使用 SET 定义变量并赋值

变量不需要指定数据类型

系统根据赋值的数据类型来确定变量的类型

然后可以使用 SELECT 输出变量的值

也可以把变量作为存储过程和函数的参数　*/

SET @ str = "Hello, the world!"；

SELECT　@ str AS 问候语；

运行结果如图 5.15 所示。

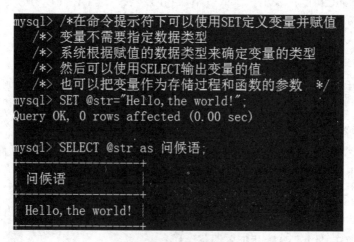

图 5.15　多行注释示例

5.1.6　重置命令结束标记

在 MySQL 中，服务器处理的语句是以分号";"作为结束标记的。但是在创建存储过程、自定义函数、触发器、事件等程序的时候，会包含多条语句，每个语句都是以分号";"作为结束标记的，而此时程序尚未编写结束，因此为了避免语句结束标记不被系统认为是程序结束，用户需要使用 DELIMITER 在程序创建之前重置命令结束标记，在创建的程序末尾使用重新定义的结束符来结束程序。

重置语句结束标记的语法如下：

DELIMITER　end_tag

语法说明：

①DELIMITER：重置语句结束标记的关键字。

②end_tag：新的语句符号，比如"＄＄""＠＠"等。

③重置命令结束标记后，创建存储过程、自定义函数、触发器和事件等程序时，就要在程序末尾使用新的结束标记符号。

④重置了命令结束标记符号后，程序中的语句以分号";"作为结束标记。

有关重置命令结束标记的示例，后面的章节会有许多实例。

5.1.7　选择语句

MySQL 支持使用控制语句来控制程序的执行，控制语句包括选择语句、循环语句、迭代和跳出，但是能够在命令提示符下执行的语句只有选择语句。

选择语句是根据给定条件表达式的值，从多条语句中选择要执行的语句，也称为条件语句，或者称为 IF 语句。

选择语句可以在命令提示符下使用，也可以在函数和存储过程中使用，但是它们的使用方法和效果并不相同。

5.1.7.1　命令提示符下的 IF 语句

语法格式如下：

IF(表达式 1，表达式 2，表达式 3)

语法说明：

①该语句其实是一个函数的调用，调用该函数用来从二项值中选择一项值返回给函数调用者。

②首先计算表达式 1 的值，如果表达式 1 的值为真，返回表达式 2 的值给函数；如果表达式 1 的值为假，返回表达式 3 的值给函数。

③如果表达式 2 和表达式 3 是字符串常量，则字符串需要加单引号或者双引号；如果是整型或者浮点型常量，则不需要加单引号或者双引号。

【例 5-15】判断 3>5 是否成立。

命令提示符下的命令语句如下：

SELECT　IF(3>5，'成立'，'不成立')　'3>5 成立吗';

执行效果如图 5.16 所示。

```
mysql> SELECT  IF(3>5,'成立','不成立')  '3>5成立吗';

3>5成立吗

不成立
```

图 5.16　判断表达式是否成立

【例 5-16】查询编号为'Art04101'的图书是否借出。

命令提示符下的命令语句如下：

SELECT　IF(State='是','已借','未借')　'Art04101 借出了吗'

FROM　books　WHERE　Bno='Art04101';

执行效果如图 5.17 所示。

图 5.17　查询图书是否借出

5.1.7.2　命令提示符下 CASE 语句

CASE 语句用来执行多选一的情况，语法格式如下：

CASE　<表达式>

WHEN 值 1　THEN　结果 1

［WHEN 值 2　THEN　结果 2］

……

［WHEN 值 n　THEN　结果 n］

［ELSE 默认结果］

END　［AS 别名］;

语法说明：

①CASE 后面的表达式为条件表达式，与 CASE 之间至少间隔一个空格。

②首先计算表达式的值，然后和 WHEN 后面的值进行比较。如果表达式的值和某个 WHEN 后面的值相同，则整个语句的值为该 WHEN 后面 THEN 中的结果。如果表达式的值不与 WHEN 中的任何值相同，则整个 CASE 语句的值为 ELSE 后的默认结果。此语句也可以没有 ELSE 子句，如果 CASE 后的表达式值与 WHEN 后的任何一个值不相同，则整个 CASE 语句的值为 NULL。

③别名为命令提示符下输出的列名。

【例 5-17】根据学号判断学生的专业。

分析：一般来说，学生的专业编号都包含在学号当中，因此用户可以通过学号中的专业编号查询该学生的专业。但是要从学生的学号中截取专业号，用户需要使用函数 substring，该函数的原型为 substring(str，pos，len)，其功能是从字符串 str 中从 pos 位置开始截取长度为 len 的字符串。

现在假设学号中的 5~7 位为专业号，则实现命令提示符下的语句如下：

```
SELECT   CASE   substring('2018408001', 5, 3)
         WHEN'408'   THEN   '计算机科学与技术'
         WHEN'402'   THEN   '应用数学'
         WHEN'403'   THEN   '物理学'
         ELSE '汉语言文学'
         END   AS '2018408001 的专业';
```

执行效果如图 5.18 所示。

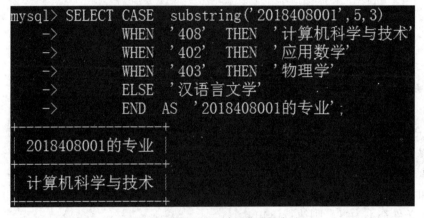

图 5.18　根据学号判断学生的专业

【例 5-18】查询读者"陈娇娇"学号，并根据学号判断该读者的专业。

命令提示符下的命令语句如下：

```
SELECT   Rno 读者编号, Rname   读者姓名, CASE   substring(Rno, 5, 3)
         WHEN '402'   THEN   '物理学'
         WHEN '403'   THEN   '应用数学'
         WHEN '408'   THEN   '计算机科学与技术'
         ELSE '汉语言文学'
         END   AS   专业
FROM     reader
WHERE    Rname = '陈娇娇';
```

该语句的执行需要先连接数据库 libinfo，语句执行结果如图 5.19 所示。

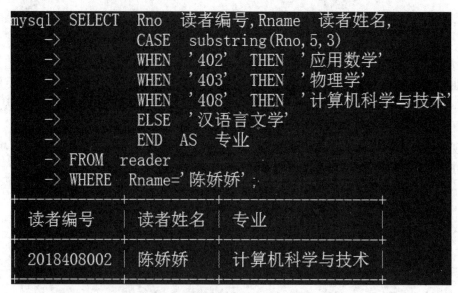

图 5.19　根据姓名查询学生的专业

5.1.7.3　用于函数和存储过程的 IF 语句

用于函数和存储过程的 IF 语句格式如下：

IF　<条件 1>　THEN　<语句 1>

［ELSEIF　<条件 2>　THEN　<语句 2>］

……

［ELSE　<语句 n>］

END　IF；

语法说明：

①如果条件 1 为真，则执行语句 1；如果条件 2 为真，则执行语句 2；以此类推，如果一个条件都不为真，则执行语句 n。

②如果只有一个选择，则语法格式如下：

IF　<条件>　THEN　<语句>

END　IF；

如果有两个选择，则语法格式如下：

IF　<条件>　THEN　<语句 1>

ELSE　<语句 2>

END　IF；

如果有三个选择，则语法格式如下：

IF　<条件 1>　THEN　<语句 1>

ELSEIF　<条件 2>　THEN　<语句 2>］

ELSE　<语句 3>

END　IF；

因此，当有三个及三个以上的选择时，可以进行嵌套，但是要注意，要在第二分支进行嵌套。并且，在嵌套时，关键词 ELSE 和 IF 合并为一个词，即 ELSEIF，中间不可有空格。最后一个分支的关键词是 ELSE。

【例 5-19】创建一个存储过程，功能是实现下面数学函数：$y=\begin{cases}1, & x>0 \\ 0, & x=0 \\ -1, & x<0\end{cases}$。存储过程的程序代码如下：

```
DELIMITER $$     #重置语句结束标记符
CREATE PROCEDURE pro_if(in x int)
BEGIN
    DECLARE y int;
    IF x>0 THEN SET y=1;
    ELSEIF x<0 THEN SET y=-1;
    ELSE SET y=0;
    END IF;
    SELECT x, y;
END $$
```

命令提示符下创建存储过程的结果如图 5.20 所示。

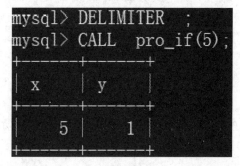

图 5.20 创建存储过程实现数学函数

调用存储过程 pro_if(5) 后的运行结果如图 5.21 所示。

图 5.21 调用存储过程 pro_if(5) 后的运行结果

5.1.7.4 用于函数和存储过程的 CASE 语句

函数和存储过程中的 CASE 语句有两种格式。

第一种语法格式：

CASE case_value

WHEN when_value THEN statement_list

[WHEN when_value THEN statement_list]

…

　　　[ELSE statement_list]

END CASE;

语法说明：

case_value 是一个表达式。系统首先计算 case_value 的值，然后将 case_value 的值与每个 WHEN 子句中的 when_value 表达式的值进行比较，如果存在 case_value 表达式的值与某个 when_value 表达式的值相等，则执行相应的 THEN 子句中的 statement_list 语句。如果 case_value 的值不与任何一个 when_value 的值相等，则执行 ELSE 子句后的 statement_list 语句（如果存在 ELSE 子句）。

【例 5-20】根据给定的成绩判定等级，90~100 为优秀，80~89 为良好，70~79 为中等，60~69 为及格，0~59 为不及格。

程序代码如下：

```
DELIMITER $$
CREATE PROCEDURE pro_rank(IN score INT)
BEGIN
    DECLARE r CHAR(6);
    DECLARE n INT;
    SET n=FLOOR(score/10);
    CASE n
        WHEN 10 THEN SET r='优秀';
        WHEN 9 THEN SET r='优秀';
        WHEN 8 THEN SET r='良好';
        WHEN 7 THEN SET r='中等';
        WHEN 6 THEN SET r='及格';
        ELSE SET r='不及格';
    END CASE;
    SELECT score 分数, r 等级;
END $$
```

命令提示符下创建存储过程 pro_rank() 的结果如图 5.22 所示。

```
mysql> DELIMITER $$
mysql> CREATE PROCEDURE pro_rank(IN score INT)
    -> BEGIN
    ->     DECLARE r CHAR(6);
    ->     DECLARE n INT;
    ->     SET n=FLOOR(score/10);
    ->     CASE n
    ->         WHEN 10 THEN SET r='优秀';
    ->         WHEN  9 THEN SET r='优秀';
    ->         WHEN  8 THEN SET r='良好';
    ->         WHEN  7 THEN SET r='中等';
    ->         WHEN  6 THEN SET r='及格';
    ->         ELSE SET r='不及格';
    ->     END CASE;
    ->     SELECT score 分数, r 等级;
    ->     END$$
Query OK, 0 rows affected (0.14 sec)
```

图 5.22 第一种 CASE 语句的举例

调用存储过程 pro_rank(95) 后的运行结果如图 5.23 所示。

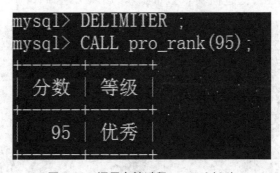

```
mysql> DELIMITER ;
mysql> CALL pro_rank(95);
+------+------+
| 分数 | 等级 |
+------+------+
|  95  | 优秀 |
+------+------+
```

图 5.23 调用存储过程 pro_rank(95)

第二种语句格式：

CASE

WHEN search_condition　THEN statement_list

　　〔WHEN search_condition　THEN statement_list〕

…

　　〔ELSE statement_list〕

END　CASE;

语法说明：

从第一个 WHEN 子句开始，计算每个 WHEN 子句 search_condition 表达式，直到出现一个为真为止，然后执行其对应的 THEN 子句 statement_list。如果没有一个 search_condition的值为真，则执行 ELSE 子句中 statement_list 语句（如果 ELSE 语句存在）。

【例 5-21】使用第二种 CASE 语法格式改写【例 5-19】。

程序代码如下：

```
DELIMITER $$
CREATE PROCEDURE score_rank(IN score INT)
BEGIN
    DECLARE r CHAR(6);
    CASE
        WHEN  score  BETWEEN  90  AND  100  THEN  SET  r='优秀';
        WHEN  score  BETWEEN  80  AND  89   THEN  SET  r='良好';
        WHEN  score  BETWEEN  70  AND  79   THEN  SET  r='中等';
        WHEN  score  BETWEEN  60  AND  69   THEN  SET  r='及格';
        ELSE  SET  r='不及格';
    END CASE;
    SELECT score   分数, r   等级;
END $$
```

命令提示符下创建存储过程 score_rank( ) 的结果如图 5.24 所示。

图 5.24　第二种 CASE 语句的举例

调用存储过程 score_rank(87) 后的运行结果如图 5.25 所示。

```
mysql> DELIMITER ;
mysql> CALL score_rank(87);
+------+------+
| 分数 | 等级 |
+------+------+
|   87 | 良好 |
+------+------+
```

图 5.25　调用存储过程 score_ran( ) 后的运行结果

5.1.8　循环语句

　　MySQL 的循环语句可以用于函数、存储过程和触发器。MySQL 的循环语句有多种形式，可以根据初始条件来循环、执行次数来循环、结束条件来循环。

5.1.8.1 WHILE 语句

语法格式如下：

```
[begin_label:]   WHILE   search_condition   DO
    statement_list
END WHILE [end_label]
```

语法说明：

search_condition 为条件表达式，当其值为真时，才执行循环语句，直到为假结束循环。statement_list 为循环体，由一条或者多条 SQL 语句组成，每个语句都以分号“;”结束。begin_label 和 end_label 是起始标记和结束标记，其名称相同，必须同时存在，相互匹配。

【例 5-22】通过调用存储过程取得某个整数的阶乘。

程序代码如下：

```
DELIMITER  $$
CREATE PROCEDURE pro_factorial(IN n INT)
BEGIN
    DECLARE s INT DEFAULT 1;
    WHILE n>0 DO
        SET s=s * n;
        SET n=n-1;
    END WHILE;
    SELECT  s  '5!';
END $$
```

变量及存储过程的创建如图 5.26 所示。

```
mysql> DELIMITER  $$
mysql> CREATE  PROCEDURE  pro_factorial(IN  n  INT)
    -> BEGIN
    ->     DECLARE  s  INT  DEFAULT  1;
    ->     WHILE  n>0  DO
    ->         SET  s=s*n;
    ->         SET  n=n-1;
    ->     END  WHILE;
    ->     SELECT  s  '5!';
    -> END$$
Query OK, 0 rows affected (0.00 sec)
```

图 5.26　WHILE 循环语句举例

调用存储过程后的运行结果如图 5.27 所示。

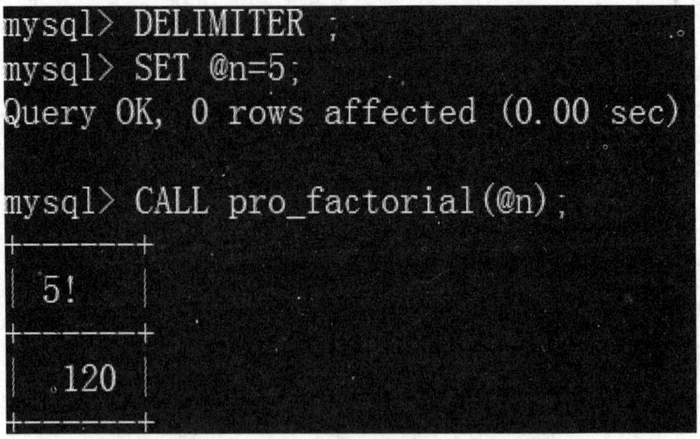

```
mysql> DELIMITER ;
mysql> SET @n=5;
Query OK, 0 rows affected (0.00 sec)

mysql> CALL pro_factorial(@n);
+------+
| 5!   |
+------+
| 120  |
+------+
```

图 5.27　调用存储过程后的运行结果

5.1.8.2　REPEAT 语句

语法格式如下：

［begin_label：］REPEAT

　　statement_list

UNTIL search_condition

END　REPEAT［end_label］；

语法说明：

该循环语句是先执行一次循环，然后再判断条件是否为真从而决定是否继续循环，其他和 WHILE 语句相同。

5.1.8.3　LOOP 语句

语法格式如下：

［begin_label：］LOOP

　　statement_list

END　LOOP［end_label］

语法说明：

①该循环语句的循环不需要条件，为了不出现无限循环，需要增加标记和结束循环的语句，结束循环的语句需要结合 IF 语句一起来完成。

②ITERATE 语句：用于将程序流程转向起始标记的地方，因此该语句是用作再次循环的。

③LEAVE 语句：用于将程序流程转向结束标记的地方，因此该语句是用作结束循环的。

【例 5-23】计算 1+2+3+…的和，直到和大于 20。

程序代码如下：

DELIMITER $$

CREATE PROCEDURE pro_sum_loop( )

```
BEGIN
    DECLARE n INT DEFAULT 1;
    DECLARE s INT DEFAULT 0;
    label1: LOOP
        SET s=s+n;
        SET n=n+1;
        IF s>20 THEN  LEAVE label1;
        END IF;
ITERATE label1;
    END LOOP;
    SELECT s;
END  $$
```

存储过程的创建如图 5.28 所示。

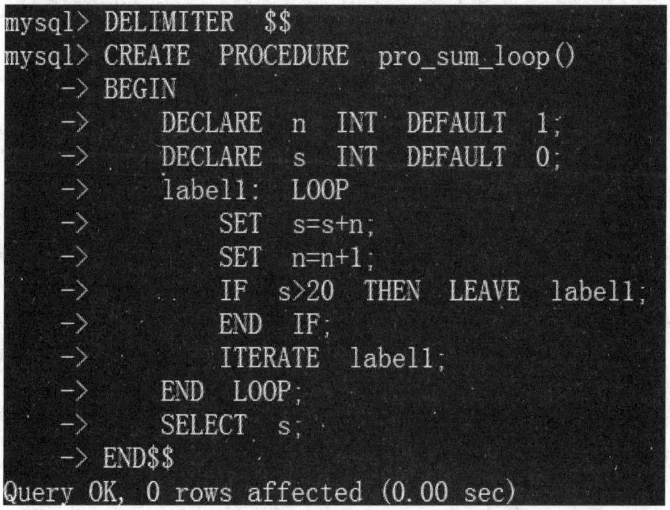

```
mysql> DELIMITER  $$
mysql> CREATE  PROCEDURE  pro_sum_loop()
   -> BEGIN
   ->     DECLARE  n  INT  DEFAULT  1;
   ->     DECLARE  s  INT  DEFAULT  0;
   ->     label1:  LOOP
   ->         SET  s=s+n;
   ->         SET  n=n+1;
   ->         IF  s>20  THEN  LEAVE  label1;
   ->         END  IF;
   ->         ITERATE  label1;
   ->     END  LOOP;
   ->     SELECT  s;
   -> END$$
Query OK, 0 rows affected (0.00 sec)
```

图 5.28 LOOP 循环示例

调用存储过程后的运行结果如图 5.29 所示。

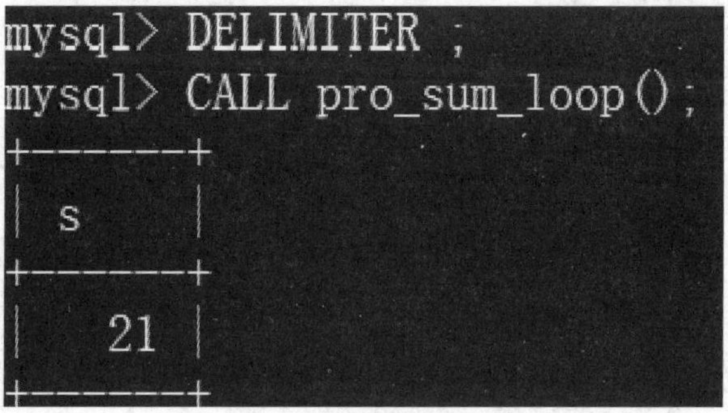

```
mysql> DELIMITER ;
mysql> CALL pro_sum_loop();
+------+
| s    |
+------+
|  21  |
+------+
```

图 5.29 运行结果

5.2 MySQL 内部函数

MySQL 提供的内部函数可以帮助用户方便地处理数据，前面讲到的聚集函数也属于内部函数。除此之外，内部函数还有字符串函数、数学函数、日期和时间函数、加密函数等。针对每一类函数，本节选出部分常用函数来讲解，读者在学习部分函数用法的基础上，通过举一反三去掌握其他函数的使用方法。

5.2.1 字符串函数

字符串是数据库中使用频率比较高的数据，因此开发者需要相应的函数来处理字符串数据，以减轻其繁重的任务。

5.2.1.1 获取字符串长度的函数

计算字符串的长度有两种计算方式：字符串所含字符的个数和字符串所占用的字节数，因此我们可以使用以下两种函数来获取字符串的长度。

char_length(str) 和 character_length(str) 的功能一样，都是用来获得字符串 str 的字符个数。

length(str) 和 octet_length(str) 的功能都是用来获得字符串 str 所占字节数的，不过要注意的是，系统采用的字符集编码不同，一个字符或者一个汉字所占的字节数也不同。表 5.2 为中英文字符集编码所占字节数。

表 5.2　中英文字符集编码所占字节数表

字符集编码	英文字母所占字节数	中文汉字所占字节数
GB2312	1	2
GBK	1	2
GB18030	1	2
ISO-8859-1	1	1
UTF-8	1	3
UTF-16	4	4
UTF-16BE	2	2
UTF-16LE	2	2

5.2.1.2 合并字符串

CONCAT(str1，str2，…) 函数可以将多个字符串合并为一个字符串。

CONCAT _WS(separator，str1，str2，…) 也可以将多个字符串合并为一个字符串，但是和 CONCAT 函数不同的是，其在合并字符串时是通过参数 separator 代表的字符串将其他字符串 str1，str2，…连接成一个字符串。

【例 5-23】合并四个字符串"Hello"","、"the world"和"."。

语句如下：

SELECT　CONCAT('Hello', ', ', 'the world', '.');

运行结果如图5.30所示。

```
mysql> SELECT  CONCAT('Hello', ',','the world', '.');

CONCAT('Hello', ',','the world', '.')

Hello,the world.
```

图5.30　合并字符串

5.2.1.3　截取指定位置的字符串

SUBSTRING（str，pos，len）函数和 MID（str，pos，len）函数都是从字符串中的 pos 位置开始截取长度为 len 的字符串，pos 的值从 1 开始。

【例5-24】学生的学号中包含学生的专业代码，比如有学号"2018408001"，设置其中的"408"为专业代码，请把该代码截取并输出。

语句如下：

SELECT　SUBSTRING('2018408001'，5，3);

运行结果如图5.31所示。

```
mysql> SELECT  SUBSTRING('2018408001', 5, 3);

SUBSTRING('2018408001', 5, 3)

408
```

图5.31　截取字符串

5.2.1.4　替换字符串

INSERT（str，pos，len，newstr）函数是从字符串 str 中的 pos 位置开始将长度为 len 的字符串使用 newstr 字符串来替换。

5.2.2　数学函数

MySQL 提供了非常有用的数学函数，需要注意的是，在调用数学函数时，如果出错则函数将返回空值 NULL。

5.2.2.1　取得圆周率

PI（）函数可以用来返回圆周率。

【例5-25】求半径为3的圆面积。

语句如下：

SELECT　3　半径，PI( )∗3∗3　圆面积;

运行结果如5.32所示。

图 5.32　求半径为 3 的圆面积

5.2.2.2　三角函数计算

三角函数有正弦函数 SIN(x)、余弦函数 COS(x)、正切函数 TAN(x) 和余切函数 COT(x) 等，函数中的参数 x 为角的弧度值。

【例 5-26】求弧度为 0.6 的正弦值和余切值。

语句如下：

SELECT　0.6　弧度，SIN(0.6)　正弦值，COT(0.6)　余切值；

运行结果如图 5.33 所示。

图 5.33　求弧度为 0.6 的正弦值和余切值

5.2.2.3　角度与弧度之间的计算

函数 RADIANS(x) 返回角度 x 对应的弧度值，函数 DEGREES(x) 返回弧度 x 所对应的角度。

【例 5-27】求角度为 75 度的角对应的弧度。

语句如下：

SELECT　75　角度，RADIANS(75)　弧度；

运行结果如图 5.34 所示。

图 5.34　求 75 度角对应的弧度

【例 5-28】求弧度为 3 对应的角度。

SELECT 3 弧度, DEGREES(2 * pi( )/3)   角度;

运行结果如图 5.35 所示。

图 5.35 弧度为 3 对应的角度

5.2.2.4 幂运算

函数 POW(x, y) 和 POWER(x, y) 都是返回 x 的 y 次方。

【例 5-29】求 2 的 7 次方、5.5 的 2.5 次方。

语句如下：

SELECT POW(2, 7) '2 的 7 次方', POW(5.5, 2.5) '5.5 的 2.5 次方';

运行结果如图 5.36 所示。

图 5.36 幂运算

5.2.2.5 保留小数有效位运算

函数 ROUND(x, d) 是将数 x 的小数部分保留 d 位, 小数后 d+1 位为四舍五入。

【例 5-30】求弧度 5 对应的角度, 保留 2 位小数。

语句如下：

SELECT 5 弧度, ROUND(DEGREES(5), 2)   角度;

运行结果如图 5.37 所示。

图 5.37 保留小数位数

5.2.2.6 取得随机数

函数 RAND() 取得 0 到 1 之间的一个随机数（包括 0 和 1），函数 FLOOR(x) 为返回参数 x 的整数。如果我们想得到一个 0~10 的随机整数，那么先调用函数 RAND() 取得一个随机数，再乘以 10，然后调用函数 FLOOR() 取整。如果想得到 10~100 的随机整数，那么取得随机数后乘以 100 再取整，其他以此类推。

【例 5-31】取得两位随机数。

语句如下：

SELECT FLOOR(RAND()*100) 两位随机整数；

运行结果如图 5.38 所示。

图 5.38 取得两位随机整数

5.2.3 日期和时间函数

日期和时间函数用来处理表中的日期和时间数据。

5.2.3.1 获取当前日期和时间

获取当前日期的函数有 CURDATE() 和 CURRENT_DATE()，获取当前时间的函数有 CURTIME() 和 CURRENT_TIME()，获取当前包括日期时间的函数有 NOW()、CURRENT_TIMESTAMP()、LOCALTIME()、SYSDATE() 和 LOCALTIMESTAMP()。

【例 5-32】分别获取当前日期、当前时间和当前日期时间。

语句如下：

SELECT CURDATE(), CURTIME(), NOW();

运行结果如图 5.39 所示。

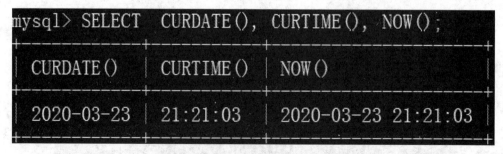

图 5.39 获取日期和时间

5.2.3.2 计算两个日期相隔天数

函数 DATEDIFF(D1, D2) 用于返回日期 D1 和 D2 相隔的天数。

【例 5-33】在数据库 libinfo 中，统计所有读者所借每一本图书的天数，要求显示读者姓名、书名、借书日期、还书日期和借书天数。

语句如下：

```
SELECT  Rname  读者, Bname  书名, BrwDate  借书日期,
        RtnDate  还书日期, DATEDIFF(RtnDate, BrwDate)  借书天数
FROM books, book_info, reader, brw_rtn
WHERE books. CallNo = book_info. CallNo AND
      books. Bno = brw_rtn. Bno AND
      reader. Rno = brw_rtn. Rno AND
      BrwDate IS NOT NULL AND
      RtnDate IS NOT NULL;
```

运行结果如图 5.40 所示。

```
mysql> SELECT  Rname  读者, Bname  书名, BrwDate  借书日期,
    ->         RtnDate  还书日期, DATEDIFF(RtnDate, BrwDate)  借书天数
    -> FROM  books, book_info, reader, brw_rtn
    -> WHERE books.CallNo=book_info.CallNo  AND
    ->       books.Bno=brw_rtn.Bno  AND
    ->       reader.Rno=brw_rtn.Rno  AND
    ->       BrwDate  IS  NOT  NULL  AND
    ->       RtnDate  IS  NOT  NULL;
+--------+-----------------+------------+------------+----------+
| 读者   | 书名            | 借书日期   | 还书日期   | 借书天数 |
+--------+-----------------+------------+------------+----------+
| 赵东来 | MySQL数据库教程 | 2019-03-22 | 2019-06-09 |       79 |
| 陈娇娇 | MySQL数据库教程 | 2019-03-28 | 2019-04-25 |       28 |
| 李永义 | Java程序设计    | 2019-03-25 | 2019-04-18 |       24 |
| 李永义 | Java程序设计    | 2019-04-20 | 2019-05-19 |       29 |
+--------+-----------------+------------+------------+----------+
```

图 5.40 读者借书天数统计

5.2.3.3 获取星期几、年月日、季度

函数 WEEKDAY(d) 和函数 DAYOFWEEK(d) 返回日期 d 是星期几，但同一日期返回值不同。WEEKDAY(d) 返回值为 0 表示星期一，返回值为 1 表示星期二，依此类推。DAYOFWEEK(d) 返回值为 1 表示星期日，返回值为 2 表示星期一，依此类推。

函数 DAYNAME(d) 返回英文星期。

函数 YEAR(d) 返回日期 d 中的年份。

函数 MONTH(d) 返回日期 d 中的月份。

函数 DAYOFMONTH(d) 返回日期 d 中月份的第几天。

函数 QUARTER(d) 返回日期 d 所在季度。

【例 5-34】求当前日期的英文星期、年月日和季度。

语句如下：

SET @d=CURDATE( );

SELECT @d 当前日期，DAYNAME(@d) 星期，YEAR(@d) 年，

　　MONTH(@d) 月，DAYOFMONTH(@d) 日，QUARTER(@d) 季度；

运行结果如图 5.41 所示。

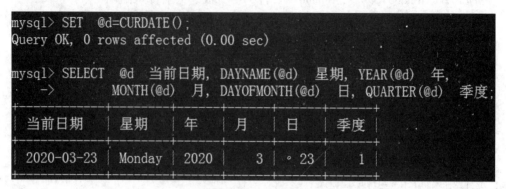

图 5.41 显示当前日期的星期、年月日和季度

5.2.3.4 获取时间中的小时、分钟和秒

函数 HOUR(t) 返回时间 t 中的小时，函数 MINUTE (t) 返回时间 t 中的分钟，函数 SECOND(t) 返回时间 t 中的秒值。

【例 5-35】获取当前时间的小时、分钟和秒值。

语句如下：

SET @t=CURTIME( );

SELECT @t 当前时间，HOUR(@t) 小时，

　　MINUTE(@t) 分钟，SECOND(@t) 秒；

运行结果如图 5.42 所示。

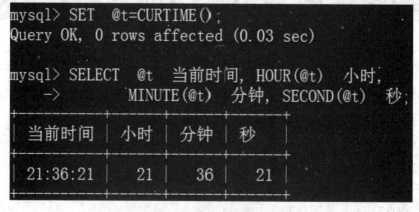

图 5.42 分别获取当前时间的小时、分钟和秒值

5.2.4 信息函数

5.2.4.1 获取当前 MySQL 连接的用户名和主机名

获取当前 MySQL 连接的用户名和主机名的函数有 CURRENT_USER( )、SESSION_USER( )、SYSTEM_USER( ) 和 USER( )。

【例 5-36】获取当前连接用户名和主机名。

语句如下：

SELECT USER( );

运行结果如图 5.43 所示。

图 5.43　获取当前用户名和主机名

5.2.4.2 获取当前使用的数据库名

函数 DATABASE( ) 返回当前使用的数据库名。

【例 5-37】获取当前使用的数据库名。

语句如下：

SELECT DATABASE( );

运行结果如图 5.44 所示。

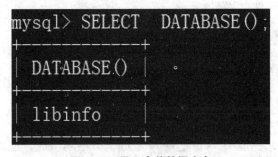

图 5.44　显示当前数据库名

5.2.4.3 获取当前 MySQL 系统版本字符串

函数 VERSION( ) 返回当前 MySQL 系统版本字符串。

【例 5-38】获取并显示当前 MySQL 系统版本字符串。

语句如下：

SELECT VERSION( );

运行结果如图 5.45 所示。

```
mysql> SELECT VERSION();
+-----------+
| VERSION() |
+-----------+
| 8.0.22    |
+-----------+
1 row in set (0.02 sec)
```

图 5.45　显示当前 MySQL 服务器版本

5.3　存储过程

存储过程是指为完成一定功能而编写的语句集合。创建存储过程的目的是将常用的功能或者复杂的功能事先使用 SQL 语句写好并指定一个名称，经过编译后存储在数据库服务器中。当需要使用存储过程时，使用 CALL 调用即可。

5.3.1　存储过程的创建

存储过程的语法格式如下：

CREATE PROCEDURE sp_name([proc_parameter])

[characteristic…]

routine_body

语法说明：

（1） CREATE PROCEDURE 是创建存储过程的关键字。

（2） sp_name 是存储过程名。

（3） pro_parameter 是参数列表，参数的基本形式如下：

[IN | OUT | INOUT] param_name type

其中，IN 表示输入参数；OUT 表示输出参数；INOUT 既可以表示输入参数，又可以表示输出参数；param_name 表示参数名称；type 表示参数类型。

（4） characteristic 是指定存储过程的特性，有以下取值：

①LANGUAGE SQL：说明 routine_body 是由 SQL 语句组成，这也是数据库系统默认的语言。

② [NOT] DETERMINISTIC：指明存储过程执行的结果是否是确定的。DETERMINISTIC 表示相同的输入会得到相同的输出；NOT DETERMINISTIC 表示相同输入不一定得到相同的输出，是默认选项。

③CONTAINS SQL 表明子程序包含 SQL 语句，但不包含读或写数据的语句，是默

认选项；NO SQL 表明子程序不包含 SQL 语句；READS SQL DATA 说明子程序包含读数据的语句；MODIFIES SQL DATA 包含写数据的语句。

④SQL SECURITY｛DEFINER｜INVOKER｝指明谁有权限来执行。DEFINER 表示只有定义者才能执行；INVOKER 表示拥有权限的调用者可以执行。

⑤ COMMENT 'string' 是注释信息。

（5）routine_body 是存储过程的程序体，如果包含多条语句，这些语句放在 BEGIN 和 END 之间。

（6）MySQL 命令提示符下的命令都是以分号";"结束的，而在创建存储过程当中，语句也是使用分号";"作为结束符号。因此，在 MySQL 数据库的客户端定义存储过程之前，需要使用 DELIMITER 命令定义新的命令结束符，新的命令结束符可以由用户自行确定，比如，"＄＄""##"等。这样在创建存储过程中我们就可以使用分号";"作为语句的结束符号，而不被系统认为是命令的结束。用户创建存储过程时，在代码最末尾，需要加上新定义的命令结束符号。用户创建存储过程结束后，如果不再继续创建存储过程，可以把命令行的结束符重新定义为分号";"。

（7）存储过程是属于某个数据库的，当前使用的是哪个数据库，创建的存储过程就属于哪个数据库。

5.3.2　存储过程的调用

定义好存储过程后，就可以调用存储过程以得到需要的功能。调用存储过程的语法格式如下：

CALL　sp_name（[parameter[,…]]）；

语法说明：

①CALL 是调用存储过程的关键字。

②sp_name 是存储过程的名字。

③parameter 是参数，如果有多个参数，参数之间使用逗号","分隔。

5.3.3　存储过程举例

【例5-39】创建一个存储过程，功能是根据参数接收的学号，判断学生的年级并输出。

分析：假设学生没有留级的现象。因为学号里面仅有入学年份，没有入学日期，假设所有学生的入学日期都是每年的 9 月 1 日。根据学号判断学生的年级的具体算法是，当学生的入学日期大于当前日期，则学号不正确；否则，当学生的入学日期与当前日期间隔小于 365 天，则该学生为一年级；否则，当学生的入学日期与当前日期间隔小于 730 天，则该学生为二年级；否则，当学生的入学日期与当前日期间隔小于 1 095 天,则该学生为三年级；否则，当学生的入学日期与当前日期间隔小于 1 460 天，则该学生为四年级；否则，当学生的入学日期与当前日期间隔大于 1 460 天，则该学生已毕业。

在程序中，LETF(str, len) 函数的功能是，截取字符串 str 左边 len 个子字符串，并返回给函数。CONCAT(str1, strt2, ……) 函数的功能是合并字符串 str1、str2、……，然后将合并后的字符串返回给函数。CURDATE( ) 函数的功能是取得当前日期。DATEDIFF(d1, d2) 函数的功能是返回两个日期 d1 和 d2 之间的天数。

使用 LEFT 函数可以从学号中截取学生的入学年份，然后使用字符串合并函数把该年份和字符串 "-09-01" 合并成学生的入学日期字符串，并赋值给日期类型的变量，从而取得学生的入学日期。

因为在存储过程的程序代码中，需要用到语句结束符分号 ";"，所以需要使用 DELIMITER 命令重新定义命令提示符的命令结束符号，这里使用两个美元符号，读者也可以使用其他不常用的符号作为命令提示符下的命令结束符号。存储过程创建结束后，再次使用该命令重新恢复命令提示符的命令结束符为分号。

具体程序代码如下：

```
DELIMITER    $$
CREATE   PROCEDURE   pro_grade( IN   rno   char( 10) )
BEGIN
    DECLARE s CHAR( 10) DEFAULT LEFT( rno, 4) ;
    DECLARE sg CHAR( 10) ;
    DECLARE d DATE ;
    DECLARE  t  int ;
SET s = CONCAT( s, '-09-01') ;
    SET d = s ;
    SET  t = DATEDIFF( CURDATE( ) , d) ;
    IF  d>CURDATE( )   THEN   SET  sg = '学号有误' ;
ELSEIF  t<365  THEN   SET  sg = '一年级' ;
      ELSEIF  t<730  THEN  SET  sg = '二年级' ;
          ELSEIF  t<1095  THEN  SET  sg = '三年级' ;
              ELSEIF  t<1460  THEN  SET  sg = '四年级' ;
                  ELSE  SET  sg = '已毕业' ;
    END IF ;
    SELECT  rno 学号, sg  年级 ;
END $$
```

存储过程的创建如图 5.46 所示。

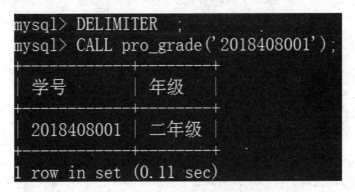

图 5.46 IF 语句使用

调用存储过程后的运行结果如图 5.47 所示。

```
mysql> DELIMITER ;
mysql> CALL pro_grade('2018408001');
+------------+--------+
| 学号       | 年级   |
+------------+--------+
| 2018408001 | 二年级 |
+------------+--------+
1 row in set (0.11 sec)
```

图 5.47 调用存储函数后的运行结果

5.3.4 查看存储过程

5.3.4.1 查看存储过程的状态

存储过程的状态包括存储过程所属的数据库、存储过程的名称、类型、创建者、创建时间、字符集、安全类型等。

命令提示符下查看存储过程的命令语句格式：

SHOW PROCEDURE STATUS [LIKE 'pattern'];

说明：

①SHOW PROCEDURE STATUS 是用来查看存储过程的关键字。

②LIKE 'pattern' 是用来匹配存储过程的名称，如果不指定该参数，则会查看所有的存储过程。

【例 5-40】查看存储过程 pro_grade 的状态。

查看命令语句：

SHOW PROCEDURE STATUS LIKE 'pro_grade' \G

运行结果如图 5.48 所示。

图 5.48 查看存储过程 pro_grade 的状态

5.3.4.2 查看存储过程的具体信息

如果用户需要查看存储过程中的代码信息，则需要通过查看存储过程具体信息的命令语句。其语法格式如下：

SHOW CREATE PROCEDURE sp_name \G

说明：

①SHOW CREATE PROCEDURE 为命令关键字。

②sp_name 为存储过程名。

③建议命令结束符为"\G"，因为命令提示符的显示宽度不够，使用分号";"作为命令结束符，看起来会非常乱。

【例 5-41】查看存储过程 pro_grade 的具体信息。

命令语句如下：

SHOW CREATE PROCEDURE pro_grade \G

运行结果如图 5.49 所示。

```
mysql> SHOW  CREATE  PROCEDURE  pro_grade  \G
*********************** 1. row ***********************
            Procedure: pro_grade
             sql_mode: STRICT_TRANS_TABLES, NO_AUTO_CREATE_USER, NO_ENGINE_SUBSTITUTION
     Create Procedure: CREATE DEFINER=`root`@`localhost` PROCEDURE `pro_grade`(IN  rno  char(10))
BEGIN
   DECLARE  s  CHAR(10)  DEFAULT  LEFT(rno, 4);
   DECLARE  sg  CHAR(10);
   DECLARE  d  DATE;
   DECLARE  t  int;
   SET  s=CONCAT(s, '-09-01');
   SET  d=s;
   SET  t=DATEDIFF(CURDATE(), d);
   IF  d>CURDATE()   THEN  SET  sg='学号有误';
   ELSEIF  t<365  THEN  SET  sg='一年级';
      ELSEIF  t<730  THEN  SET  sg='二年级';
         ELSEIF  t<1095  THEN  SET  sg='三年级';
            ELSEIF  t<1460  THEN  SET  sg='四年级';
               ELSE  SET  sg='已毕业';
   END  IF;
   SELECT  rno  学号, sg  年级;
 END
character_set_client: gbk
collation_connection: gbk_chinese_ci
  Database Collation: utf8_general_ci
1 row in set (0.00 sec)
```

图 5.49　查看存储过程的具体信息

5.3.4.3　查看所有的存储过程

所有数据库的存储过程和自定义函数的信息都存放在系统数据库 information_schema 的表中。读者需要注意的是，该 routines 表不仅存放存储过程，也存放了用户创建的自定义函数，通过表中的 ROUTINE_TYPE 字段值来区分，字段值为 PROCEDURE 表示存储过程，字段值为 FUNCTION 表示函数。读者可以通过 SELECT 语句查询该表中的所有存储过程的具体信息。

一般语法下：

SELECT　*

FROM　information_schema.routines

[WHERE　ROUTINE_NAME = ' 存储过程名 '];

这种查询方式得到的结果包含的信息量很大，所以，我们一般只查询用户需要的那些信息。

【例 5-42】查询用户在数据库 libinfo 中创建的所有存储过程。

分析：所查询的信息在系统数据库 information_schema 的 routines 表中，该表中 ROUTINE_NAME 字段存放存储过程的名称，ROUTINE_SCHEMA 字段存放了数据库名称，ROUTINE_TYPE 字段存放类型（类型有 PROCEDURE 和 FUNCTION），因此可以得到查询语句如下：

SELECT ROUTINE_NAME

FROM information_schema.routines

WHERE ROUTINE_SCHEMA = 'libinfo' AND

ROUTINE_TYPE = 'PROCEDURE';

查询结果如图 5.50 所示。

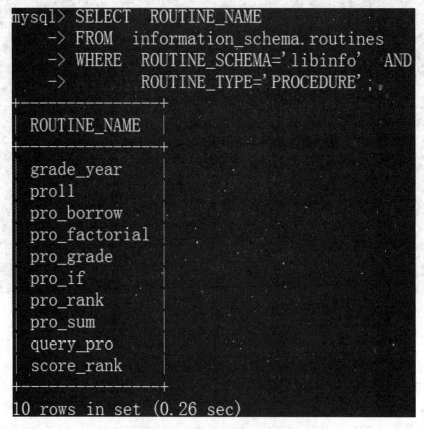

```
mysql> SELECT  ROUTINE_NAME
    -> FROM  information_schema.routines
    -> WHERE  ROUTINE_SCHEMA='libinfo'  AND
    ->        ROUTINE_TYPE='PROCEDURE';
+---------------+
| ROUTINE_NAME  |
+---------------+
| grade_year    |
| pro1          |
| pro_borrow    |
| pro_factorial |
| pro_grade     |
| pro_if        |
| pro_rank      |
| pro_sum       |
| query_pro     |
| score_rank    |
+---------------+
10 rows in set (0.26 sec)
```

图 5.50   查询 libinfo 中的所有存储过程

从例 5-42 的查询结果知道，用户在数据库 libinfo 中创建了两个存储过程：grade_year 和 pro_grade。

5.3.5   删除存储过程

创建的存储过程可以删除，删除的命令语句格式如下：

DROP   PROCEDURE   sp_name;

说明：

DROP   PROCEDURE 是删除存储过程关键字，sp_name 是删除存储过程名。

【例 5-43】删除名为"pro1"的存储过程。

命令语句如下：

DROP   PROCEDURE   por1;

运行结果如图 5.51 所示。

```
mysql> DROP PROCEDURE pro1;
Query OK, 0 rows affected (0.00 sec)
```

图 5.51   删除存储过程 pro1

5.4　自定义函数

当 MySQL 提供的内部函数不能满足要求时，用户可以自己创建自定义函数。存储过程没有返回值，而函数（包括自定义函数和 MySQL 系统提供的内部函数）具有返回值。

5.4.1　自定义函数的创建

创建自定义函数的语法格式如下：

CREATE　FUNCTION　fun_name（[parame][,…]）

RETURNS　type

routine_body

语法说明：

①CREATE　FUNCTION：创建自定义函数的关键字。

②fun_name：自定义函数名。

③parame：函数参数，与存储过程的参数不同，不需要指出参数是输入参数还是输出参数，函数的参数都是输入参数。函数参数的形式为：

参数名　数据类型

多个参数之间需要用逗号"，"隔开。

④RETURNS　type：指定函数的返回值类型，RETURNS 为关键字，type 为函数返回值类型。

⑤routine_body：函数的程序体，如果包含两条及以上的语句，需要放在 BEGIN 和 END 之间。

⑥用户创建的自定义函数是属于某个数据库的，当前使用的是哪个数据库，该自定义函数就属于哪个数据库。

【例 5-44】创建一个函数，用于实现求表达式 $1+2+…+n$ 之和，n 的值有参数传入，函数返回表达式之和。

程序代码如下：

```
DELIMITER $$
CREATE FUNCTION fun_sum(n INT)
RETURNS INT
BEGIN
    DECLARE i INT DEFAULT 1;
    DECLARE s INT DEFAULT 0;
    WHILE i<=n DO
        SET s=s+i;
        SET i=i+1;
```

　　　　END WHILE；
　　RETURN s；
　　END $$
　　自定义函数的创建如图 5.52 所示。

```
mysql> DELIMITER  $$
mysql> CREATE  FUNCTION  fun_sum(n  INT)
    -> RETURNS  int
    -> BEGIN
    ->     DECLARE  i  INT  DEFAULT  1;
    ->     DECLARE  s  INT  DEFAULT  0;
    ->     WHILE  i<=n  DO
    ->         SET  s=s+i;
    ->         SET  i=i+1;
    ->     END  WHILE;
    ->     RETURN  s;
    -> END$$
Query OK, 0 rows affected (0.03 sec)
```

图 5.52　自定义函数的创建

　　与存储过程的创建类似，函数需要用分号"；"作为语句的结束符，因此在创建函数之前需要重新定义命令语句的结束符，避免在输入函数过程中因输入分号和回车键后被认为是命令结束，从而导致函数无法创建。在这里，创建函数之前使用命令"DE-LIMITER　$$"来重新定义命令语句结束符为"$$"。需要注意的是，在函数的最末尾需要加两个美元符号"$$"，表示函数创建的结束，或者可以理解为，创建函数的命令语句结束。函数创建结束后可以使用命令"DELIMITER　；"把命令语句结束符重新改为分号"；"。

5.4.2　自定义函数的调用

　　存储过程的调用需要使用关键字 CALL，因为存储过程没有返回值。而函数具有返回值，可以通过函数名直接调用，可以用在 SQL 语句中，也可用在表达式中参与运算。自定义函数和 MySQL 系统内部函数都是函数，虽然调用方式一样，但它们的区别在于自定义函数是用户自己定义的，而系统内部函数是开发人员定义的。

　　语法格式如下：

fun_name（［parameter［,…］］）

　　说明：

fun_name 是函数名，parameter 是参数，如果有多个参数，参数之间用逗号"，"分隔。

　　【例 5-45】利用上述创建的函数求 1+2+…+10 的和。

　　语句如下：

SELECT fun_sum(10);

运行结果如图 5.53 所示。

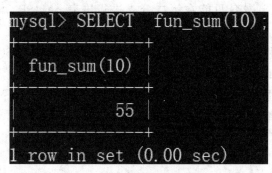

图 5.53 自定义函数的调用

5.4.3 查看自定义函数

函数的状态包括函数所属的数据库、函数名、创建者、创建时间、类型、安全类型、使用的字符集等信息。

查看自定义函数的语法格式和查看存储过程的语法类似，只需要把 PROCEDURE 替换为 FUNCTION 就可以了。

5.4.4 删除自定义函数

用户定义的函数可以删除，命令提示符下的删除语法如下：

DROP FUNCTION fun_name;

说明：

DROP FUNCTION 是关键，fun_name 是函数名。需要注意的是，用户只能删除当前数据库下的函数。

5.5 小结

MySQL 编程技术可以有效克服标准 SQL 语言在流程控制方面的不足，提高了应用系统与数据库管理系统之间的互操作性，存储过程和自定义函数提高了代码的重用性和可维护性。

MySQL 常量有七种：字符串常量、数值常量、日期和时间常量、十六进制常量、比特值常量、布尔值常量、NULL 常量。

MySQL 变量可分为用户自定义变量和系统变量。命令提示符下的自定义变量可以使用 SET 直接定义并设置值，不需指定数据类型，根据赋值确定其数据类型。程序中的自定义变量需要使用关键字 DECLARE 来声明并需要指定数据类型，使用 SET 来赋值。系统变量分为会话变量和全局变量。

IF 语句和 CASE 语句可以在命令提示符和程序中使用，但是它们在命令提示符和程序中的格式不同。IF 语句在命令提示符下可以认为是函数，而在程序中，当有三个及三个以上的选择时，嵌套只能在第二分支进行嵌套。CASE 语句可以实现多分支选择。

循环语句只能在程序中使用，不能在命令提示符下使用。MySQL 有三种循环语句：WHILE、REPEAT 和 LOOP。第一种循环语句需要先判断条件再决定是否循环；第二种循环需要先执行一次循环再判断条件，然后再决定是否继续循环；第三种循环不需要条件，需要在循环体中使用 LEAVE 语句结束循环。

MySQL 系统提供了丰富的内部函数，灵活运用其内部函数可以提高系统开发者的工作效率。

存储过程是指为完成一定功能而编写的语句集合，经过编译后存储在数据库服务器中。用户需要使用存储过程时，使用 CALL 调用即可。存储过程没有返回值，但是可以有参数输入数据和参数输出数据。

为满足客户的特殊功能需求，开发者可以编写自定义函数。自定义函数有返回值。

习题

1. MySQL 的常量有哪几种?

2. 命令提示符下需要用一个变量@ Num，其值为"201815001"，请给出定义语句。

3. 程序中需要用到一个整型变量 n，初值为 5，请给出正确的定义语句。

4. 在命令提示符下使用系统变量输出当前日期，请给出正确语句。

5. 在命令提示符下使用内部日期函数输出当前日期，请给出正确语句。

6. 在命令提示符下定义一个学生成绩变量@ grade，赋值为 90，使用 IF 语句输出该成绩的等级，如果@ grade 大于等于 60，输出"合格"，否则输出"不合格"，请给出语句。

7. 在图书编号中有图书类型的编码，"Cpt"表示计算机类，"Art"表示艺术类，"Bio"表示生物类，现有图书编号"Cpt08103"，请在命令提示符下使用 CASE 语句输出该图书编号的图书类别，语句别名取为"图书类型"。

8. 编写一个存储过程 sum_pro，用来求 1+2+…+n 之和，n 的值由参数输入，计算结果以参数方式输出。

9. 编写一个自定义函数，用来实现查询某类图书的数量。

实验项目十三：存储过程与自定义函数的创建与管理

一、实验目的

1. 掌握流程控制语句的使用。

2. 掌握存储过程的创建与调用。

3. 掌握存储过程的查看与删除。

4. 掌握自定义函数的创建与调用。

5. 掌握自定义函数的查看与删除。

二、实验内容

1. 存储过程的创建与调用。

说明：创建一个存储过程来实现查询某个读者当前所借图书的名称。

2. 存储过程查看与删除。

3. 自定义函数的创建与调用。

说明：函数功能是求整数 n 以内的偶数之和。

4. 自定义函数的查看与删除。

三、存储过程的实验步骤

1. 登录 MySQL 系统。

2. 连接数据库 libinfo。

3. 创建存储过程 query_pro。

```
DELIMITER $$
CREATE PROCEDURE query_pro( IN rno CHAR( 10 ) )
BEGIN
    SELECT Rname, Bname, Btype
    FROM reader, books, brw_rtn, book_info
    WHERE reader. Rno = rno AND
brw_rtn. RtnDate IS NULL AND
reader. Rno = brw_rtn. Rno AND
brw_rtn. Bno = books. Bno AND
books. CallNo = book_info. CallNo;
END $$
```

4. 调用存储过程。

```
DELIMITER ;
CALL query_pro( '2018408002' );
```

在这里，读者可以多调用几次存储过程 query_pro。

5. 查看存储过程的状态。

```
SHOW   PROCEDURE   STATUS LIKE   'query_pro' \G
```

6. 查看存储过程的具体信息。

SHOW CREATE PROCEDURE query_pro\G

7. 删除存储过程。

DROP PROCEDURE query_pro;

四、自定义函数的实验步骤

1. 登录 MySQL 系统。

2. 连接数据库 libinfo。

3. 创建函数 sum_fun。

```
DELIMITER $$
CREATE FUNCTION sum_fun( n INT)
RETURNS INT
BEGIN
    DECLARE I INT DEFAULT 2;
    DECLARE sum INT DEFAULT 0;
    WHILE i<=n DO
        SET sum=sum+i;
        SET i=i+2;
    END WHILE;
RETURN sum;
END $$
```

4. 调用函数 sum_fun。

```
DELIMITER;
SELECT sum_fun( 10)。
```

这里读者可以多次调用该函数。

5. 查看函数的状态。

SHOWFUNCTION STATUS LIKE 'sum_fun' \G

6. 查看函数的具体信息。

SHOW CREATEFUNCTION sum_fun\G

7. 删除函数。

DROP FUNCTION sum_fun;

五、实验分析

请读者从是否达到了实验的目的、实验内容是否完成、在实验中自己容易犯的错误及心得体会等方面去分析本次实验。

6 MySQL 触发器与事件

【学习目的及要求】

本章主要讲述了 MySQL 触发器和事件。通过本章的学习，学生要达到以下目标：

●理解触发器的概念；

●掌握 MySQL 触发器的创建、查看和删除；

●理解事件和事件调度器的概念；

●掌握 MySQL 事件的创建、查看和删除。

【本章导读】

在实际应用中，常常存在这样的情况，当某个操作产生后，需要执行其他某个操作，以保持数据的完整性和一致性，触发器就具有这样的功能。触发器是由事件触发某个操作，触发器中的事件是指 INSERT 语句、UPDATE 语句和 DELETE 语句的执行。数据库中产生事件（INSERT、UPDATE 和 DELETE 操作）时，会激活触发器执行某个或某些操作。

在实际应用中，有些操作需要在将来某个时间定时执行，这就是事件。MySQL 事件是根据计划运行的任务，有时称之为预定事件，由事件调度器来调度和执行。事件可以预定在某个特定的时间产生，也可以是以周期性的时间间隔预定产生。

6.1 MySQL 触发器

6.1.1 触发器概念

触发器（trigger）是一种特殊的存储过程，当特定的系统事件（增加、删除和修改）发生时，如果满足条件，则执行指定的操作。在数据库的 SQL 操作中，当一个操作产生后，同时需要执行另外一个或者多个操作时，在触发器机制中，前一个操作称为事件，后一个（或者多个）操作为触发器需要完成的操作。

触发器是与表关联的命名数据库对象，并在表发生特定事件时激活。触发器的某些用途是对要插入表中的值进行检查，或对更新中涉及的值进行计算。触发器是 MySQL 提供给程序员和数据分析员用来保证数据完整性的一种方法，它是与表事件相关的特殊的存储过程，它的执行不是由程序调用，也不是手工启动，而是由事件来触发，比如当对一个表进行操作（INSERT、DELETE、UPDATE）时就会激活它执行。

例如，当读者向图书馆借阅一本书时，就会向借阅表插入一条借书记录数据，同时需要修改该书的借阅状态为"是",表示该书已经借出去。读者每借一本书,都需要用两条 SQL 语句来完成。如果漏掉了第二条语句(修改借书状态为"是"的语句),则会出现逻辑错误(书借出去了但是书的借阅状态没有改变)。为了避免出现这种逻辑错误,MySQL 引入了触发器。其解决方法是,为借阅表的插入事件创建一个触发器,该触发器的功能是修改图书的借阅状态。当因借书而插入一条借阅记录数据时,激活该触发器,系统自动调用该触发器来完成图书借阅状态的修改。

6.1.2　触发器的创建

创建触发器的语法格式如下:

CREATE ［DEFINER = user］　　TRIGGER trigger_name

trigger_time trigger_event　ON tbl_name

FOR　EACH　ROW

［trigger_order］

trigger_body

语法说明:

(1) DEFINER = user:DEFINER 子句指定在触发器激活时检查访问权限要使用的 MySQL 账户。如果存在 DEFINER 子句,则用户值应为 MySQL 账户,账户的格式指定为"user_name"@"host_name"、CURRENT_user 或 CURRENT_user()。允许的用户值取决于用户所拥有的特权。如果省略 DEFINER 子句,则默认的 DEFINER 是执行 CREATE　TRIGGER 语句的用户。这与显式指定 DEFINER = CURRENT_USER 相同。

(2) CREATE　TRIGGER:创建触发器的关键字,中间可以加 DEFINER 子句。

(3) trigger_name:触发器的名字。

(4) trigger_time:触发时间。其有两种值:BEFORE 和 AFTER。BEFORE 表示事件产生之前激活触发器,AFTER 表示事件产生之后激活触发器。

(5) trigger_event:激活触发器的事件,有 INSERT、UPDATE、DELETE 三种选择。

(6) ON tbl_name:指定触发器创建在基本表 tbl_name 上,即触发器只能建立基本表上,不能建立在视图上。

(7) FOR　EACH　ROW:指定触发器的类型为行级触发器。触发器具有两种类型:行级触发器和语句级触发器。行级触发器是指基本表 tbl_name 每发生一行数据变化(INSERT、UPDATE、DELETE 三种操作均能使数据发生变化)时激活一次触发器。语句级触发器是指整个语句执行完之前或之后,无论有多少行数据发生变化,都只激活一次触发器。MySQL 数据库目前仅支持行级触发器,因此 FOR EACH ROW 是固定的关键字。

(8) 触发器的激活:触发器的执行是由触发事件激活的,并由数据库服务器自动执行。一个数据表可能定义了多个触发器,遵循如下的执行顺序:

①执行该表上的 BEFORE 触发器。

②执行激活触发器的 SQL 语句。

③执行该表上的 AFTER 触发器。

（9）trigger_order：本触发器在同类触发器（BEFORE 类或者 AFTER 类）中的激活顺序。如果一个基本表的某一操作存在多个同类触发器（BEFORE 类或者 AFTER 类），那么就存在激活顺序，trigger_order 就是设置激活顺序的。trigger_order 有两种格式："FOLLOWS tri_name" 和 "PRECEDES tri_name"，其中 tri_name 为已存在的触发器名。FOLLOWS tri_name 表示本触发器在触发器 tri_name 之后激活，PRECEDES tri_name 表示本触发器在触发器 tri_name 之前激活。如果省略 trigger_order，则表示本触发器在现有同类触发器（BEFORE 类或者 AFTER 类）之后激活。

（10）trigger_body：触发器激活时要执行的语句。若要执行多个语句，请使用 BEGIN…END 复合语句构造，即多个语句放在 BEGIN 和 END 之间。在触发器的执行语句中，对于 INSERT 事件，用 NEW 来表示将要（BEFORE）或已经（AFTER）插入的新数据；对于 UPDATE 事件，用 OLD 来表示将要或已经被修改的原数据，用 NEW 来表示将要或已经修改的新数据；对于 DELETE 事件，用 OLD 来表示将要或已经被删除的原数据。如果要表示某一个属性的值，格式为 "NEW. 属性名" 或者 "OLD. 属性名"。

【例 6-1】创建一个触发器 brw_tri，当向 brw_rtn 表中插入一条借书记录时，修改 books 表中相应图书的借书状态值为"是"。

分析：当我们向表 brw_rtn 中插入一条读者的借书记录数据时，这条借书记录数据使用别名 NEW 来表示。当我们修改表 books 中相应图书状态信息时，我们需要知道读者所借图书编号，而向表 brw_rtn 中新插入的数据就有读者所借图书的编号。我们可以使用 NEW. Bno 表示。

控制台下创建触发器 brw_tri 的程序语句如下：

```
CREATE   TRIGGER   brw_tri
AFTER   INSERT   ON   brw_rtn
FOR   EACH   ROW
UPDATE   books   SET   State='是'   WHERE   Bno=NEW. Bno;
```

实现触发器 brw_tri 的创建如图 6.1 所示。

```
mysql> CREATE   TRIGGER   brw_tri
    -> AFTER   INSERT   ON   brw_rtn
    -> FOR   EACH   ROW
    -> UPDATE   books   SET   State='是'   WHERE   Bno=NEW. Bno;
Query OK, 0 rows affected (0.12 sec)
```

图 6.1   创建触发器

现在来验证一下，当我们向表 brw_rtn 插入一条记录时，触发器 brw_tri 是否被调用。首先来看看表 books 中的数据情况，如图 6.2 所示。

图 6.2　表 books 中图书数据情况

从图 6.2 中可以知道，编号为"Cpt08103"的图书尚未借出，因此现在假定编号为 008002 的读者借阅这本书，需向表 brw_rtn 中插入一条记录，该语句中的函数 CREDATE( ) 的功能是获得当前日期，该日期作为借书日期，如图 6.3 所示。

图 6.3　插入借书数据

现在来查询 books 表中的数据信息情况，如图 6.4 所示。

图 6.4　插入借书记录后 books 中的数据变化

从图 6.4 中可以看到，图书 Cpt08103 的借书状态已经修改为"是"，这说明当我们向表 brw_rtn 中插入一条借书记录数据后，系统自动调用（激活）了触发器 brw_tri，从而自动修改图书的借阅状态。

【例 6-2】创建一个触发器 rtn_tri，实现归还图书时自动将图书的借阅状态修改为"否"。

分析：本例使用的数据库 libinfo 是将借书和还书的数据均存放在一个基本表中，当借书时，就产生一个记录，修改记录中的还书时间是 null。当还书时，只需修改还书时间。这个触发器的激活事件是 UPDATE，激活时间设置为 AFTER 比较好。

控制台下创建触发器 rtn_tri 的程序语句如下：

```
CREATE TRIGGER rtn_tri
AFTER UPDATE ON brw_rtn
FOR EACH ROW
BEGIN
    IF NEW.RtnDate IS NOT NULL AND OLD.RtnDate IS NULL
        THEN UPDATE books SET State='否' WHERE Bno=NEW.Bno;
    END IF;
END $$
```

控制台下实现该触发器的创建，如图 6.5 所示。

```
mysql> DELIMITER $$
mysql> CREATE TRIGGER rtn_tri
    -> AFTER UPDATE ON brw_rtn
    -> FOR EACH ROW
    -> BEGIN
    ->   IF NEW.RtnDate IS NOT NULL AND OLD.RtnDate IS NULL
    ->     THEN UPDATE books SET State='否' WHERE Bno=NEW.Bno;
    ->   END IF;
    -> END$$
Query OK, 0 rows affected (0.17 sec)
```

图 6.5 创建触发器 rtn_tri

现在来验证一下该触发器是否会被系统自动激活。我们把例 6-1 中读者所借图书进行归还，因此需要一条更新语句，如图 6.6 所示。

```
mysql> UPDATE brw_rtn SET RtnDate=CURDATE()
    -> WHERE Bno='Cpt08103' AND Rno='008002'
    ->        AND RtnDate IS NULL;
Query OK, 1 row affected (0.14 sec)
Rows matched: 1  Changed: 1  Warnings: 0
```

图 6.6 归还图书的更新语句

现在我们来看表 books 中该图书的状态是否被修改了，如图 6.7 所示。

```
mysql> SELECT * FROM books;
+----------+--------+-------+
| Bno      | CallNo | State |
+----------+--------+-------+
| Art04101 | Art041 | 是    |
| Art04102 | Art041 | 否    |
| Bio09101 | Bio091 | 否    |
| Cpt08101 | Cpt081 | 是    |
| Cpt08102 | Cpt081 | 否    |
| Cpt08103 | Cpt081 | 否    |
| Cpt08201 | Cpt082 | 否    |
| Cpt08301 | Cpt083 | 否    |
| Cpt08401 | Cpt084 | 否    |
```

图 6.7 表 books 中数据

从图 6.7 中可以看出，编号为 "Cpt08103" 的图书的状态已经改为 "否"，说明当我们归还图书的时候，产生了更新事件，导致系统自动激活了触发器 rtn_tri，从而执行该触发器中的执行语句（更新语句）。

6.1.3　触发器的查看

如果想查看触发器的定义、状态和语法等具体信息，我们可以用两种语句方式来查看：SHOW　TRIGGERS 语句查询和查询 information_schema 数据库中的 triggers 表。

6.1.3.1　SHOW　TRIGGERS 语句查询

该语句用于查询当前数据库中的所有触发器，但无法查询指定的触发器。如果触发器较多，采用这种查询方式不是太方便，所以该方式常用于查询触发器较少的情况。其语法格式有两种：

（1）SHOW　TRIGGERS；

（2）SHOW　TRIGGERS \G。

第一种方式由于屏幕宽度的限制从而导致显示的结果比较乱，因此常用第二种方式。

【例 6-2】查看当前数据库中的所有触发器。

控制台下的命令语句如下：

SHOW　TRIGGERS \G

运行后的结果如图 6.8 所示。

图 6.8　查看当前数据库中的触发器

从图 6.8 中，可以看出，当前数据库中有两个触发器 brw_tri 和 rtn_tri，就是例 6-1
和例 6-2 中创建的触发器。

6.1.3.2　查询 information_schema 数据库中的 triggers 表

information_schema 数据库的 triggers 表存放了所有数据库的所有触发器，因此用户
可以通过 SELECT 语句对该表进行查询。通过 SELECT 语句进行查询的好处是可以查询
用户关心的数据，避免显示用户不关心的数据。

【例 6-3】查看 libinfo 数据库中所有触发器的所有信息。

分析：在控制台下的命令语句，如果以分号";"结束的话，运行结果会以横向的
方式显示数据，适用于字段较少的情况。如果字段较多，且采用横向显示数据，那么
会因为界面宽度的限制而导致显示界面的信息非常乱，因此，最好是采用纵向方式显
示数据，即命令语句不要以分号";"结束，而是以"\G"结束。因为 triggers 表中字
段较多，因此命令语句以"\G"结束。

控制台下的命令语句如下：

SELECT　＊　FROM　information_schema.triggers

WHERE　trigger_schema = 'libinfo'　\G

运行结果如图 6.9 所示。

```
mysql> SELECT * FROM information_schema.triggers
    -> WHERE trigger_schema='libinfo' \G
*************************** 1. row ***************************
           TRIGGER_CATALOG: def
            TRIGGER_SCHEMA: libinfo
              TRIGGER_NAME: brw_tri
        EVENT_MANIPULATION: INSERT
      EVENT_OBJECT_CATALOG: def
       EVENT_OBJECT_SCHEMA: libinfo
        EVENT_OBJECT_TABLE: brw_rtn
              ACTION_ORDER: 1
          ACTION_CONDITION: NULL
          ACTION_STATEMENT: UPDATE books SET State='是' WHERE Bno=NEW.Bno
        ACTION_ORIENTATION: ROW
             ACTION_TIMING: AFTER
 ACTION_REFERENCE_OLD_TABLE: NULL
 ACTION_REFERENCE_NEW_TABLE: NULL
   ACTION_REFERENCE_OLD_ROW: OLD
   ACTION_REFERENCE_NEW_ROW: NEW
                   CREATED: 2020-03-27 15:26:33.39
                  SQL_MODE: STRICT_TRANS_TABLES,NO_AUTO_CREATE_USER,NO_ENGINE_SU
BSTITUTION
                   DEFINER: root@localhost
      CHARACTER_SET_CLIENT: gbk
      COLLATION_CONNECTION: gbk_chinese_ci
        DATABASE_COLLATION: utf8_general_ci
*************************** 2. row ***************************
           TRIGGER_CATALOG: def
            TRIGGER_SCHEMA: libinfo
              TRIGGER_NAME: rtn_tri
        EVENT_MANIPULATION: UPDATE
```

图 6.9　通过查询表 triggers 的方式查询触发器信息

因为信息多，屏幕无法全部显示所有触发器的数据，需要以滚动的方式浏览，所以图中仅截屏一个触发器的信息，其他触发器的信息结构与此类似。从图 6.9 中可以看到表的字段名及其字段值，因此，用户可以通过字段名查询自己关心的数据。

【例6-4】查看数据库 libinfo 中所有触发器的触发器名、关联的基本表、事件类型、激活时间、创建者、创建时间、执行语句等数据，并以纵向的方式显示数据。

查询语句如下：

SELECT TRIGGER_NAME，EVENT_OBJECT_TABLE，EVENT_MANIPULATION，
　　　　ACTION_TIMING，DEFINER，CREATED，ACTION_STATEMENT
FROM information_schema.TRIGGERs
WHERE TRIGGER_SCHEMA＝'libinfo' \G

查询结果如图 6.10 所示。

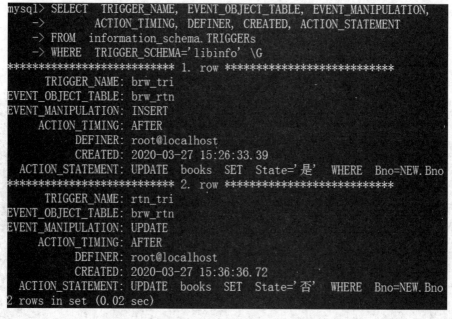

图 6.10　查询结果

6.1.4　触发器的删除

不需要的触发器可以删除。语法格式如下：
DROP　TRIGGER　［IF　EXISTS］　tri_name;
语法说明：

（1）DROP　TRIGGER 为删除触发器的关键字。

（2）tri_name 为需要删除的触发器名称。

（3）IF　EXISTS 是可选项，表示删除触发器之前，首先判断触发器是否存在，如果触发器存在就删除，并显示成功信息；如果不存在，不显示错误信息，显示的信息比成功信息加了一个警告信息。没有该选项，则如果触发器存在直接删除触发器，并

显示成功信息；如果触发器不存在，则显示错误信息，提示删除的触发器不存在。

【例 6-5】删除当前数据库中的名为 brw_tri 的触发器。

控制台下的删除语句如下：

DROP TRIGGER brw_tri；

删除触发器结果如图 6.11 所示。

```
mysql> DROP TRIGGER brw_tri;
Query OK, 0 rows affected (0.11 sec)
```

图 6.11 删除触发器

6.2 事件

6.2.1 事件与事件调度器的概念

6.2.1.1 事件的概念

MySQL 事件是根据计划运行的任务。因此，我们有时称之为预定事件。在创建事件时，我们需要创建一个命名数据库对象，该对象包含一个或多个 SQL 语句，这些语句将以一个或多个固定时间间隔执行，以特定的日期和时间开始和结束。从概念上讲，事件类似于 Unix crontab（"cron 作业"）或 Windows 任务调度程序的思想。

这种类型的调度任务有时也被称为"临时触发器"，这意味着它们是由时间推移触发的对象。虽然这样理解基本上是正确的，但我们更喜欢使用术语事件来避免与 6.1 节中所讲的触发器混淆。更具体地说，事件不应与"临时触发器"混淆。触发器是一个数据库对象，其语句是针对给定表上发生的特定类型事件执行的，而（调度的）事件是一个对象，是针对指定时间间隔而被执行的语句（该语句就是用来实现用户希望达成的任务）。

6.2.1.2 事件调度器的概念

MySQL 事件调度器管理事件的调度和执行，即根据调度运行任务。简单地说，事件是用户希望达成的任务，而事件调度器是根据事件指定的时间间隔调度和执行该事件。也可以这样说，用户将希望达成的任务写成事件，然后交给事件调度器来调度和执行。

6.2.2 创建事件

创建事件的语法格式如下：

CREATE［DEFINER＝user］ EVENT ［IF NOT EXISTS］ event_name
ON SCHEDULE schedule_expression
［on complition［not］preserve］
［ON COMPLETION［NOT］PRESERVE］

[ENABLE | DISABLE | DISABLE ON SLAVE]

[COMMENT 'string']

DO event_body;

语法说明：

（1）CREATE… EVENT：创建事件的关键字。

（2）DEFINER=user：DEFINER 属性是指定义事件执行时检查用户的权限，user 为用户名。省略 DEFINER 属性，则默认定义者是创建对象的用户。

（3）event_name：事件的名称。

（4）IF NOT EXISTS：检查创建的事件是否存在，如果创建的事件已经存在，则不做任何动作，即不创建该事件，但也不提示错误和警告；如果不存在该事件就予以创建。如果省略该子句，当要创建的事件已经存在，则发出错误和警告信息，并停止事件的创建。

（5）ON SCHEDULE schedule_expression：该子句用来指定执行的时间或者时间间隔，其中 ON SCHEDULE 为关键字，schedule_expression 为执行时间或者时间间隔表达式，它有两种格式：AT 子句和 EVERY 子句。

①AT 子句：用于一次性事件，它指定事件仅在时间戳给定的日期和时间执行一次，时间戳必须包含日期和时间，或者必须是解析为日期时间值的表达式。格式为：

AT timestamp [+ INTERVAL interval_time] …

AT 子句可以使用 DATETIME 或 TIMESTAMP 类型的值。如果日期是过去的，则会出现警告。AT 子句也可以使用当前时间戳来指定当前日期和时间。在这种情况下，事件一经创建就立即生效。要创建一个事件，该事件发生在未来某个时间点（相对于当前日期和时间），如短语"从现在开始的三周"所表示的日期和时间，用户就可以使用 optional 子句+INTERVAL interval_time 来实现。间隔部分由日期和时间单位两部分组成，并遵循时间间隔中描述的语法规则，但在定义事件时不能使用任何涉及微秒的单位关键字。对于某些间隔类型，用户可以使用复杂的时间单位，例如，"2 分 10 秒"可以表示为"+ INTERVAL '2:10' minute_SECOND"；也可以合并间隔，例如，AT CUR-RENT_TIMESTAMP + INTERVAL 3 WEEK + INTERVAL 2 DAY 相当于"从现在起三周零两天"。该子句的每个部分都必须以"+INTERVAL"开头。

②EVERY 子句用于定期重复操作。格式为：

EVERY interval_expression

    [STARTS timestamp [+ INTERVAL interval_time] …]

    [ENDS timestamp [+ INTERVAL interval_time] …]

EVERY 关键字后面跟着一个时间间隔。例如，"EVERY 6 WEEK"表示"每6周"。EVERY 子句可以包含可选的 STARTS 子句。STARTS 子句后面跟着一个时间戳值，该值指示操作应何时开始重复。其还可以使用+ INTERVAL interval_time 指定"从现在开始"的时间量。

例如，EVERY 3 month STARTS CURRENT_TIMESTAMP + INTERVAL 1 WEEK 表示"每3个月，从现在开始一周"。

类似地，EVERY 2 WEEK STARTS CURRENT_TIMESTAMP + INTERVAL '6：15' HOUR_MINUTE 表示"每两周，从现在开始 6 小时 15 分钟"。不指定 STARTS 与使用 STARTS CURRENT_TIMESTAMP 相同，也就是说，为事件指定的操作在创建事件时立即开始重复。

EVERY 子句可以包含可选的 ENDS 子句。ENDS 关键字后面跟着一个时间戳值，该值告诉 MySQL 事件何时应该停止重复，其还可以使用+INTERVAL interval_time。

例如，EVERY 12 hour STARTS CURRENT_TIMESTAMP + INTERVAL 30 MINUTS；ENDS CURRENT_TIMESTAMP + INTERVAL 4 WEEK 表示"每 12 小时，从现在开始 30 分钟，从现在开始 4 周结束"。不使用 ENDS 意味着事件将无限期地一直执行下去。

（6）［ON COMPLETION ［NOT］ PRESERVE］：可选项，默认为"ON COMPLETION NOT PRESERVE"，即计划任务执行完毕后自动删除该事件。如果指定为"ON COMPLETION PRESERVE"，则事件永久执行。

（7）［ENABLE│DISABLE│DISABLE ON SLAVE］设定事件的状态，即定义事件后是开启还是关闭，默认为 ENABLE，即开启。DISABLE 表示关闭，但可以用 ALTER 来修改。DISABLE ON SLAVE 是为复制从机上的事件的状态设置的，用于指示事件是在主机上创建并复制到从机上的，但不是在从机上执行的。

（8）［COMMENT 'string'］：该子句为事件提供注释，COMMENT 为关键字，'string' 为注释，注释必须用引号括起来，最多 64 个字符。

（9）DO event_body：需要执行任务的 SQL 语句，DO 是关键字，event_body 是 SQL 语句，如果是复合语句（多个 SQL 语句），需要放在 BEGIN……END 之间。当 event_body 为复合语句时，用户在创建事件之前需要使用 DELIMITER 更改语句结束符。

（10）用户在使用事件调度器这个功能之前，必须确保 EVENT_SCHEDULER 已开启，可执行"SET ＠＠GLOBAL. EVENT_SCHEDULER=1；"来开启，或者执行"SET ＠＠GLOBAL. EVENT_SCHEDULER=ON；"来开启，或者在配置文件 my. ini 文件中加上"EVENT_SCHEDULER=1"。需要注意的是，如果是设定事件计划为 0 或 OFF，即关闭事件计划进程的时候，不会有新的事件执行，但现有的正在运行的事件会执行到完毕。

【例 6-6】创建一个事件 ev1，在当前时间 30 秒之后，在读者表中插入一个读者信息（2019408002，刘冬，20，131118990021，学生）。

控制台下创建事件的语句如下：

```
CREATE EVENT ev1
ON SCHEDULE   AT CURRENT_TIMESTAMP + INTERVAL 30 SECOND
do
    INSERT   INTO   reader
    VALUES ('2019408002', ' 刘冬 ', 20, '13118990021', ' 学生 ');
```

现在来检验事件的作用，在创建事件之前，先看看读者表的数据，如图 6.12 所示。

```
mysql> SELECT * FROM reader;
+-------------+-----------+--------+--------------+----------+
| Rno         | Rname     | Rage   | Tel          | Rtype    |
+-------------+-----------+--------+--------------+----------+
| 008001      | 赵东来    | 37     | 13808590023  | 教师     |
| 008002      | 韦茗微    | 46     | 13808596512  | 教师     |
| 008003      | 翁海燕    | 36     | 15566120018  | 教师     |
| 2018408001  | 李永义    | 21     | 13508594621  | 学生     |
| 2018408002  | 陈娇娇    | 20     | 13808512031  | 学生     |
| 2019408001  | 王丽莉    | 19     | 13808553674  | 学生     |
+-------------+-----------+--------+--------------+----------+
```

图 6.12 创建事件之前 reader 表中的数据

现在来创建事件 ev1，创建结果如图 6.13 所示。

```
mysql> CREATE  EVENT  ev1
    -> ON  SCHEDULE  AT  CURRENT_TIMESTAMP  +  INTERVAL  30  SECOND
    -> do
    ->     INSERT  INTO  reader
    -> VALUES('2019408002', '刘冬', 20, '13118990021', '学生');
Query OK, 0 rows affected (0.29 sec)
```

图 6.13 创建事件

创建事件 30 秒之后再查看 reader 表中的数据，如图 6.14 所示。

```
mysql> SELECT * FROM reader;
+-------------+-----------+--------+--------------+----------+
| Rno         | Rname     | Rage   | Tel          | Rtype    |
+-------------+-----------+--------+--------------+----------+
| 008001      | 赵东来    | 37     | 13808590023  | 教师     |
| 008002      | 韦茗微    | 46     | 13808596512  | 教师     |
| 008003      | 翁海燕    | 36     | 15566120018  | 教师     |
| 2018408001  | 李永义    | 21     | 13508594621  | 学生     |
| 2018408002  | 陈娇娇    | 20     | 13808512031  | 学生     |
| 2019408001  | 王丽莉    | 19     | 13808553674  | 学生     |
| 2019408002  | 刘冬      | 20     | 13118990021  | 学生     |
+-------------+-----------+--------+--------------+----------+
```

图 6.14 创建事件 30 秒之后 reader 中的数据

从图 6.14 中可以看出，事件中的任务（插入语句）被成功执行。

6.2.3 查看事件

用户如果想知道数据库中有哪些事件，可以使用命令语句来实现。查看事件的语法格式如下：

```
SHOW    EVENTS    \G
```

【例 6-7】在例子 6-6 完成之后，查询事件。

语句如下：

```
SHOW   EVENTS   \G
```

查询结果如图 6.15 所示。

```
mysql> SHOW EVENTS \G
Empty set (0.00 sec)
```

图 6.15 查看事件

从图 6.15 中可以看到，事件 ev1 已经不存在，这是为什么呢？这是因为我们创建的事件是一次执行，即事件执行之后，事件就立即被删除。

6.2.4 修改事件

ALTER EVENT 语句可以更改现有事件的一个或多个特征，而无须删除并重新创建它。修改事件的语法格式如下：

```
ALTER   [DEFINER=user]   EVENT event_name
[ON SCHEDULE schedule_expression]
[ON COMPLETION [NOT] PRESERVE]
[RENAME TO new_event_name]
[ENABLE | DISABLE | DISABLE ON SLAVE]
[COMMENT 'string']
[DO event_body]
```

说明：

（1）每个 DEFINER、ON SCHEDULE、ON COMPLETION [NOT] PRESERVE、COMMENT、ENABLE | DISABLE | DISABLE ON SLAVE 和 DO 子句的语法与用于 CREATE EVENT 时的语法完全相同，所以这里不再重复叙述，详情请看本章 6.2.2 的内容。需要修改的选项就列出相应的语句，省略的选项则保留原有的定义。

（2）RENAME TO new_event_name：该子句用于修改事件的名称，RENAME TO 是关键字，new_event_name 是新的事件名。

【例 6-8】临时关闭事件 ev1。

语句如下：

```
ALTER   EVENT   ev1   DISABLE;
```

需要注意，如果执行了该语句，那么重新启动 MySQL 服务器后，该事件将被删除。

【例 6-9】开启事件 ev1。

语句如下：

```
ALTER   EVENT   ev1   ENABLE;
```

【例 6-10】修改事件 ev1 的名称为 event1。

语句如下：

ALTER EVENT ev1

RENAME TO   event1。

6.2.5 删除事件

不需要的事件可以删除，删除事件的语法格式如下：

DROP EVENT ［IF EXISTS］ event_name

说明：

（1）DROP EVENT：删除事件的关键字。

（2）IF EXISTS：可选项，如果有该选项，则删除事件之前检查事件是否存在，如果存在就删除，如果不存在，不会提示错误信息。如果没有该选项，当删除的事件不存在时，就会提示错误信息。

（3）event_name：需要删除的事件名。

6.3 小结

当我们为数据库中基本表的事件（基本表的 INSERT、UPDATE 和 DELETE 等更新操作）编写了触发器，那么，当这些事件产生后就会激活触发器执行用户期望的其他操作。用户期望的其他 SQL 操作语句包含在触发器中。基本表事件产生的时间点分两种：BEFORE 和 AFTER。触发器由基本表的事件激活，然后由 MySQL 服务器自动执行。MySQL 触发器支持行级触发器，不支持表级触发器。

MySQL 事件是根据计划运行的任务，事件中包含一个或多个 SQL 语句，这些语句将以一个或多个固定间隔执行，以特定的日期和时间开始和结束。因此，创建 MySQL 事件需要指定执行的时间或者时间间隔，需要指定执行的 SQL 语句。

MySQL 事件调度器管理事件的调度和执行。事件是用户希望达成的任务，而事件调度器是根据事件指定的时间间隔调度和执行该事件。MySQL 事件调度器是 MySQL 系统提供的。

习题

1．概述下列基本概念：

（1）触发器；

（2）事件；

（3）事件调度器。

2．MySQL 触发器是如何激活的？MySQL 触发器是如何执行的？

3．激活触发器的事件有哪些？

4．激活触发器的事件产生的时间有哪些？

5. 在创建事件的语句中，有一个子句 ON SCHEDULE，表示指定事件执行的时间或者时间间隔，请给出一个 ON SCHEDULE 子句，表示"每隔 1 周，从现在开始，1 年后结束"。

6. 请给出一个 ON SCHEDULE 子句，表示"三周 2 天后开始"。

7. 现有一个银行数据库 bank_db，在该数据库中有一张账户表 account（账户编号，用户名，余额），字段名分别是为 Uno、Uname 和 Money，请创建一个事件（event），从现在开始，每隔 10 秒，每个用户的余额增加 1%的利息，60 秒后结束。

实验项目十四：MySQL 触发器的创建与管理

一、实验目的。

1. 掌握 MySQL 触发器创建。

2. 掌握 MySQL 触发器的查看和删除

二、实验内容

创建一个触发器，实现读者还书功能，同时判断读者是否超期还书，如果超期，则记录罚款金额。

三、实验步骤

开始实验之前，把数据库中已有的与还书相关的触发器删除，以免出现相互干扰。

1. 登录 MySQL，连接数据库 libinfo。

2. 创建读者类型表 readertype。

读者类型表 readertype

字段名	字段类型	主键否	外键否	说明
Rtype	CHAR（6）	是	否	读者类型名
brwDays	INT	否	否	允许借书天数
brwBooks	INT	否	否	允许借书数量
Price	FLOAT	否	否	每天罚款金额

SQL 语句：

```
CREATE  TABLE  readertype(
Rtype  CHAR(6) PRIMARY KEY,
brwDays  SMALLINT,
brwBooks  SMALLINT,
Price  FLOAT）;
```

3. 创建罚款表 forfeit。

罚款表 forfeit

字段名	字段类型	主键否	外键否	说明
ID	INT(AUTOINCREAMENT)	是	否	主键
Rno	CHAR(10)	否	是	读者编号
Money	FLOAT	否	否	罚款金额
PayDate	DATE	否	否	缴款日期
PayIF	ENUM("是","否")	否	否	是否缴款

SQL 语句：

CREATE TABLE forfeit(

ID INT PRIMARY KEY AUTO_INCREMENT,

Rno CHAR(10),

Money FLOAT,

PayDate DATE,

PayIF ENUM('是','否'),

FOREIGN KEY(Rno) REFERENCES reader(Rno));

4. 插入读者类型表数据。

Rtype	brwDays	brwBooks	Price
教师	180	20	0.1
学生	90	10	0.1

5. 创建触发器。

DELIMITER $$

CREATE TRIGGER rtntri

AFTER UPDATE ON brw_rtn

FOR EACH ROW

BEGIN

    DECLARE d,bd INT;

    DECLARE p,money FLOAT;

    SET d:=(SELECT brwDays FROM readertype

        WHERE readertype.Rtype=(SELECT reader.Rtype

            FROM reader

            WHERE reader.Rno=OLD.Rno));

    SET p:=(SELECT Price FROM readertype

        WHERE readertype.Rtype=(SELECT reader.Rtype

FROM reader

WHERE reader.Rno＝OLD.Rno））；

SET bd：＝DATEDIFF（NEW.RtnDate，OLD.BrwDate）；

SET money：＝（bd－d）＊p；

UPDATE books SET State＝'否' WHERE books.Bno＝OLD.Bno；

IF bd>d THEN INSERT INTO forfeit

VALUES（NULL，OLD.Rno，money，NULL，'否'）；

END IF；

END $$

DELIMITER；

6. 归还两本书，一本书已超期，一本书未超期（还书之前，先查询图书相关数据，以便根据实际情况使用还书数据）

UPDATE brw_rtn SET RtnDate＝CURDATE（）

WHERE Bno＝'Cpt08102' AND Rno＝'008002'

AND BrwDate＝'2020-08-14' AND RtnDate IS NULL；

7. 完成还书操作之后，查询相关信息是否保持一致。

四、实验分析

请读者从实验过程中是否掌握了实验的目的、在实验中自己容易犯的错误及心得体会等方面去分析本次实验。

7　MySQL 事务与多用户并发控制

【学习目的及要求】

本章主要讲述 MySQL 事务与并发控制技术——封锁。

通过本章的学习，学生要达到以下目标：

●理解事务的概念和事务的 ACID 特征；

●掌握 MySQL 事务控制语句的使用：事务开启语句、事务提交语句、事务回滚语句和事务自动提交变量的设置；

●理解事务的隔离级别并掌握事务隔离级别的设置；

●理解事务并发操作与事务并发控制的概念，理解锁与封锁的概念；

●掌握 MySQL 封锁技术的使用：表级锁与行级锁。

【本章导读】

在实际应用尤其是大型应用中，业务由许多操作组成，并要求全部操作都完成才算成功，否则只要某个操作失败，整个业务就算失败，这样才能保证数据的完整性和逻辑性（一致性），数据库事务体现了这种要求。

本章从讲解事务的概念出发，概述了事务的 ACID 特性：原子性、一致性、隔离性和持久性，然后详细讲解了 MySQL 事务的控制语句：事务开启语句、事务提交语句和事务回滚语句。

在许多实际应用中，许多用户可能都会开启一个事务。如果多个用户开启了事务，就会存在多个事务并发操作的情形，因此也会带来许多问题，如丢失更新、不可重复读和读脏数据等。为了避免这些问题，MySQL 提供了事务隔离级别的设置和必要的事务并发控制技术——封锁。锁包括表级锁和行级锁。

7.1　事务

7.1.1　事务的概念

数据库事务是访问并可能操作各种数据项的一个数据库操作序列，这些操作要么全部执行，要么全部不执行，是一个不可分割的工作单位。事务由事务开始与事务结束之间执行的全部数据库操作组成。

在数据库系统中，事务是工作的离散单位，它可以是修改一个用户的账户余额，也可以是库存项的写操作。在单用户、单数据库环境下执行事务比较简单，但在分布式环境下，维护多个数据库的完整性就比较复杂。大多数联机事务处理系统是在大型计算机上实现的，这是由于它的操作复杂，需要快速输入/输出和完善的管理。如果一个事务在多个场地进行修改，那就需要管理机制来防止数据重写并提供同步操作。另外还需要具有返回失效事务的能力，提供安全保障和提供数据恢复的能力。

比如在图书管理系统中，借书需要进行两个操作，一个操作是产生一条借书记录，另外一个操作是修改图书借阅状态。这两个操作需要同时完成，或者同时都不操作。如果其中一个操作完成，而另外一个操作未完成，就需要把已经完成的操作撤回（回滚），以保证数据的一致性。

7.1.2 事务的特征

事务的 ACID 特性是由关系数据库系统（DBMS）来实现的，DBMS 采用日志来保证事务的原子性、一致性和持久性。日志记录了事务对数据库所做的更新，如果某个事务在执行过程中发生错误，就可以根据日志撤销事务对数据库已做的更新，使得数据库回滚到执行事务前的初始状态。

对于事务的隔离性，DBMS 是采用锁机制来实现的。当多个事务同时更新数据库中相同的数据时，只允许持有锁的事务能更新该数据，其他事务必须等待，直到前一个事务释放了锁，其他事务才有机会更新该数据。

7.1.2.1 原子性

事务的原子性是指包含在事务中的诸多操作，它们是一个不可分割的整体，要么全部执行，要么全部不执行。

7.1.2.2 一致性

事务的执行结果是使数据库从一个一致性状态变到另外一个一致性状态。只有事务中的所有操作都全部成功，事务才能称为成功，数据才能保持一致性；否则，当事务中的某个操作失败，则事务失败，已经完成的操作也必须回滚到事务开始之前的状态，以保证数据的一致性。

在几个并行执行的事务中，其执行结果必须与按某一顺序串行执行的结果相一致，以保证数据的一致性。

7.1.2.3 隔离性

事务的执行不受其他事务的干扰，事务执行的中间结果对其他事务必须是透明的，即一个事务的内部操作及使用的数据对其他并发事务是隔离的，并发执行的各个事务之间不能相互干扰，事务的执行结果只有在它被完全执行后才能看到。事务的隔离性保证某个事务在完成之前，其结果是不可见的。

7.1.2.4 持久性

持久性是指事务一旦提交，它对数据库的改变就是永久的。对于任一已提交事务，即使数据库出现故障，系统也必须保证该事务对数据库的改变不被丢失。

7.1.3　MySQL 事务的控制语句

7.1.3.1　事务的自动提交

MySQL 默认采用的是自动提交（AUTOCOMMIT）模式，在自动提交模式下，如果没有 START　TRANSACTION 显式地开始一个事务，那么每个 SQL 语句都会被当作一个事务执行提交操作，不能使用 ROLLBACK 进行回滚。当然，如果 SQL 语句出错，则会自动回滚该语句。

自动提交模式可以关闭，控制台使用如下语句：

SET　AUTOCOMMIT=0；

或者如下语句：

SET　AUTOCOMMIT=OFF；

如果需要开启自动提交模式，用户可以设置系统变量 AUTOCOMMIT 为 1 或者 ON。需要注意的是，AUTOCOMMIT 参数是针对连接的，在一个连接中修改了参数，不会对其他连接产生影响。

如果关闭了事务自动提交模式，则所有的 SQL 语句都在一个事务中，直到执行了 COMMIT 或 ROLLBACK，该事务结束，同时开始了另外一个事务。

7.1.3.2　事务开启语句

要显式地开启一个事务，有两种语句格式：

START　TRANSACTION；

BEGIN　[WORK]；

说明：

①BEGIN 或者 BEGIN　WORK 是 START　TRANSACTION 的别名，三者具有相同的功能，都是显式地开启一个事务。

②使用 START　TRANSACTION 控制语句开启一个事务后，会关闭自动提交模式，直到使用 COMMIT 提交事务或者使用 ROLLBACK 回滚事务。然后，自动提交模式将恢复为之前的状态。

③BEGIN 和 BEGIN……END 不同，BEGIN 用于开启一个事务，而 BEGIN……END 用于复合语句，不用于开启事务。需要注意的是，在存储过程、函数和触发器中，BEGIN　[WORK] 被解析器视为 BEGIN……END 的开始，因此，在存储过程、函数和触发器中，开始事务需要使用 START　TRANSACTION，而不是 BEGIN　[WORK]。

④开启事务会导致之前任何挂起的事务隐式提交。

⑤开始事务后，在提交之前，任何 SQL 的语句执行出错，系统会自动进行事务回滚。

⑥许多用于编写 MySQL 客户端应用程序的 API（例如 JDBC）提供了自己的启动事务的方法，这些方法可以用于代替 START　TRANSACTION 从客户端发送语句。

7.1.3.3　事务提交语句

事务开启后，用户需要使用事务提交语句提交事务，使得其在开启事务后对数据库的 SQL 操作变成永久性存储。

提交事务的控制语句格式有两种：

COMMIT；

COMMIT　WORK；

说明：

两种格式等价，COMMIT 提交事务，使已对数据库进行的所有修改成为永久性的。

7.1.3.4　事务回滚语句

事务回滚是指撤销事务所有已经完成的 SQL 操作，并撤销事务。事务回滚控制语句格式如下：

ROLLBACK；

说明：

在事务的 SQL 语句中，数据更新操作均能进行回滚操作，但是某些语句不能进行回滚，这些语句包括数据定义语言（DDL）语句（例如创建或删除数据库的语句，创建、删除或更改表，存储过程的语句）。

7.1.4　MySQL 事务举例

【例 7-1】以 root 用户显示开启一个事务，然后在读者表（reader 表）里添加两个读者信息（2019408003，陈敏，20，13555990011，学生；008003，翁海燕，36，15566120018，教师），在提交之前通过另外一个用户 qin 查询读者信息是否已添加，然后 root 用户再进行事务提交，之后用户 qin 再进行查询。

分析：在 root 用户开启事务并插入数据后，在提交事务之前，查询 reader 表中的数据，会显示数据已插入成功。这是因为 root 用户查询到的数据是内存中的数据，提交事务之前，数据都会先存入内存。因此，在 root 用户提交事务之前，需要使用其他用户查询数据是否物理存储（永久存储）。

root 用户控制台下需要使用的语句如下：

START　TRANSACTION；

INSERT　INTO　reader

VALUES('2019408003', '陈敏', 20, '13555990011', '学生')；

INSERT　INTO　reader

VALUES('008003', '翁海燕', 36, '15566120018', '教师')；

COMMIT；

具体操作如下：

（1）使用 root 用户登录 MySQL 并连接数据库 libinfo 后，查询当前读者表中的数据，如图 7.1 所示。

```
mysql> SELECT * FROM reader;
```

Rno	Rname	Rage	Tel	Rtype
008001	赵东来	37	13808590023	教师
008002	韦茗微	46	13808596512	教师
2018408001	李永义	21	13508594621	学生
2018408002	陈娇娇	20	13808512031	学生
2019408001	王丽莉	19	13808553674	学生
2019408002	刘冬	20	13118990021	学生

图 7.1　reader 中数据

（2）开启事务并插入两个读者信息，如图 7.2 所示。

```
mysql> START TRANSACTION;
Query OK, 0 rows affected (0.00 sec)

mysql> INSERT INTO reader
    -> values('2019408003','陈敏',20,'13555990011','学生');
Query OK, 1 row affected (0.03 sec)

mysql> INSERT INTO reader
    -> values('008003','翁海燕',36,'15566120018','教师');
Query OK, 1 row affected (0.00 sec)
```

图 7.2　开始事务并插入两个读者的数据

（3）另外打开一个控制台窗口，使用另外一个具有数据库 libinfo 操作权限的用户 qin（读者可自行创建该用户）登录 MySQL，然后查询 reader 中的数据。用户 qin 的查询结果如图 7.3 所示。

```
mysql> SELECT * FROM reader;
+-------------+--------+------+-------------+-------+
| Rno         | Rname  | Rage | Tel         | Rtype |
+-------------+--------+------+-------------+-------+
| 008001      | 赵东来 |   37 | 13808590023 | 教师  |
| 008002      | 韦茗微 |   46 | 13808596512 | 教师  |
| 2018408001  | 李永义 |   21 | 13508594621 | 学生  |
| 2018408002  | 陈娇娇 |   20 | 13808512031 | 学生  |
| 2019408001  | 王丽莉 |   19 | 13808553674 | 学生  |
| 2019408002  | 刘冬   |   20 | 13118990021 | 学生  |
+-------------+--------+------+-------------+-------+
```

图 7.3　qin 用户查询 reader 中的数据

从用户 qin 的查询结果可以看出，数据并未真正进行物理存储。

（4）返回 root 用户控制台窗口，提交事务，结果如图 7.4 所示。

```
mysql> commit;
Query OK, 0 rows affected (0.05 sec)
```

图 7.4　root 用户提交事务

（5）再次回到用户 qin 的控制台窗口，查询 reader 表中的数据，如图 7.5 所示。

```
mysql> SELECT * FROM reader;
+-----------+--------+------+-------------+-------+
| Rno       | Rname  | Rage | Tel         | Rtype |
+-----------+--------+------+-------------+-------+
| 008001    | 赵东来 | 37   | 13808590023 | 教师  |
| 008002    | 韦茗微 | 46   | 13808596512 | 教师  |
| 008003    | 翁海燕 | 36   | 15566120018 | 教师  |
| 2018408001| 李永义 | 21   | 13508594621 | 学生  |
| 2018408002| 陈娇娇 | 20   | 13808512031 | 学生  |
| 2019408001| 王丽莉 | 19   | 13808553674 | 学生  |
| 2019408002| 刘冬   | 20   | 13118990021 | 学生  |
| 2019408003| 陈敏   | 20   | 13555990011 | 学生  |
+-----------+--------+------+-------------+-------+
```

图 7.5　qin 用户查询 reader 表的数据

从图 7.5 中可以看出，root 用户提交事务后，数据已经进行了永久存储。

【例 7-2】在数据库 libinfo 中创建一个存储过程 pro_borrow 以实现读者借书的功能。要求所有 SQL 操作以事务的方式进行。

分析：实现读者借书的功能，需要两条 SQL 语句，分别是插入一条借书记录和修改读者所借图书的借阅状态，这两个语句需要放在一个事务中。

控制台下创建存储过程的语句如下：

```
DELIMITER $$
CREATE PROCEDURE pro_borrow(IN bk_no CHAR(10),
                            IN rd_no CHAR(10))
BEGIN
    DECLARE EXIT HANDLER FOR SQLEXCEPTION  ROLLBACK;
    START TRANSACTION;
    INSERT INTO brw_rtn VALUES(bk_no, rd_no, CURDATE( ), NULL);
    UPDATE  books  SET  State='是'  WHERE  Bno=bk_no;
    COMMIT;
END $$
```

上面的语句中，"DECLARE EXIT HANDLER FOR SQLEXCEPTION ROLLBACK;"表示如果发生 SQL 语句执行异常则进行回滚操作。

控制台下创建存储过程 pro_borrow 如图 7.6 所示。

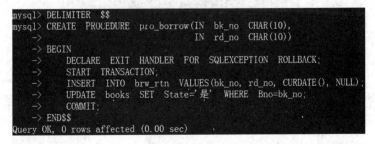

图 7.6　创建存储过程 pro_borrow

现在调用该存储过程来进行验证，调用该存储过程如图 7.7 所示。

```
mysql> call pro_borrow('Art04102','2019408002');
Query OK, 0 rows affected (0.09 sec)
```

图 7.7　调用存储过程 pro_borrow

查询借阅表 brw_rtn 和图书表 books 数据，如图 7.8 和图 7.9 所示。

```
mysql> SELECT * FROM brw_rtn;
+----------+------------+------------+------------+
| Bno      | Rno        | BrwDate    | RtnDate    |
+----------+------------+------------+------------+
| Art04101 | 2019408001 | 2019-09-22 | NULL       |
| Art04102 | 2019408002 | 2020-03-28 | NULL       |
| Cpt08101 | 008001     | 2019-03-22 | 2019-06-09 |
| Cpt08101 | 008001     | 2019-09-28 | NULL       |
| Cpt08102 | 2018408002 | 2019-03-28 | 2019-04-25 |
| Cpt08103 | 008002     | 2020-03-27 | 2020-03-27 |
| Cpt08201 | 2018408001 | 2019-03-25 | 2019-04-18 |
| Cpt08201 | 2018408001 | 2019-04-20 | 2019-05-19 |
+----------+------------+------------+------------+
```

图 7.8　查询借阅表数据

```
mysql> SELECT * FROM books;
+----------+--------+-------+
| Bno      | CallNo | State |
+----------+--------+-------+
| Art04101 | Art041 | 是    |
| Art04102 | Art041 | 是    |
| Bio09101 | Bio091 | 否    |
| Cpt08101 | Cpt081 | 是    |
| Cpt08102 | Cpt081 | 否    |
| Cpt08103 | Cpt081 | 否    |
| Cpt08201 | Cpt082 | 否    |
| Cpt08301 | Cpt083 | 否    |
| Cpt08401 | Cpt084 | 否    |
+----------+--------+-------+
```

图 7.9　查询图书表数据

从图 7.8 中，可以看出读者"2019408002"所借图书"Art04102"已经成功，表中添加了一条借书记录。从图 7.9 中，可以看出图书"Art04102"的借阅状态已经修改为"是"。

7.2　并发控制

7.2.1　并发执行可能产生的问题

数据库中的数据是可共享的，因此会有多个用户共同使用数据库中的数据，也因此存在多个用户同一时刻使用同一数据的情况，这就完全可能产生多个事务在同一时刻并发执行的情况。多个事务的执行可以分为两种：事务串行执行和事务并发执行。在事务的串行执行中，DBMS 按顺序一次执行一个事务，执行完一个事务后再执行下一个事务，因此多个事务的执行容易控制，不易出错。在事务的并发执行中，DBMS 同时执行多个事务对同一数据的操作，需要对各个事务操作顺序进行安排，以达到同时运行多个事务的目的。在单处理器上，多个事务的并发执行可以采用分时方法实现；在多处理器上，一个处理器可以执行一个事务，多个处理器可以同时处理多个事务，实现多个事务真正地并行运行。

在多个事务的并发运行中，如果不对并发操作进行控制，就可能会存在存储不正确的数据，破坏事务的隔离性和数据库的一致性。现在通过一个例子来说明并发操作带来的数据不一致性。

【例 7-3】假设某售票系统有两个售票点 A 和 B，现在两个售票点均有一个售票活动，我们来看看两个售票点的一系列活动：

①A 售票点（事务 T1）读取现有未售票的数量为 S，设 S＝10；
②B 售票点（事务 T2）读取现有未售票的数量为 S，S 也为 10；
③A 售票点卖出一张票，修改 S＝S−1，即 S 为 9，并写入数据库；
④B 售票点卖出一张票，修改 S＝S−1，即 S 为 9，并写入数据库。

结果是，已经卖出两张票，但是数据库中的数据只减少一张票。产生这种情况的原因是两个事务读入同一数据并同时修改，其中后一个事务提交的结果破坏了前一个事务提交的结果，导致其数据的修改被丢失，破坏了事务的隔离性，使数据失去一致性。并发控制要解决的就是这类问题。

并发操作带来的数据不一致性包括：

（1）丢失修改。

【例 7-3】就是属于这类情形，两个事务 T1 和 T2 读取同一数据并修改，事务 T2 的提交破坏了事务 T1 的修改，或者说事务 T1 的修改被丢失了。该问题也称为写-写冲突。

（2）不可重复读。

不可重复读是指事务 T1 读取某一数据后，事务 T2 对该数据进行了修改，导致 T1 不能再现前一次的读取结果。该问题也称为读-写冲突。

（3）读"脏"数据。

读"脏"数据也称为读未提交的数据，是指一个事务 T1 读取了另外一个事务 T2

尚未提交的更新数据，因此读取的数据是没有意义或者是过时的数据。该问题也称为写-读冲突。

7.2.2 并发控制的概念

并发控制是指数据库管理系统为了确保多个事务同时存取数据库中同一数据时不破坏事务的隔离性和一致性而采取针对多个事务并发执行的调度或者技术手段。

并发控制的任务是对并发操作进行正确调度、保证事务的隔离性、保证数据库的一致性。

并发控制主要采用的技术手段有封锁、时间戳、乐观并发控制、悲观并发控制、多版本和快照隔离等。

7.2.3 事务的隔离级别及其设置

锁机制有效解决了事务的并发问题，但也影响了事务的并发性能。因此，合理地选择隔离级别，也能在一定程度上改善系统性能。

7.2.3.1 事务的隔离级别

每一个事务都有一个所谓的隔离级别，定义了用户彼此之间隔离和交互的程度。在单用户环境中，事务的隔离性无关紧要。但是在多用户环境中，如果没有事务的隔离性，多个事务的并发操作会带来数据的不一致性。事务的隔离性强制对事务进行某种程度的隔离，以保证应用程序在事务中检索到的数据是一致的。

MySQL 提供了事务的四种隔离级别：

（1）串行化（serializable）。

一个事务在执行过程中首先将其欲操纵的数据锁定，待事务结束后释放。如果此时另外一个事务也要操纵该数据，必须等待前一个事务释放锁定后才能继续进行。多个事务之间实际上是以串行化方式进行的。该级别的隔离最大限度地对事务进行了隔离。

（2）可重复读（repeatable read）。

一个事务在执行过程中能够看到其他事务已经提交的新插入记录，但是看不到其他事务对已有数据的修改。这是 MySQL 的默认事务隔离级别，保证了同一事务内相同查询语句的执行结果一致，可以避免读"脏"数据和不可重复读的现象，但是可能出现幻影读的现象。

（3）提交读（read committed）。

一个事务在执行过程中能够看到其他事务已经提交的新插入数据，也能够看到其他事务已经提交的对已有数据的修改结果。该级别可以避免读"脏"数据的现象，但是仍可能出现不可重复读和幻影读的现象。

（4）未提交读（read uncommitted）。

一个事务在执行过程中能够看到其他事务未提交的新插入数据，也能够看到其他事务未提交的对已有数据的修改结果。该级别很少采用，因为其带来的性能并不比其他隔离级别高多少，而且读取未提交的数据也被称为脏读。

7.2.3.2　事务的隔离级别设置

设置事务隔离级别的语法格式如下：

SET［GLOBAL｜SESSION］TRANSACTION

ISOLATION LEVEL level_name

［READ WRITE｜READ ONLY］；

语法说明：

（1）SET TRANSACTION ISOLATION LEVEL：设置事务隔离级别的关键字。

（2）［GLOBAL｜SESSION］：为当前会话或仅为下一个事务全局设置事务特征。

如果选择了 GLOBAL 选项，则该语句适用于所有后续会话，但现有会话不受影响。

如果选择了 SESSION 选项，则该语句设置的隔离级别运用于当前会话中所有后续事务；如果在事务中使用，则不影响当前正在进行的事务。

如果一个选项都没有选择，则该语句仅适用于会话中执行的下一个事务，后续事务将恢复为原来事务隔离级别。在开启事务后提交事务之前，不允许设置事务隔离级别。

（3）level_name：设置事务隔离级别。有四个级别可选：

①REPEATABLE READ：可重复读。

②READ COMMITTED：提交读。

③READ UNCOMMITTED：未提交读。

④SERIALIZABLE：串行化。

（4）［READ WRITE｜READ ONLY］：设置事务访问模式。有两个选项：

①READ WRITE：读/写模式，默认方式，允许对事务中使用的表进行读写操作。

②READ ONLY：只读模式，即禁止更改表。这可能使存储引擎能够在不允许写入时进行性能改进。

7.2.3.3　查看当前事务隔离级别

我们可通过查看系统变量的值来查看当前事务隔离级别。在 5.7.20 版本之前的老版本中，系统变量名为 TX_ISOLATION，在 5.7.20 版本及其之后的版本中，系统变量为 TRANSACTION_ISOLATION。

7.2.4　封锁

7.2.4.1　锁的概念

锁实质上是允许（或阻止）一个事务对一个数据对象所具有的存取权限，是用来防止多个客户端同时访问同一数据而产生问题的机制。

封锁是指事务对数据对象施加锁的操作。一个事务对一个数据对象加锁的结果就是将其他事务"封锁"在该数据对象之外，以阻止它们进行加锁事务所不希望的操作。

（1）根据锁施加在数据对象上的权限，我们可以将锁分为写锁和读锁。

写锁（write lock）也称为排他锁（exclusive lock）。如果一个事务对一个数据对象施加了写锁，那么该事务便获得了该写锁。持有写锁的事务可以在该写锁所施加的数据对象上进行读写操作，而其他非持有写锁的事务不能在该写锁所施加的数据对象上进行写操作，也不能施加任何锁。因此，写锁具有排他性，所以写锁也称为独占锁。只有对施加在数据对象上的写锁进行解锁后，其他事务才可以对该数据对象加锁。

读锁（read lock）也称为共享锁（shared lock）。如果一个事务对数据对象施加了读锁，则该事务便获得了该读锁。持有读锁的事务，可以对该读锁所施加的数据对象进行读操作，但不能进行写操作。被一个事务施加了读锁的数据对象，其他事务可以也只能对该数据对象施加读锁。

（2）根据锁施加的数据对象的不同，锁可以分为表级锁和行级锁。

表级锁（table lock）是指事务锁定整张表，可分为表级写锁和表级读锁。一个事务要对表进行操作，需要获得相应的表级写锁或者表级读锁。由于写锁的优先级比读锁高，所以一个写锁的请求可能会被插入读锁的队列前面，但读锁不能插入写锁的前面。

表级锁的优点：所需的内存相对较少。在表上的大部分操作非常快，因为只涉及一个锁。如果经常使用 GROUP BY 对数据进行操作，或者经常扫描整个表，则速度很快。表级锁开销小，加锁快；不会出现死锁；

表级锁的缺点：锁定粒度大，发生锁冲突的概率最高，并发度最低。

行级锁（row lock）是指以表中的记录为单位进行加锁，相比表级锁对锁定对象提供更精细的控制。在这种情况下，只有线程使用的行是被锁定的，表中的其他行对于其他线程来说都是可用的。

行级锁的优点：当不同的会话访问不同的行时，锁冲突减少；回滚更改较少；可以长时间锁定单个行；锁定粒度最小，发生锁冲突的概率最低，并发度也最高。

行级锁的缺点：开销大，加锁慢；会出现死锁。

封锁数据对象的大小称为封锁粒度（lock granularity）。封锁的对象可以是字段、记录、表和数据库等逻辑单元，也可以是页（数据页或索引页）、块等物理单元。

封锁粒度与系统的并发度和并发控制的开销密切相关。封锁粒度越小，封锁对象就越多，但封锁机构越复杂，系统开销也越大。相反地，封锁粒度越大，封锁对象就越少，并发度就越小，系统开销也越小。MySQL 中的表级锁的粒度大于行级锁的粒度。

7.2.4.2　施加 MySQL 表级锁的语句

MySQL 中施加表级锁的语法格式如下：

LOCK TABLES

　　tbl_name［［AS］alias］lock_type

［，tbl_name［［AS］alias］lock_type］…

语法说明：

（1）LOCK TABLES：锁定表的关键字。

（2）tbl_name：被锁定的表名。

（3）lock_type：表级锁的类型。有两个选项：READ 和 WRITE。READ 表示锁的类型为读锁，WRITE 表示锁的类型为写锁。

（4）［AS］alias：为被锁定的表指定别名。在一个 SELECT 查询中，不能多次引用相同的表名，需要使用别名。需要注意的是，一行子句"tbl_name［［AS］alias］lock_type"只能为表指定一个别名，如果需要多个别名，就需要多个这样的语句，语句之间用逗号",",隔开。

（5）可以同时锁定多个表，需要多个子句"tbl_name [[AS] alias] lock_type"，子句之间使用逗号",",隔开。

（6）锁定的表，可以是基本表，也可以是视图。

（7）表锁仅防止其他会话进行不适当读取或写入。持有写锁的会话可以执行表级操作，例如 DROP TABLE 或 TRUNCATE TABLE。对于持有读锁的会话，DROP TABLE 与 TRUNCATE TABLE 操作是不允许的。

7.2.4.3　MySQL 表级锁的解锁语句

语法格式：

UNLOCK TABLES;

说明：

该语句显式释放当前会话持有的所有表级锁。在使用该语句显示解锁之前，如果会话又获取新的表级锁，那么系统就会隐式解锁之前的表级锁。

【例 7-4】表级读锁举例。

（1）root 用户登录 MySQL 并连接 libinfo 数据库，然后开启事务并对 reader 表施加读锁，之后查询教师类型的读者信息，如图 7.10 所示。

```
mysql> USE libinfo;
Database changed
mysql> START TRANSACTION;
Query OK, 0 rows affected (0.00 sec)

mysql> LOCK TABLES reader READ;
Query OK, 0 rows affected (0.04 sec)

mysql> SELECT * FROM reader WHERE Rtype='教师';
+--------+--------+------+-------------+-------+
| Rno    | Rname  | Rage | Tel         | Rtype |
+--------+--------+------+-------------+-------+
| 008001 | 赵东来 |   37 | 13808590023 | 教师  |
| 008002 | 韦茗微 |   46 | 13808596512 | 教师  |
| 008003 | 翁海燕 |   36 | 15566120018 | 教师  |
```

图 7.10　施加表级读锁后的查询操作

从图 7.10 中可知，用户 root 对表 reader 施加读锁后，可以进行读操作。

（2）用户 root 插入一个教师读者信息，结果如图 7.11 所示。

```
mysql> INSERT INTO reader
    -> VALUES('008004','李多多',33,'13677778888','教师');
ERROR 1099 (HY000): Table 'reader' was locked with a READ lock and can't be updated
```

图 7.11　插入一条教师信息

从图 7.11 中可知，用户对表 reader 施加读锁后，也不能进行写操作。

（3）打开另外一个控制台窗口，以用户 qin 进行登录，登录成功后连接数据库 lib-info，然后开启事务并对表 reader 施加读锁，并查询全体学生类型的读者，如图 7.12 所示。

```
mysql> USE LIBINFO;
Database changed
mysql> START TRANSACTION;
Query OK, 0 rows affected (0.00 sec)

mysql> LOCK TABLES reader READ;
Query OK, 0 rows affected (0.03 sec)

mysql> SELECT * FROM reader WHERE Rtype='学生';
+------------+--------+------+-------------+-------+
| Rno        | Rname  | Rage | Tel         | Rtype |
+------------+--------+------+-------------+-------+
| 2018408001 | 李永义 | 21   | 13508594621 | 学生  |
| 2018408002 | 陈娇娇 | 20   | 13808512031 | 学生  |
| 2019408001 | 王丽莉 | 19   | 13808553674 | 学生  |
| 2019408002 | 刘冬   | 20   | 13118990021 | 学生  |
| 2019408003 | 陈敏   | 20   | 13555990011 | 学生  |
+------------+--------+------+-------------+-------+
```

图 7.12　用户 qin 对表 reader 施加读锁后的查询

从图 7.12 中可以看出，用户 root 对表 reader 施加读锁后，用户 qin 也可以对表施加读锁，并能进行读操作，说明读锁可共享。

（4）用户 qin 插入一条学生记录，结果如图 7.13 所示。

```
mysql> INSERT INTO reader
    -> VALUES('2019403001','赵蒙蒙',20,'13356567879','学生');
ERROR 1099 (HY000): Table 'reader' was locked with a READ lock
and can't be updated
```

图 7.13　用户 qin 插入一条学生信息

从图 7.13 中可以看出，用户 qin 也不能进行写操作。

（5）用户 qin 提交事务，并解锁，如图 7.14 所示。

```
mysql> COMMIT;
Query OK, 0 rows affected (0.00 sec)

mysql> UNLOCK TABLES;
Query OK, 0 rows affected (0.00 sec)
```

图 7.14　提交事务并解锁

（6）返回用户 root 的控制台窗口，提交事务并解锁，与第（5）步类似，不再给出图示。

从上面的例子中，我们可以看出表级读锁是可以共享的，但不能进行写操作（插入数据）。表级写锁的例子与此例类似，读者可自行进行实践练习。

7.2.4.4　施加 MySQL 行级锁的语句

MySQL 行级锁只能锁定一行记录，它可分为以下三种类型：

（1）在查询语句中，为符合条件的记录施加读锁，语法格式如下：

SELECT ＊ FROM 表名 WHERE 条件 LOCK IN SHARE MODE；

说明：

用户为符合条件的记录施加读锁后，该用户可以进行读操作；其他用户都可以对该用户锁定的记录施加读锁并可以进行读操作，但是都不能更新。

行级读锁起作用的条件是必先关闭事务自动提交功能。我们有两种方式可以关闭事务自动提交：一是显式设置系统变量 AUTOCOMMIT 为 0 或 off，二是开启事务（开启事务是隐式关闭事务自动提交功能，当事务提交或者回滚后恢复原来事务自动提交功能）。

通常行级读锁与事务一起使用，当事务提交或者回滚后，也就自动对行级读锁解锁。

（2）在查询语句中，为符合条件的记录施加写锁，语法格式如下：

SELECT ＊ FROM 表名 WHERE 条件 FOR UPDATE；

说明：

用户为符合条件的记录施加写锁后，该用户以及其他用户都可以读取锁定的记录，但只有该用户可以更新锁定的记录，其他用户不能在该用户锁定的记录施加读锁或者写锁。

行级写锁起作用的条件是必选关闭事务自动提交功能。我们有两种方式可以关闭事务自动提交：一是显式设置系统变量 AUTOCOMMIT 为 0 或 OFF，二是开启事务（开启事务是隐式关闭事务自动提交功能，当事务提交或者回滚后恢复原来事务自动提交功能）。

通常行级写锁与事务一起使用，当事务提交或者回滚后，也就自动对行级读锁解锁。

（3）在更新语句（INSERT、UPDATE、DELETE）中，MySQL 将会对符合条件的记录自动施加隐式写锁，因此不需用户再施加写锁。

【例 7-5】行级写锁举例。

（1）以 root 用户登录 MySQL 并连接数据库 libinfo，然后开启事务并对读者表中的教师编号为 "008001" 的读者施加写锁，如图 7.15 所示。

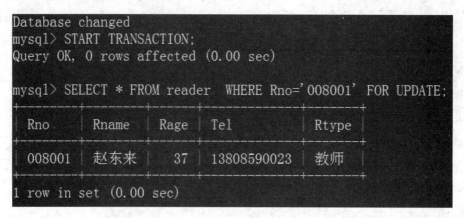

```
Database changed
mysql> START TRANSACTION;
Query OK, 0 rows affected (0.00 sec)

mysql> SELECT * FROM reader  WHERE Rno='008001' FOR UPDATE;
+--------+--------+------+-------------+--------+
| Rno    | Rname  | Rage | Tel         | Rtype  |
+--------+--------+------+-------------+--------+
| 008001 | 赵东来 |   37 | 13808590023 | 教师   |
+--------+--------+------+-------------+--------+
1 row in set (0.00 sec)
```

图 7.15　root 用户对教师读者施加写锁

从图 7.15 中可以看出，root 用户成功对教师读者"008001"施加写锁。

（2）打开另外一个控制台窗口以 qin 用户登录 MySQL 并连接数据库 libinfo，然后开启事务并对教师读者"008001"施加写锁或者读锁，如图 7.16 所示。

```
mysql> USE libinfo;
Database changed
mysql> START TRANSACTION;
Query OK, 0 rows affected (0.00 sec)

mysql> SELECT * FROM reader  WHERE Rno='008001' FOR UPDATE;
ERROR 1205 (HY000): Lock wait timeout exceeded; try restarting transaction
mysql> SELECT * FROM reader  WHERE Rno='008001' LOCK IN SHARE MODE;
ERROR 1205 (HY000): Lock wait timeout exceeded; try restarting transaction
mysql>
```

图 7.16　qin 用户对教师读者施加行级锁

从图 7.16 中看出，qin 用户对教师读者"008001"施加的写锁和读锁均失败。需要注意的是，qin 用户对教师读者"008001"施加行级锁时，系统会让其等待一段时间，如果在这段时间里，root 用户提交了事务，那么 qin 用户还是可以施加行级锁的；如果在这段时间里，root 用户没有提交事务，那么 qin 用户施加行级锁就会失败。

（3）虽然 qin 用户不能锁定教师读者"008001"记录，但是能不能读和写呢？如图 7.17 所示，qin 用户仍然可以读，但是不能修改。

```
mysql>
mysql> SELECT * FROM reader  WHERE Rno='008001';
+--------+--------+------+-------------+--------+
| Rno    | Rname  | Rage | Tel         | Rtype  |
+--------+--------+------+-------------+--------+
| 008001 | 赵东来 |  37  | 13808590023 | 教师   |
+--------+--------+------+-------------+--------+
1 row in set (0.03 sec)

mysql> UPDATE reader SET Rage=38 WHERE Rno='008001';
ERROR 1205 (HY000): Lock wait timeout exceeded; try restarting transaction
mysql>
```

图 7.17　qin 用户读取和修改教师信息

（4）返回 root 用户控制台窗口，对教师信息进行修改，然后提交事务。如图 7.18
所示，root 用户对教师读者 "008001" 施加写锁后，可以修改信息。

```
mysql> UPDATE reader SET Rage=38 WHERE Rno='008001';
Query OK, 1 row affected (0.04 sec)
Rows matched: 1  Changed: 1  Warnings: 0

mysql> COMMIT;
Query OK, 0 rows affected (0.07 sec)
```

图 7.18　root 用户修改教师信息并提交事务

（5）返回 qin 用户控制台窗口，提交事务后查询教师信息。如图 7.19 所示，root
用户对教师信息的修改已经成功。

```
mysql> commit;
Query OK, 0 rows affected (0.00 sec)

mysql> SELECT * FROM reader  WHERE Rno='008001';
+--------+--------+------+-------------+--------+
| Rno    | Rname  | Rage | Tel         | Rtype  |
+--------+--------+------+-------------+--------+
| 008001 | 赵东来 |  38  | 13808590023 | 教师   |
+--------+--------+------+-------------+--------+
1 row in set (0.00 sec)
```

图 7.19　qin 用户提交事务并查询教师信息

7.2.5 封锁带来的问题

利用封锁技术可以避免并发操作带来的各种错误，但是也会产生一些问题，比如，饿死、活锁和死锁。

7.2.5.1 "饿死"问题。

某些数据可能存在若干事务不断频繁地施加读锁的现象，虽然每个事务都在一段时间内解锁，但是仍然可能导致其他事务不能在该数据上施加写锁，这种情况称为"饿死"（Starvation）。

我们可以利用下列授权的方式来避免事务被"饿死"。

当事务 T 请求对数据 R 施加读锁时，授权加锁的条件是：

（1）不存在在数据 R 上持有写锁的其他事务。

（2）不存在等待对数据 R 加锁且优于 T 的申请加锁的事务。

7.2.5.2 "活锁"问题

当事务之间存在优先级时，可能存在"活锁"问题。当某个优先级较低的事务请求封锁数据时，总是不断有优先级高的事务也请求封锁该数据，导致该事务总是处于等待状态，这种情况称为"活锁"。

解决"活锁"问题的办法是：当某个事务等待一段时间后仍然没有能够封锁数据，则将事务的优先级提升一级，这样就会有机会封锁数据。

7.2.5.3 死锁问题

当系统中存在两个或以上的事务都有已经封锁的数据，并且都处于等待封锁其他事务解锁的数据对象，则这些事务就会永远处于等待状态，这种情况称为死锁。

死锁可以预防，但是预防死锁的代价较大，因此许多 DBMS 都允许死锁发生，然后设法检测发现死锁并解除。

我们可以使用有向图来表示事务之间的等待状态。每个事务被表示成结点，当事务 T1 需要封锁的数据对象被事务 T2 封锁了，则事务结点 T1 和 T2 之间有一条线连接，线条有箭头，由 T1 指向 T2，表示 T1 依赖 T2。如有像图中出现封闭的环路，则表明存在死锁，如图 7.20 所示。

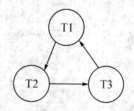

图 7.20　事务之间的等待

DBMS 内部可以设置一个程序，用于每隔一段时间检查事务之间是否存在死锁。当发现存在死锁时，系统根据某种原则或者规则，解除某个事务所封锁的所有数据对象，并把这些数据对象分配给其他事务，然后系统继续检测是否还存在死锁，如果还存在死锁，则继续挑选某个事务释放其封锁的数据对象，直到死锁不存在。

7.3　小结

本章讲述了事务与并发控制中的主要技术——封锁。

事务是访问并可能操作各种数据项的一个数据库操作序列，这些操作要么全部执行，要么全部不执行，是一个不可分割的工作单位。为了保证并发访问不影响数据库的正常使用，DBMS 必须支持事务具有 ACID 特征：原子性、一致性、隔离性和持久性。

MySQL 提供了事务开启、事务提交、事务回滚等事务控制语句，也支持事务隔离级别的设置。

事务是并发控制的基本单位，为了保证事务并发操作带来的丢失更新、不可重复读和读脏数据等问题，DBMS 必须提供相应的事务并发控制技术，封锁就是其中的一个重要技术。锁实质上是允许（或阻止）一个事务对一个数据对象所具有的存取权限，是用来防止多个客户端同时访问同一数据而产生问题的机制。一个事务对一个数据对象加锁的结果就是将其他事务"封锁"在该数据对象之外，以阻止它们进行加锁事务所不希望的操作。

MySQL 的 InnoDB 引擎支持表级锁和行级锁。表级锁是以表为单位施加读锁或者写锁。行级锁是以记录为单位施加读锁和写锁。表级锁的粒度大于行级锁的粒度。粒度的大小对并发性能和系统资源的消耗有直接的影响。

习题

1. 简述下列概念：
(1) 事务；
(2) 并发控制；
(3) 事务隔离级别；
(4) 锁；
(5) 写锁；
(6) 读锁；
(7) 封锁。
2. 简述事务的 ACID 特征。
3. 编写一个存储过程 rtn_pro，实现读者还书的功能。读者还书的功能需要两个语句来实现，一是修改读者的借书信息，使得读者的借书信息中有具体的还书日期。二是修改读者所还图书的借阅状态为"否"。这两个操作需要作为一个事务来处理。

提示：该存储过程需要两个参数——图书编号和读者编号。
4. 修改当前用户的事务隔离级别为串行化，请给出修改语句。
5. 用户需要对当前数据库 libinfo 中的所有表施加表级读锁，请给出封锁语句。

6. 用户需要对数据库 libinfo 的图书信息的计算机类图书施加行级写锁，请给出封锁语句。

实验项目十五：MySQL 事务处理

一、实验目的

1. 理解事务处理的过程。

2. 掌握 MySQL 事务开启语句。

3. 掌握 MySQL 事务提交语句。

4. 掌握 MySQL 事务回滚语句。

二、实验内容

1. 验证性实验：使用事务处理实现读者的还书功能。

2. 设计性实验：银行用户转账。

说明：使用事务处理的方式来实现用户之间的转账操作，转账操作包括两个：账户 A 转出和账户 B 转入。

三、验证性实验的操作步骤

1. 以 root 用户登录 MySQL 系统。

2. 创建一个可以操作数据库 libinfo 全部权限的用户 user1。

3. 连接数据库 libinfo，查询借书表 brw_rtn 中的信息，以便在后面可以从中选择一本尚未归还的图书作为归还的图书。

4. 开启一个事务。

5. 修改所要归还图书的借书信息的还书日期为当前日期，然后进行查询修改是否成功，把查询结果写入实验分析。

6. 修改所要还图书的借书状态为"否"，然后进行查询修改是否成功，把查询结果写入实验分析。

7. 打开另外一个控制台窗口，以第 2 步创建的用户 user1 登录 MySQL 系统。

8. 在用户 user1 窗口，连接数据库 libinfo，查询第 5 步归还图书信息的修改是否成功，将查询结果写入实验分析中。

9. 在用户 user1 窗口，查询第 6 步对归还图书的借书状态的修改是否成功，将查询结果写入实验分析。

10. 返回 root 用户窗口，提交事务。

11. 返回 user1 用户窗口，查询第 5、第 6 步修改的信息是否修改成功，将查询结果写入实验分析。

12. 实验分析。

四、设计性实验步骤

具体步骤由读者自行设计，读者可以模拟上面的验证实验进行设计，也可以自行采用其他方法，比如把事务处理放入存储过程中，这里仅给出大体框架步骤。

1. 在 root 用户窗口，自行设计并创建一个银行用户数据库 bankuser 和用户余额表 useraccount，要求具有三个字段客户编号、客户名和存款余额，然后插入两个账户信息。

2. 授权 MySQL 用户 user1 具有该数据库的查询权限。

3. 事务处理转账。

五、实验分析

1. 验证性实验分析：

（1）第 5、第 6 步中，root 用户的查询结果是什么？该查询结果是不是显示修改是否成功？

（2）第 8、第 9 步中，user1 用户的查询结果是什么？与第 5、第 6 步的查询结果是否一致？如果不一致，你能得出什么结论？

2. 设计性实验分析：

读者自行分析。

8 关系数据库规范化理论

【学习目的及要求】

本章围绕如何针对一个具体应用去构造适合它的关系数据库模式，逐步介绍基于数据依赖的关系数据库规范化理论。这是关系数据库逻辑设计的理论依据。通过本章学习，学生要达到以下目的：

●熟练掌握函数依赖的基本概念和定义，理解多值依赖的定义。明确不论是函数依赖还是多值依赖的概念均属于语义范畴，只能根据现实世界中数据的语义来确定。

●掌握关系数据库各种范式的基本概念和定义，能熟练判断给定关系模式所属范式。

●掌握模式分解的无损连接性和保持函数依赖性，理解模式分解的三条准则。

●能结合实际，运用关系数据库规范化理论对关系模式逐步求精。

【本章导读】

在前面的章节中，我们已经讨论了数据库系统的概念，介绍了关系数据库的基本概念，以及关系模型的数据结构、完整性约束和关系操作，对 MySQL 这一常用的关系数据库管理系统的数据定义、数据操纵和数据控制进行了详细的介绍。而如何利用一个具体的数据库管理系统进行数据库设计，是本书最终所需达成的目标。在数据库设计中，关系数据库模式的设计是关键。怎样构造与具体应用相适合的、好的关系数据库模式，该关系数据库模式应该包括几个关系模式，每个关系模式由哪些属性组成，这需要通过规范化理论加以解决。

那么什么是"好"的关系模式？一个"好"的关系模式应该是数据冗余尽可能少，且不会发生插入异常、删除异常和更新异常等问题。为了得到一个"好"的关系模式并有效地消除其存在的问题，我们可以利用模式分解的方法，达到规范化的目的。

本章 8.1 节从一个具体实例入手提出一个"不好"的关系模式存在哪些问题，导致这些问题的原因是什么，进而引入规范化理论所要讨论的内容；8.2 节介绍规范化理论所涉及的两类重要的数据依赖——函数依赖和多值依赖的基本概念；8.3 节在讲解各级范式的过程中结合实例直观地描述如何将具有不合适性质的关系模式转换为更合适的形式；8.4 节主要介绍模式分解的无损连接性和保持函数依赖性；8.5 节主要讲解为什么要进行模式求精及如何对关系模式进行求精。

8.1　问题引入

对于从客观世界中抽象出的一组数据，如何设计一个适合的关系数据库应用系统对其进行管理和维护，关键在于关系数据库模式的设计，即关系数据库的逻辑设计。一个好的关系数据库模式应该包括多少个关系模式，而每一个关系模式又应该包括哪些属性，如何将这些相互关联的关系模式组建成一个适合的关系模型，这些都决定了整个数据库应用系统运行的效率，也是系统设计成败的关键。

如何评价关系数据库模式的好坏？什么是"好"的关系模式？"不好"的关系模式会导致哪些问题？这些问题都要在关系数据库规范化理论的指导下加以解决。

首先，回顾一下关系模式的形式化定义。

关系模式是对关系的描述。它的完整表述是一个五元组：R(U, D, Dom, F)。

其中：R 是关系名，代表一个关系模式；U 是关系模式 R 的属性集合（属性组）；Dom 是属性组 U 中各属性所来自的域；F 是属性组 U 上的一组数据依赖的集合。

由于 D、Dom 与模式设计关系不大，因此，这里把关系模式看成一个三元组：R<U, F>。当且仅当 U 上的一个关系 r 满足 F 时，r 称为关系模式 R<U, F>的一个关系。

关系模式 R 是静态的、稳定的，而关系 r 随着时间的推移会发生变化，但现实世界中的许多已知事实却限定了关系 r，其变化必须要满足一定的约束条件。这些约束条件除对属性取值范围的限定，还可以通过属性值间的相互关联体现出来，这种关联就是数据依赖。

对于数据依赖，我们先非形式化地讨论一下它的概念。

数据依赖是一个关系内部属性与属性之间的一种约束关系。这种约束关系是通过属性间的值是否相等体现出来的数据间的相互联系。数据依赖是现实世界属性间相互联系的抽象，属于数据内在的性质，是语义的体现。数据依赖主要包括函数依赖（functional dependency，FD）、多值依赖（multi-valued dependency，MVD）和连接依赖（join dependency，JD），其中最重要的是函数依赖和多值依赖。

在数据依赖中，函数依赖普遍存在于客观世界，是一种最基本的数据依赖，它是属性间的一种联系。这种依赖关系类似于数学中的函数 $y = f(x)$，当自变量 x 确定之后，相应的函数值 y 也就唯一确定了。例如，一个描述学生的关系，包括学号（Sno）、姓名（Name）、性别（Sex）、班级（Class）等几个属性。由于一个学生只有一个学号，只能在一个班级学习，因而当"学号"的值确定后，对应学生的姓名、性别和班级的值也就唯一地确定了。这时我们可以理解为 $Name = f(Sno)$，$Sex = f(Sno)$，$Class = f(Sno)$，即Name、Sex、Class 函数依赖于 Sno，或者说 Sno 函数决定 Name、Sex、Class，记作 Sno→Name，Sno→Sex，Sno→Class。

直观地看，关系就是一张二维表格，而这张二维表必须满足一定的规范条件，而这些规范化要求中最基本的一条，就是要求关系的每一个分量必须是不可分的数据项，即不允许出现表中还有表。但是不是满足了这个基本要求的关系模式就是一个"好"

的关系模式呢？下面以一个实例来说明这样的关系模式可能会出现的问题。

【例 8-1】假设一个学校图书馆管理的数据库，涉及图书编号（Bno）、索书号（CallNo）、书名（Bname）、图书类型（Btype）、存放区域（Bseat）、读者编号（Rno）、借书日期（BrwDate）和还书日期（RtnDate）等数据对象，如果将这些对象都放在一个单一的关系模式 Book_BR 中，其关系模式的属性集合为

U = { Bno, CallNo, Bname, Btype, Bseat, Rno, BrwDate, RtnDate }

现实世界已知事实告诉我们如下语义：

（1）图书馆内的每本书都只有一个唯一的编号，即图书编号。

（2）图书馆的每一种书都用一个索书号代表，而每一种图书一般都有一定的馆藏复本量（复本量就是版次、内容完全一样的同一种书在图书馆内的收藏数量）以满足读者的需求。也就是说，一个索书号可以对应多个图书编号，但一个图书编号只能对应一个索书号。

（3）一个图书类型可以有多种图书，但一种图书只能属于某一图书类型。

（4）一个类型的图书存在于一个区域，一个区域可以存放多个类型的图书。

（5）一个读者可以借阅多本图书，每本图书也可以被多个读者借阅，而且一个读者在归还某本图书之后还可以重复借阅这本图书。

由上述语义结合函数依赖的非形式化定义可知，属性组 U 上有这样一组函数依赖 F（如图 8.1 所示）：

F = { Bno→CallNo, CallNo→Bname, CallNo→Btype, Btype→Bseat, （Bno, Rno, BrwDate）→RtnDate }

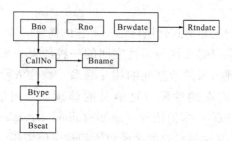

图 8.1　关系模式 Book_BR 上的函数依赖

若只考虑属性集 U 和数据依赖 F，我们可以得到一个描述读者借阅图书的关系模式 Book_BR <U，F>，其主码为（Bno，Rno，BrwDate）。表 8.1 给出了某一时刻该关系模式的一个实例。

表 8.1 Book_BR（图书借阅表）

图书编号 Bno	索书号 CallNo	书名 Bname	图书类型 Btype	存放区域 Bseat	读者编号 Rno	借书日期 BrwDate	还书日期 RtnDate
Art04101	Art041	摄影艺术教程	艺术	A	2019408001	2019/09/21	2019/10/15
Art04101	Art041	摄影艺术教程	艺术	A	8002	2019/10/18	NULL

表8.1(续)

图书编号 Bno	索书号 CallNo	书名 Bname	图书类型 Btype	存放区域 Bseat	读者编号 Rno	借书日期 BrwDate	还书日期 RtnDate
Cpt08101	Cpt081	MySQL 数据库教程	计算机	C	8001	2019/03/21	2019/06/09
Cpt08101	Cpt081	MySQL 数据库教程	计算机	C	8001	2019/09/27	NULL
Cpt08102	Cpt081	MySQL 数据库教程	计算机	C	2018408002	2019/03/28	2019/04/25
Cpt08102	Cpt081	MySQL 数据库教程	计算机	C	2019408001	2019/05/06	2019/06/01
Cpt08201	Cpt082	Java 程序设计	计算机	C	2018408001	2019/03/25	2019/04/18
Cpt08201	Cpt082	Java 程序设计	计算机	C	2018408001	2019/04/20	2019/05/19
Cpt08301	Cpt083	数据库 原理及应用	计算机	C	2018408002	2019/10/12	NULL

但是，这个关系模式存在着以下几方面的问题：

（1）数据冗余。比如，每种书的索书号和书名重复出现，重复次数与这种图书的复本量及每本复本的借阅量有关，即等于该种图书的借阅次数；又比如，每一图书类型和其存放区域重复出现，重复次数与这类图书的借阅次数相同，如表 8.1 所示。这样就会浪费大量的数据存储空间。

（2）更新异常。由于数据冗余，当系统对数据库中数据进行更新时，系统需要付出很大的代价来维护数据库的完整性，稍有不慎，就可能会漏改某些元组，而造成数据的不一致。比如，某一类型的图书需要调整存放位置，这时必须修改与这类图书有关的所有元组。

（3）插入异常。如果某本图书刚刚上架，还没有读者借阅，那该图书的信息无法插入到数据库中。这是因为 Book_BR 的主码为（Bno，Rno，BrwDate），根据实体完整性规则，主属性不能为空，所以仅仅有 Bno（图书编号），是无法完成以上插入操作的。

（4）删除异常。某种图书因为某一原因而被清理，如计算机类的图书更新较快，有些过时的软件操作图书就会下架，在删除这些图书信息的同时，其相关借阅信息和读者信息也就丢失了。

由以上问题可以看出，关系模式 Book_BR 不是一个"好"的关系模式，一个"好"的关系模式应当不会发生插入异常、删除异常、更新异常问题，数据冗余应尽可能地少。

插入、删除和更新异常其实都是数据冗余的"并发症"，而数据冗余是因为关系模式中的函数依赖存在着某些不好的性质。我们可以通过分解的方法去不断消除不适合的数据依赖而实现数据库规范化。

例如，将上述关系模式 Book_BR 分解为四个关系模式（其中主码用下划线标识）：

Book_info（<u>CallNo</u>，Bname，Btype），函数依赖为 ｛ CallNo→Bname，CallNo→Btype ｝；

Books（<u>Bno</u>，CallNo），函数依赖为 ｛ Bno→CallNo ｝；

Book_seat（<u>Btype</u>，Bseat），函数依赖为 ｛ Btype→Bseat ｝；

Brw_Rtn（<u>Bno</u>，<u>Rno</u>，<u>BrwDate</u>，RtnDate），函数依赖为 ｛（Bno，Rno，BrwDate）→RtnDate ｝。

根据表 8.1 给出的关系 Book_BR 的实例，分解得到的四个关系实例如图 8.2 所示。

Book_info

索书号 CallNo	书名 Bname	图书类型 Btype
Art041	摄影艺术教程	艺术
Cpt081	MySQL数据库教程	计算机
Cpt082	Java程序设计	计算机
Cpt083	数据库原理及应用	计算机

Books

图书编号 Bno	索书号 CallNo
Art04101	Art041
Cpt08101	Cpt081
Cpt08102	Cpt081
Cpt08201	Cpt082
Cpt08301	Cpt083

Book_seat

图书类型 Btype	存放区域 Bseat
艺术	A
计算机	C

Brw_Rtn

图书编号 Bno	读者编号 Rno	借书日期 BrwDate	还书日期 RtnDate
Art04101	2019408001	2019/09/21	2019/10/15
Art04101	8002	2019/10/18	NULL
Cpt08101	8001	2019/03/21	2019/06/09
Cpt08101	8001	2019/09/27	NULL
Cpt08102	2018408002	2019/03/28	2019/04/25
Cpt08102	2019408001	2019/05/06	2019/06/01
Cpt08201	2018408001	2019/03/25	2019/04/18
Cpt08201	2018408001	2019/04/20	2019/05/19
Cpt08301	2018408002	2019/10/12	NULL

图 8.2　Book_BR 分解后的四个关系

Book_BR 关系模式分解后学校图书馆管理系统数据库由原来单一的关系模式变成四个相互联系的关系模式，这时上述问题得到了较好解决。首先，数据冗余得到了控制，书名、图书类型和存放区域等属性的数据重复大大减少；其次，数据更新变得简单，比如，某一类型的图书调整了存放位置，只需修改 Book_seat 表中对应的那个元组即可；最后，插入异常和删除异常问题都得到了一定程度的解决，某种图书刚刚上架还没有被借阅时，可以把它的信息插入到 Book_info 表和 Books 表中，某种图书被清理下架时，从 Book_info 表和 Books 表中删除相关信息即可。

一个关系模式的数据依赖会有哪些不好的性质，如何改造一个模式，是规范化理论所要讨论的问题。接下来，我们将介绍与数据库规范化理论有关的两种重要的数据依赖。

8.2 函数依赖和多值依赖

8.2.1 函数依赖

函数依赖是一种最基本的数据依赖，普遍存在于客观世界，它反映了现实世界事物属性之间相互依存、相互制约的关系。

8.2.1.1 函数依赖的定义

定义 8.1 设 R（U）是属性集 U 上的一个关系模式，X 和 Y 均为 U = {A_1, A_2, …, A_n} 的子集，r 为 R 的任一具体关系，r 中不可能存在两个元组在 X 上的属性值相等，而在 Y 上的属性值不等（如果对于 r 中的任意两个元组 t 和 s，只要有 t[X] = s[X]，就有 t[Y] = s[Y]），则称 X 函数决定 Y，或称 Y 函数依赖于 X，记为 X→Y，其中 X 叫作决定因素（determinant），Y 叫作依赖因素（dependent）。

例如，图 8.2 的 Book_info 关系表中当 CallNo（索书号）属性的取值确定，则对应的 Bname（书名）和 Btype（图书类型）属性值也就被唯一地确定。也就是说，Book_info 关系表存在两个函数依赖 CallNo→Bname 和 CallNo→Btype。

对于函数依赖，需要做以下几点说明：

（1）函数依赖反映属性之间的一般规律，必须是关系模式 R 的任一关系实例 r 中都满足的约束条件，而不是关系模式 R 的某个或某些关系实例满足的约束条件。

（2）函数依赖和其他数据依赖一样，是语义范畴的概念，反映了一种语义完整性约束。用户只能根据语义来确定一个函数依赖，而不能按照其形式化定义来证明一个函数依赖是否成立。例如，"姓名→年龄"这个函数依赖只有在没有重名的条件下才成立，否则就不存在该函数依赖。

（3）数据库在设计时可以对现实世界的事物做强制规定。例如，我们可以在"姓名→年龄"这样函数依赖中强行规定不允许同名的人出现，从而使函数依赖"姓名→年龄"成立。这样当插入的元组在姓名上的取值有同名人存在时，则拒绝插入该元组。

（4）若 X→Y，并且 Y→X，则记为 X←→Y。

（5）若 Y 不函数依赖于 X，则记为 X ⇸ Y。

为方便理解，我们可用椭圆表示属性或属性集，圆弧表示函数依赖，箭头由决定因素指向依赖因素，则函数依赖 X→Y 如图 8.3 所示。

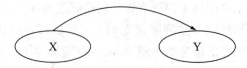

图 8.3　X→Y 的函数依赖

8.2.1.2　平凡函数依赖和非平凡函数依赖

定义 8.2　在关系模式 R（U）中，对于 U 的子集 X 和 Y，如果 X→Y，但 Y⊄X，则称 X→Y 是非平凡函数依赖。若 Y⊆X，则称 X→Y 是平凡函数依赖。

非平凡函数依赖和平凡函数依赖分别如图 8.4（a）和图 8.4（b）所示。

对于任一关系模式，平凡函数依赖都是必然成立的，它不反映新的语义。例如，"（学号、姓名）→姓名"就是一个平凡函数依赖。因为平凡函数依赖没有实际意义，一般不予以讨论，因此如无特别声明，书中讨论的函数依赖均指的是非平凡函数依赖。

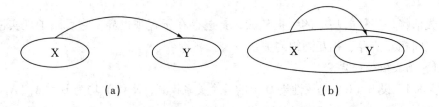

（a）　　　　　　　　　　　　　　　　　（b）

图 8.4　非平凡函数依赖和平凡函数依赖

8.2.1.3　完全函数依赖和部分函数依赖

定义 8.3　在关系模式 R（U）中，对于 U 的子集 X 和 Y，如果 X→Y，且 Y⊄X，若对于 X 的任何一个真子集 X′都有 X′⇸Y，则称 Y 对 X 完全函数依赖，记作 $X \xrightarrow{f} Y$。

若 X→Y，但 Y 不完全函数依赖于 X（Y 可以函数依赖于 X 的部分属性集 X′），则称 Y 对 X 部分函数依赖，记作 $X \xrightarrow{p} Y$。

部分函数依赖 $X \xrightarrow{p} Y$ 如图 8.5 所示。

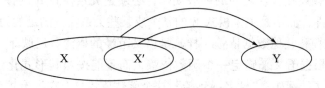

图 8.5　部分函数依赖

可以看出，当 X 是单属性时，$X \xrightarrow{f} Y$ 恒成立。

在【例 8-1】中，（Bno，Rno，BrwDate）$\xrightarrow{f}$ RtnDate 是完全函数依赖，（Bno，Rno，BrwDate）$\xrightarrow{p}$ CallNo 是部分函数依赖，因为 Bno→CallNo 成立，而 Bno 是

（Bno，Rno，BrwDate）的真子集。

8.2.1.4　传递函数依赖

定义 8.4　在关系模式 R（U）中，对于 U 的子集 X、Y、Z，如果 X→Y（Y⊄X），Y ↛ X，Y→Z（Z⊄Y），则必存在 X→Z，称为 Z 对 X 传递函数依赖，记作 X $\xrightarrow{\text{传递}}$ Y。

传递函数依赖 X $\xrightarrow{\text{传递}}$ Y 如图 8.6 所示。

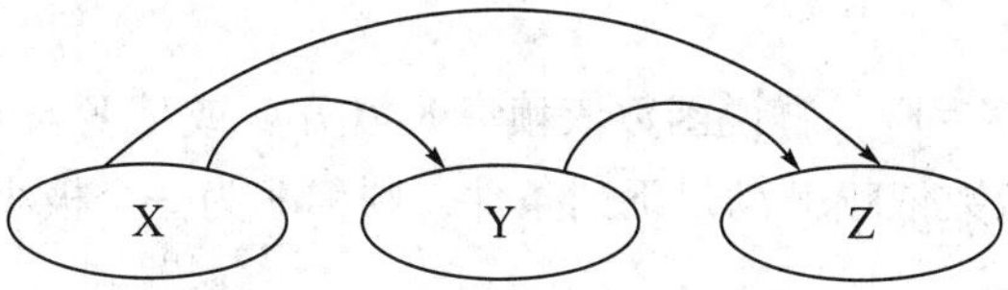

图 8.6　传递函数依赖

这里加上条件 Y ↛ X，是因为如果 Y→X，则 X←→Y，那实际上就是 Z 对 X 的直接函数依赖而不是传递函数依赖。

在【例 8-1】中，CallNo→Btype、Btype→Bseat 成立，所以有 CallNo $\xrightarrow{\text{传递}}$ Bseat 成立。

8.2.2　函数依赖的性质与最小依赖集

函数依赖关系并不是相互独立的，它们之间存在着一些逻辑蕴涵关系。这种蕴涵关系有时对挖掘新的函数依赖有着非常重要的作用，有助于用户从已知的函数依赖中发现另外一些关键的函数依赖。

那么，如何从关系模式 R 中已知的由若干个函数依赖构成的集合 F 中发现其蕴涵的函数依赖？显然，这个发现的过程就是一个推理的过程，并且需要一套推理规则。1974 年，Armstrong 首次提出这样一套推理规则，由此构成了著名的 Armstrong 公理系统。

Armstrong 公理系统：在关系模式 R（U）中，假设 X、Y、Z、W 均为 U 的任意子集，F 为 U 上的一组函数依赖，那么，基于函数依赖集 F 的推理规则可以归结为以下三条：

（1）自反律：若 Y⊆X，则 X→Y 为 F 所蕴涵（平凡函数依赖）。

（2）增广律：若 X→Y 为 F 所蕴涵，则 XZ→YZ[①] 为 F 所蕴涵。

（3）传递律：若 X→Y，Y→Z 为 F 所蕴涵，则 X→Z 为 F 所蕴涵。

根据上述的这三条推理规则我们可以得到下面四条有用的推理规则：

（1）合并规则：若 X→Y，X→Z，则 X→YZ。

（2）分解规则：若 X→Y 及 Z⊆Y，则 X→Z。

（3）伪增规则：若 X→Y 且 Z→W，则 XZ→YW。

（4）伪传递规则：若 X→Y，YW→Z，则 XW→Z。

---

① 为简单起见，用 XZ 代表 X∪Z，用 YZ 代表 Y∪Z。

根据合并规则和分解规则，很容易得到如下定理。

定理 8.1 在关系模式 R (U) 中，X 及 A_1，A_2，…，A_n 是 U 的子集，$X \rightarrow A_1 A_2 \cdots A_n$ 成立的充分必要条件是 $X \rightarrow A_i$ 成立，其中 i=1，2，…，n。

由于可以利用推理规则从已知的函数依赖推演出另外一些函数依赖，所以对于一个关系模式来说，可能存在多个不同但等价的函数依赖集。

定义 8.5 在关系模式 R<U，F>中 F 所逻辑蕴涵的函数依赖的全体叫作 F 的闭包，记作 F^+。

定义 8.6 如果 $G^+ = F^+$，就说函数依赖集 F 覆盖 G 或是 F 与 G 等价。

定义 8.7 如果函数依赖 F 满足下列条件，则称 F 为一个极小函数依赖集，亦称为最小依赖集或最小覆盖。

（1）F 中任一函数依赖的右边仅含有一个属性。

（2）F 中不存在这样的函数依赖 $X \rightarrow A$，使得 F 与 F-｛$X \rightarrow A$｝ 等价。

（3）F 中不存在这样的函数依赖 $X \rightarrow A$，X 有真子集 Z 使得 F-｛$X \rightarrow A$｝ ∪ ｛$Z \rightarrow A$｝ 与 F 等价。

8.2.3 码

在关系模型中，码是一个很重要的概念。第 2 章已经给出了有关码的若干定义，这里利用函数依赖的概念来对码进行定义。

定义 8.8 设 K 为关系模式 R (U) 中的属性或属性组，若 $K \xrightarrow{f} U$，则 K 为 R 的候选码（candidate key）。

注意：U 是完全函数依赖于 K，而不是部分函数依赖于 K。如果 U 部分函数依赖于 K，则 K 为超码（surpkey）。候选码是最小的超码，即 K 的任意一个真子集都不是候选码。

候选码可能有多个，从其中选定一个作为主码（primary key）。

包含在任何一个候选码中的属性称为主属性（prime attribute）；不包含在任何候选码中的属性称为非主属性（nonprime attribute）或非码属性（non-key attribute）。最简单的情况，码是单个属性；最极端的情况，码是整个属性组 U，称为全码（all-key）。

例如，在图 8.2 中 Book_info (CallNo，Bname，Btype) 关系的码是单个属性 CallNo；Brw_Rtn (Bno，Rno，BrwDate，RtnDate) 关系的码是属性组 (Bno，Rno，BrwDate)。

又如，教学关系 (T，C，S)，其中属性 T 表示教师，属性 C 表示课程，属性 S 表示学生。假设一个教师可以讲授多门课程，某门课程可以有多个教师讲授，学生可以听不同教师讲授的不同课程，这个教学关系的码为 (T，C，S)，即全码。

定义 8.9 关系模式 R (U) 中属性或属性组 X 并非 R 的码，但 X 是另一个关系的码，则称 X 为 R 的外部码（foreign key），也称外码。

例如，在图 8.2 的 Books (Bno，CallNo) 关系模式中，CallNo 不是码，但 CallNo 是 Book_info (CallNo，Bname，Btype) 关系模式的主码，则 CallNo 是关系模式 Books 的外码。

主码和外码提供了一个表示关系间联系的手段，如关系模式 Book_info 与 Books 的联系就是通过 CallNo 来体现的。

8.2.4 多值依赖（Functional Dependency）

在关系模式中除函数依赖外，还有一种重要的数据依赖——多值依赖。

定义 8.10 设 R（U）是属性集 U 上的一个关系模式，X，Y 和 Z 是 U 的子集，并且 Z=U-X-Y。关系模式 R（U）中多值依赖 X→ →Y 成立当且仅当对 R（U）的任一个关系 r，给定的一对（x，z）值，有一组 Y 的值，这组值仅仅决定于 x 值而与 z 值无关。

若 X→ →Y，而 Z=Ø，即 Z 为空集，则称 X→ →Y 为平凡多值依赖。否则，称 X→ →Y 为非平凡的多值依赖。

下面看一个具有多值依赖的关系模式的例子。

【例 8-2】设有关系模式 WSP（W，S，P），其中 W 表示仓库，S 表示保管员，P 表示产品。假设每个仓库有若干个保管员，有若干种产品。每个保管员保管所在仓库的所有产品，每种产品被该仓库的所有保管员保管。对应关系模式 WSP 的关系实例如表 8.2 所示。

表 8.2 WSP

W	S	P
W_1	S_1	P_1
W_1	S_1	P_2
W_1	S_1	P_3
W_1	S_2	P_1
W_1	S_2	P_2
W_1	S_2	P_3
W_2	S_3	P_4
W_2	S_3	P_5
W_2	S_4	P_4
W_2	S_4	P_5

根据语义，对于 W 的每一个值 W_i，S 有一个完整的集合与之对应而不论 P 的取值如何，即是说，仓库保管员这组值仅仅与所在的仓库有关，而与存放的产品无关，所以 W→ →S。同理，有 W→ →P。

多值依赖具有以下性质：

（1）多值依赖具有对称性。

若 X→ →Y，则 X→ →Z，其中 Z=U-X-Y。

（2）多值依赖具有传递性。

若 X→ →Y，Y→ →Z，则 X→ →Z － Y。

（3）函数依赖是多值依赖的特殊情况。

若 X→Y，则 X→ →Y。

（注意：这是因为当 X→Y 时，对于 X 的每一个值 x，Y 有一个确定的值 y 与之对应，而一个值组成的组也是组，所以，函数依赖是多值依赖的特殊情况。）

（4）若 X→ →Y，X→ →Z，则 X→ →Y∪Z。

（5）若 X→ →Y，X→ →Z，则 X→ →Y∩Z。

（6）若 X→ →Y，X→ →Z，则 X→ →Y–Z，X→ →Z –Y。

8.3　关系模式的规范化

规范化的目的是要设计"好"的关系数据库模式，其基本思想是消除关系模式中的数据冗余，消除数据依赖中不合适的部分，以解决数据插入、删除时发生的异常现象，这就要求在构造关系数据库模式时必须遵循一定的规则。这种规则就是范式。

人们通常把关系数据库中的关系满足不同程度的规范化要求所设立的不同标准称为范式（normal form）。满足最低要求的叫第一范式，记为 1NF；在第一范式的基础上进一步满足更多要求的称为第二范式（2NF），其余范式依此类推。

关系数据库理论研究的奠基人 E. F. Codd 在 1971—1972 年系统地提出了 1NF、2NF、3NF 的概念，讨论了关系数据库规范化的问题。1974 年，Codd 和 Boyce 共同提出了一个新范式，即 BCNF。1976 年 Fagin 提出了 4NF，后来又有其他的研究人员提出了 5NF。

所谓"第几范式"原本是指关系模式满足的某一种级别的约束条件，而现在则把范式理解成符合某一种级别的关系模式的集合，即 R 为第几范式就可以写成 R ∈ xNF。对于这六类范式，都是在低一级范式的基础上满足更进一步约束条件成为高一级范式，因此它们之间是一种包含的关系，即 5NF⊂4NF⊂BCNF⊂3NF⊂2NF⊂1NF 成立。

一个低一级范式的关系模式通过模式分解可以转化为若干个高一级范式的关系模式，这个转化的过程称为规范化。

理论上说，设计的关系数据库模式满足的范式级别越高越好，但过高的要求意味着会受到诸多的限制，进而可能会影响数据库的性能及应用价值。在实际应用中，设计人员应当根据现实需要来决定所设计的数据库关系模式应当满足的范式级别。本节介绍与函数依赖和多值依赖有关的 1NF、2NF、3NF、BCNF 和 4NF，一般情况下，这五类范式足以满足实际的应用需求。

8.3.1 第一范式（1NF）

定义 8.11 设 R（U）是属性集 U 上的一个关系模式，如 U 中的每个属性 A_i 的值域只包含原子项，即每一个分量都是不可再分的数据项，则称 R（U）属于第一范式，记为 R（U）$\in$ 1NF。

在任何一个关系数据库中，第一范式（1NF）是对关系模式的基本要求，这意味着，关系中元组的分量是最小的数据单位，同一属性列中不能有多个值。例如，表 8.3 所示职工数据表就不满足第一范式，其每个元组在"工资"属性列的属性值有多个，"工资"属性还可以再分，因此该数据表也就不能称为关系。为将其转化为符合第一范式的关系模式，我们要把复合项"工资"分解为原子项，结果见表 8.4。

表 8.3 非规范化的职工数据

职工号	姓名	职称	工资		
			基本工资/元	岗位工资/元	绩效津贴/元
1001	张华	讲师	1 680	1 600	2 100
1002	赵小玲	讲师	1 560	1 600	2 000
1003	王丽丽	副教授	2 350	2 000	2 400

表 8.4 符合第一范式的职工数据表

职工号	姓名	职称	基本工资/元	岗位工资/元	绩效津贴/元
1001	张华	讲师	1 680	1 600	2 100
1002	赵小玲	讲师	1 560	1 600	2 000
1003	王丽丽	副教授	2 350	2 000	2 400

第一范式是对关系模式的最低要求，然而一个关系模式仅仅满足于第一范式是不够的。【例 8-1】所探讨的关系模式 Book_BR 就属于第一范式，但它具有大量的数据冗余和插入异常、删除异常、更新异常等问题，而这些问题是与 Book_BR 中存在的一些不合适的函数依赖有关。【例 8-1】的关系模式 Book_BR 中的码是（Bno，Rno，BrwDate）这一属性集，存在以下数据依赖：

$$（Bno，Rno，BrwDate）\xrightarrow{f} RtnDate$$

$$Bno \rightarrow CallNo，（Bno，Rno，BrwDate）\xrightarrow{p} CallNo$$

$$CallNo \rightarrow Bname，（Bno，Rno，BrwDate）\xrightarrow{p} Bname 且（Bno，Rno，BrwDate）\xrightarrow{传递} Bname$$

$$CallNo \rightarrow Btype，（Bno，Rno，BrwDate）\xrightarrow{p} Btype 且（Bno，Rno，BrwDate）$$

$$\xrightarrow{\text{传递}} \text{Btype}$$

$$\text{Btype} \rightarrow \text{Bseat}, \quad (\text{Bno, Rno, BrwDate}) \xrightarrow{p} \text{Bseat} 且 (\text{Bno, Rno, BrwDate})$$

$$\xrightarrow{\text{传递}} \text{Bseat}$$

由此可见，在关系模式 Book_BR 中既存在非主属性对码的完全函数依赖，又存在非主属性对码的部分函数依赖和传递函数依赖。关系中存在的复杂的函数依赖导致在数据操作时出现了种种问题，因此我们有必要通过对关系模式 Book_BR 进行投影分解，去掉过于复杂的函数依赖，向高一级的范式转化。

8.3.2 第二范式（2NF）

定义 8.12 如果关系模式 R（U）∈1NF，且 R 中每个非主属性都完全函数依赖于它的任何一个候选码，则称 R 属于第二范式，记为 R（U）∈2NF。

在上述关系模式 Book_BR 中，（Bno, Rno, BrwDate）是码，CallNo、Bname、Btype、Bseat、RtnDate 是非主属性，这里除 RtnDate 完全函数依赖于码外，其他非主属性对码均是部分函数依赖，因此，Book_BR ∉ 2NF。

为了消除部分函数依赖，我们可以采用投影分解的方法把 Book_BR 分解为两个关系模式：

Brw_Rtn （<u>Bno, Rno, BrwDate</u>, RtnDate）

Books_IS （<u>Bno</u>, CallNo, Bname, Btype, Bseat）

其中，Brw_Rtn 的码是（Bno, Rno, BrwDate），RtnDate 为非主属性，函数依赖为

$$(\text{Bno, Rno, BrwDate}) \xrightarrow{f} \text{RtnDate}$$

Books_IS 的码是 Bno，其他四个属性均为非主属性，函数依赖为：

Bno→CallNo, CallNo→Bname, CallNo→Btype, Btype→Bseat, Bno $\xrightarrow{\text{传递}}$ Bname，

Bno $\xrightarrow{\text{传递}}$ Btype, Bno $\xrightarrow{\text{传递}}$ Bseat

对应表 8.1，关系 Book_BR 分解为 Brw_Rtn 和 Books_IS 后的关系如表 8.5 和表 8.6 所示。

表 8.5 Brw_Rtn

图书编号 Bno	读者编号 Rno	借书日期 BrwDate	还书日期 RtnDate
Art04101	2019408001	2019/09/21	2019/10/15
Art04101	8002	2019/10/18	NULL
Cpt08101	8001	2019/03/21	2019/06/09
Cpt08101	8001	2019/09/27	NULL
Cpt08102	2018408002	2019/03/28	2019/04/25
Cpt08102	2019408001	2019/05/06	2019/06/01

表8.5(续)

图书编号 Bno	读者编号 Rno	借书日期 BrwDate	还书日期 RtnDate
Cpt08201	2018408001	2019/03/25	2019/04/18
Cpt08201	2018408001	2019/04/20	2019/05/19
Cpt08301	2018408002	2019/10/12	NULL

表 8.6　Books_IS

图书编号 Bno	索书号 CallNo	书名 Bname	图书类型 Btype	存放区域 Bseat
Art04101	Art041	摄影艺术教程	艺术	A
Cpt08101	Cpt081	MySQL 数据库教程	计算机	C
Cpt08102	Cpt081	MySQL 数据库教程	计算机	C
Cpt08201	Cpt082	Java 程序设计	计算机	C
Cpt08301	Cpt083	数据库原理及应用	计算机	C

显然，分解后的关系模式中，非主属性都完全函数依赖于码，即 Brw_Rtn $\in$ 2NF 且 Books_IS $\in$ 2NF。原关系模式 Book_BR 中存在的以下问题也得到了一定程度的解决：

（1）如果某图书刚刚上架，还没有读者借阅，这时可以把该图书信息插入到关系 Books_IS 中。

（2）如果某种图书因为某一原因而被清理下架，在删除这些图书信息时，其相关借阅信息不会受影响。

（3）由于图书借阅情况和图书基本情况分开存储在两个关系中，因此，每本图书的信息都只在图书基本情况表存储一次，而与其借阅次数无关，使数据冗余大大减少。

但同时我们看到 Books_IS 关系中也还存在着一些问题：

（1）数据冗余。比如，同一种书有多个复本时其索书号和书名重复出现；又比如，同一图书类型和其存放区域重复出现，如图 8.7 所示。这样仍会浪费大量的数据存储空间。

（2）更新异常。由于数据冗余，因此某一类型的图书需要调整存放位置时，系统必须修改与这类图书有关的所有元组。稍有不慎，就可能因漏改某些元组而造成更新异常。

（3）插入异常。譬如一批图书刚刚进馆上架（因索书号是图书馆藏书排架用，这意味着这批图书已有对应的索书号），但还没有来得及对每本图书编号，那这批图书的相关信息无法插入到数据库中。

导致这些异常和数据冗余的原因是该关系模式中存在着非主属性对码的传递函数依赖。接下来介绍的第三范式就是要消除这种函数依赖关系。

8.3.3　第三范式（3NF）

定义 8.13　如果关系模式 R<U，F> ∈ 1NF，若 R 中不存在这样的码 X，属性组 Y 及非主属性 Z（Y ⊈ X，Z ⊈ Y）使得 X→Y，Y ↛ X，Y→Z 成立，则称 R 属于第三范式，记为R<U,F> ∈ 3NF。

由定义可知，若 R<U，F> ∈ 3NF，则每一个非主属性既不传递函数依赖于候选码，也不部分函数依赖于候选码，故一定有 R<U，F> ∈ 2NF。

定理 8.2　3NF 必是 2NF 的真子集。

证明：用反证法。假设 R<U，F> ∈ 3NF，但 R<U，F> ∉ 2NF，则存在码 X 和非主属性 Y，使得 $X \xrightarrow{p} Y$ 成立，那一定有 X'→Y（X' ⊂ X），于是有 X→X'，X' ↛ X，X'→Y，Y ⊈ X，因而有 $X \xrightarrow{传递} Y$，这与已知相矛盾，故假设不成立。所以若 R<U，F> ∈ 3NF，则 R<U，F> ∈ 2NF。即是说 3NF 必是 2NF 的真子集。

在前述关系模式 Brw_Rtn 中非主属性 RtnDate 没有对码（Bno，Rno，BrwDate）的传递函数依赖，所以 Brw_Rtn ∈ 3NF。

而在关系模式 Books_IS 中存在非主属性 Bname、Btype、Bseat 对码 Bno 的传递函数依赖，所以 Books_IS ∉ 3NF。

同样，采用投影分解的方法把 Books_IS 分解为三个关系模式（分解后的关系表见图 8.2）：

Books（<u>Bno</u>，CallNo），函数依赖为｛Bno→CallNo｝

Book_info（<u>CallNo</u>，Bname，Btype），函数依赖为｛CallNo→Bname，CallNo→Btype｝

Book_seat（<u>Btype</u>，Bseat），函数依赖为｛Btype→Bseat｝

显然，分解后的三个关系模式中均不存在非主属性对码的部分函数依赖和传递函数依赖，即 Book_info ∈ 3NF、Books ∈ 3NF、Book_seat ∈ 3NF。这在一定程度上解决了原关系模式 Book_IS 中存在的问题：

（1）数据冗余大大降低。对照图 8.2 可以看出每种书的书名、类型等基本信息只需在关系 Book_info 中存储一次即可；每类图书的存放区域也仅需在关系 Book_seat 中存储一次。

（2）更新异常得以改善。若某一类型的图书需要调整存放位置，只需在关系 Book_seat 中修改对应的那条元组。

（3）插入异常得到解决。如某些刚刚进馆上架却未及时进行编号的新进图书，可先将这些图书的信息插入到关系 Book_info 和 Book_seat 中。

3NF 的关系模式主要是消除了非主属性对候选码的部分函数依赖和传递函数依赖，但没有涉及主属性和候选码之间的关系，如果它们之间存在不合适的函数依赖也会引起数据冗余和操作异常的问题。

【例 8-3】关系模式 STJ（S，T，J）中，S 代表学生，T 代表教师，J 代表课程。每一位教师只教一门课程，每门课程有若干教师讲授，某一学生选定某门课，就对应一个固定的教师。根据语义，我们可以得到这个关系模式中的函数依赖（如图 8.7 所示）。

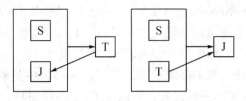

图 8.7　STJ 中的函数依赖

(S，J) →T，(S，T) →J，T→J

显然，(S，J) 和 (S，T) 都是候选码。在这个关系模式中没有非主属性，故不存在非主属性对候选码的部分函数依赖和传递函数依赖，所以，有 STJ∈3NF。

但关系模式 STJ 也存在以下问题：

（1）数据冗余。虽然一位教师只教一门课程，但每个选修该教师该门课程的学生元组都要重复记录这一信息。

（2）更新异常。某位教师开设的某门课程改名后，所有选修了该教师该门课程的学生元组都要进行相应的修改。若修改不当，就会出现数据不一致。

（3）插入异常。如某位教师开设了某门课程，但暂未有学生选修，则教师及开课信息也无法插入。

（4）删除异常。如有某位教师辞职，那么在删除该教师及其开课信息的同时，学生选课信息也同时丢失了。

从这些问题可以看出，关系模式 STJ 也不算一个"好"的关系模式，而出现上述问题的原因，主要是 STJ 中虽然没有非主属性对候选码的部分函数依赖和传递函数依赖，但存在着主属性 J 对候选码 (S，T) 的部分函数依赖。基于这种依赖关系，R. F. Boyce 和 E. F. Codd 提出了对 3NF 的改进范式，即 BCNF。

8.3.4　BC 范式（BCNF）

BCNF 是在 3NF 的基础上更进一步，通常认为是修正的第三范式，有时也称为扩充的第三范式。

定义 8.14　关系模式 R<U，F>∈1NF，若 X→Y 且 Y⊄X 时 X 必含有码，则称 R 属于 BC 范式，记为 R<U，F>∈BCNF。

也就是说，关系模式 R<U，F>中，若每一个决定因素都包含码，则 R<U，F>∈BCNF。

由 BCNF 定义可知，符合 BC 范式的每个关系模式均满足以下性质：

（1）R<U，F>中的所有非主属性对每一个候选码都是完全函数依赖。

（2）R<U，F>中的所有主属性对每一个不包含它的候选码也是完全函数依赖。

（3）R<U，F>中没有任何属性完全函数依赖于非码的任何一组属性。

在 BCNF 定义中虽然没有明确提出 R<U，F>∈3NF，但该定义确实保证了"其非主属性既不部分函数依赖于候选码，也不传递函数依赖于候选码"。

定理 8.3 BCNF 必是 3NF 的真子集。

证明：用反证法。假设 R<U，F> ∈ BCNF，但 R<U，F> ∉ 3NF，则必存在码 X、属性组 Y 和非主属性 Z，使得 X→Y（Y⊄X），Y ↛ X，Y→Z（Z⊄Y）。由于 X 是码且 Y 不能函数确定 X，因而 Y 不可能是码，这与 R<U，F> ∈ BCNF 相矛盾，故假设不成立。所以若 R<U，F> ∈ BCNF，则 R<U，F> ∈ 3NF。即是说 BCNF 必是 3NF 的真子集。

但若 R<U，F> ∈ 3NF，却未必属于 BCNF。【例 8-3】中关系模式 STJ ∈ 3NF，而函数依赖 T→J 中决定因素 T 不是候选码，所以 STJ ∉ BCNF。我们可以对其进行投影分解为关系模式 ST（S，T）和 TJ（T，J）。显然，分解后的两个关系模式都属于 BCNF，原关系模式 STJ 中的上述问题也得到了解决，达到了以下效果：

（1）每位教师的开课信息只在 TJ 关系中存储一次。

（2）某位教师开设的某门课程改名后，只需修改 TJ 关系中的一个相应元组即可。

（3）某位教师开设的某门课程，虽暂未有学生选修，也可把相关信息存储到 TJ 关系中。

（4）如果有某位教师辞职，可在 TJ 关系中删除该教师开课信息。

下面再举几个 BCNF 的例子。

【例 8-4】关系模式 SJP（S，J，P）中，S 表示学生，J 表示课程，P 表示名次。每个学生选修每门课程的成绩有一定的名次，每门课程中每一个名次只有一个学生（即不允许并列名次）。由语义可知有下面的函数依赖：

（S，J）→P；（J，P）→S

所以（S，J）和（J，P）都是候选码，S，J，P 都是主属性，不存在非主属性对码的部分函数依赖和传递函数依赖，SJP ∈ 3NF，而且除（S，J）和（J，P）以外没有其他决定因素，所以 SJP ∈ BCNF。

【例 8-5】分析【例 8-1】中分解得到的关系模式 Book_info 和 Brw_Rtn 所属范式。

考察关系模式 Book_info（CallNo、Bname、Btype），它只有一个码 CallNo，函数依赖为 ｛ CallNo→Bname，CallNo→Btype ｝，可以看出 Book_info 中 CallNo 是唯一的决定因素，所以 Book_info ∈ BCNF。

关系模式 Brw_Rtn（Bno、Rno、BrwDate、RtnDate）中函数依赖为 ｛（Bno、Rno、BrwDate）→RtnDate ｝，其决定因素（Bno、Rno、BrwDate）同时也是唯一的码，所以 Brw_Rtn ∈ BCNF。

定理 8.4 设 R（U）是一个关系模式，且 R（U）∈ 3NF，如果 R（U）只有一个候选码，则 R（U）∈ BCNF。

这个定理虽然只是一个关系模式属于 BC 范式的一个充分条件，但具有直观指导意义，在数据库设计中有非常重要的作用。

特别地，如果 R（U）∈ 3NF，当仅有一个属性能够唯一标识每个元组时，则 R（U）∈ BCNF，且该属性为唯一的候选码。

如果一个关系数据库中的关系模式都属于 BCNF，则称该关系数据库满足 BCNF。一个满足 BCNF 的关系数据库已经极大地减少了数据的冗余，并在函数依赖范畴内实现彻底的分解，消除了插入异常和删除异常，达到以函数依赖为测度的最高规范化程度。

8.3.5 第四范式（4NF）

1NF、2NF、3NF 和 BCNF 是在函数依赖的范畴对模式分解所能达到的分离程度的测度。但一个关系模式达到 BCNF 以后是不是就完美了呢？下面我们针对多值依赖的情况来分析一下【例8-2】中的关系模式 WSP 是否有不好的地方。

从表 8.2 可以看出，对于 WSP 的某个关系，如果某一个仓库 W_i 有 m 个保管员，存放 n 种产品，则关系中分量为 W_i 元组数目为 m×n 个。该仓库每个保管员重复存储 n 次，每种产品重复存储 m 次，数据冗余太大；由于数据冗余，导致增、删、改操作复杂，如当该仓库增加或减少一个保管员，就要插入或删除 n 个元组，而如果要修改该仓库中的保管员，就要修改 n 个元组。产生上述问题的原因主要是该关系模式中存在不合适的多值依赖。因此，我们还需进一步规范化使关系模式 WSP 达到更高范式。

定义 8.15 关系模式 R<U，F>∈1NF，如果对于 R 的每个非平凡多值依赖 X→ →Y（Y⊄X），X 都含有码，则称 R 属于第四范式，记为 R<U，F>∈4NF。

4NF 就是限制关系模式的属性之间不允许有非平凡且非函数依赖的多值依赖。即是说，只允许有平凡的多值依赖或者函数依赖出现。因为根据定义，对于每一个非平凡的多值依赖 X→ →Y，X 都含有候选码，则有 X→Y，所以 4NF 所允许的非平凡的多值依赖实际上是函数依赖。

显然，如果一个关系模式 R<U，F>∈4NF，则必有 R<U，F>∈BCNF。

在【例8-2】讨论的关系模式 WSP 中，W→ →S，W→ →P，它们都是非平凡的多值依赖，而 W 不是码，关系模式 WSP 的码是（W，S，P），即全码。所以 WSP∉4NF。

这里可以将 WSP 进一步投影分解为 WS（W，S）和 WP（W，P）以消除非平凡且非函数依赖的多值依赖（关系 WS 和 WP 如图8.8所示）。分解后的 WS 和 WP 虽然仍有多值依赖 W→ →S 和 W→ →P，但都是平凡的多值依赖，所以 WS∈4NF，WP∈4NF。前述问题也得到较好解决，读者可以自己对照表 8.2 和图 8.8 进行分析。

WS		WP	
W	S	W	P
W_1	S_1	W_1	P_1
W_1	S_2	W_1	P_2
W_2	S_3	W_1	P_3
W_2	S_4	W_2	P_4
		W_2	P_5

图 8.8　WSP 分解为 WS 和 WP

函数依赖和多值依赖是两种最重要的数据依赖。如果只考虑函数依赖，则属于 BCNF 的关系模式的规范化程度已经是最高的了；如果考虑多值依赖，则属于 4NF 的关系模式规范化程度最高。事实上，还有其他一些类型的数据依赖，如连接依赖。但连接依赖不像函数依赖和多值依赖可由语义直接导出，而是在关系的连接运算时才反映出来。存在连接依赖的关系模式仍可能出现一些问题，如果消除了属于 4NF 的关系模式中存在的连接依赖，则可进一步达到 5NF。本书将不再讨论连接依赖和 5NF，有兴趣的读者可以参阅相关书籍。

8.3.6 规范化小结

在关系数据库中，对关系模式的基本要求是满足第一范式，即要求其每一个分量不可再分，这样的关系模式才是合法的。但是关系模式仅仅满足这个要求可能并不完美，还会存在数据冗余、更新异常、插入异常和删除异常等问题，而如何解决这些问题，就是规范化的目的。

规范化的基本思想是逐步消除数据依赖中不合适的部分，使数据库模式中的各关系模式达到某种程度的"分离"，即"一事一地"的模式设计原则。这样可以让一个关系去描述一个概念、一个实体或实体间的一种联系。若有多余的概念就把它"分离"出去，因此所谓的规范化实质上就是概念的单一化。

关系模式的规范化过程是通过对关系模式的分解来实现的，即把低一级的关系模式分解为若干个高一级的关系模式。其基本步骤如图 8.9 所示。

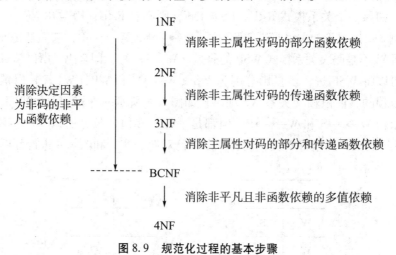

图 8.9 规范化过程的基本步骤

（1）对 1NF 的关系模式进行分解，消除原关系模式中非主属性对码的部分函数依赖，将其转化为若干个 2NF 的关系模式。

（2）对 2NF 的关系模式进行分解，消除原关系模式中非主属性对码的传递函数依赖，将其转化为若干个 3NF 的关系模式。

（3）对 3NF 的关系模式进行分解，消除原关系模式中主属性对码的部分函数依赖和传递函数依赖，将其转化为若干个 BCNF 的关系模式。

上述三步可以概括为：对原关系模式进行分解，消除决定因素为非码的非平凡函数依赖。

（4）对 BCNF 的关系模式进行分解，消除原关系模式中非平凡且非函数依赖的多值依赖，将其转化为若干个 4NF 的关系模式。

在规范化的过程中，不断分解进而将低级别的范式转化为高级别的范式，高级别范式的优点是避免数据冗余、提高数据完整性、减少数据存储的空间；而缺点是经常需要多表连接，增加了操作难度，降低了访问速度，对数据库性能影响极大。目前的计算机技术，空间不是问题，但对查询速度要求极高，所以在数据库实际应用中规范化程度越高的关系模式不一定就越好，如果片面地追求高级别的范式，可能会使数据库的设计过程变得非常复杂，从而影响应用程序的开发，增加代码编写的工作量。例如，当我们对数据库的操作主要是查询而更新较少时，为提高查询效率，我们宁可保留适当的数据冗余，让关系模式中的属性多一些，而不愿为了查询某些数据花费大量的时间反复做连接运算，以空间换取时间。因此，在设计数据库模式结构时，设计人员必须对现实世界的实际情况和用户应用需求做进一步分析，在充分利用关系数据库三类完整性约束保证数据完整性的基础上，确定一个合适的、能够反映现实需求的模式。达到 BCNF 堪称完美，达到 3NF 已经足够，有时达到 2NF 或 1NF 也能满足实际需求，也就是说，上面的规范化步骤可以在其中任何一步终止，这也是实际应用时模式分解的一个重要原则。

8.4 关系模式的分解

关系模式的规范化过程是将一个较低范式的关系模式转化为多个较高范式的关系模式，从范式变化的角度看，关系模式的规范化是一个不断增加约束条件的过程；从关系模式变化的角度看，规范化是关系模式的一个逐步分解的过程。通过分解得到满足高一级范式的关系模式，可以在一定程度上解决或缓解数据冗余、更新异常、插入异常和删除异常等问题，所以，模式的有效分解是关系模式规范化的一种非常好的办法。

8.4.1 模式分解的定义和准则

模式的分解涉及属性的划分和函数依赖集的划分，其实质是一个关系模式的属性投影和属性重组的过程，所以也称为投影分解。投影和重组的基本指导思想是逐步消除原关系模式中不合适的数据依赖，得到多个属于更高级别范式的关系模式。

定义 8.15 设 F 是关系模式 $R<U, F>$ 的函数依赖集，$U_i \subseteq U$，$F_i = \{X \rightarrow Y \mid X \rightarrow Y \in F^+ \land (X \cup Y) \subseteq U_i\}$，称 F_i 是 F 在 U_i 上的投影。

定义 8.16 关系模式 $R<U, F>$ 的一个分解是指 $\rho = \{R_1<U_1, F_1>, R_2<U_2, F_2>, \cdots, R_n<U_n, F_n>\}$，其中

$$U = \bigcup_{i=1}^{n} U_i$$

并且不存在 $U_i \subseteq U_j$，$1 \leq i, j \leq n$，F_i 是 F 在 U_i 上的投影。

从模式分解的定义可以知道，对于一个关系模式的分解是多种多样的，但并不代表分解是任意的，而是有前提的——要求分解后产生的关系模式要和原关系模式等价。

从不同的角度来说，对于"等价"这个概念可以有三种不同的理解：

（1）分解具有无损连接性。

（2）分解要保持函数依赖。

（3）分解既要保持函数依赖，又要具有无损连接性。

这三种不同的理解是进行模式分解时三条不同的准则。按照不同的分解准则，模式所能达到的分离程度各不相同，各种范式就是对分离程度的测度。

8.4.2 分解的无损连接性和保持函数依赖性

一个关系可以分解为多个关系，相应地，原来存储在一张二维表内的数据就要分散存储在多张二维表中，要使这个分解有意义，最基本的要求是后者不能丢失前者的信息。

定义 8.17 设 $\rho = \{R_1 <U_1, F_1>, R_2 <U_2, F_2>, \cdots, R_n <U_n, F_n>\}$ 是关系模式 $R<U, F>$ 的一个分解，若对 $R<U, F>$ 的任何一个关系 r，令 $r_1 = \pi_{R_1}(r)$，$r_2 = \pi_{R_2}(r)$，$\cdots$，$r_n = \pi_{R_n}(r)$，有 $r = r_1 \bowtie r_2 \bowtie \cdots \bowtie r_n$ 成立，则称分解 ρ 具有无损连接性。

下面通过一个例子说明定义 8.15，若只要求 $R<U, F>$ 分解后的各关系模式所含属性的并等于 U 是不够的，因为这不一定能保证与原关系模式等价。

【例 8-6】假设有关系模式 Book_NTS（Bno，Btype，Bseat），其中 Bno 表示图书编号，Btype 表示图书类型，Bseat 表示图书存放区域。设每本图书均归属某一类型，每一类型可包含多本图书；每一类图书存放在一个区域，每个区域可以存放多个类型的图书，根据语义可知该关系模式的码是 Bno，存在以下函数依赖：Bno→Btype，Btype→Bseat，即有 Bno $\xrightarrow{\text{传递}}$ Bseat，则有 Book_NTS 属于 2NF 而不属于 3NF。经分析知该关系模式存在数据冗余、修改复杂、删除异常和插入异常等问题（读者可自行分析），因此需要对其分解，转化为更高范式的关系模式。

假设图 8.10 是关系模式 Book_NTS 的一个关系：

Bno	Btype	Bseat
Art04101	艺术	A
Bio09101	生物科学	B
Che01201	化学	C
Lit02101	文学	A
Cpt08201	计算机	C

图 8.10 关系模式 Book_NTS 的一个关系

第一种分解方法，ρ_1 将 Book_NTS 分解为下面三个关系模式：

Book_N（Bno）；Book_T（Btype）；Book_S（Bseat）

分解后的关系如图 8.11 所示。

Book_N	Book_T	Book_S
Bno	Btype	Bseat
Art04101	艺术	A
Bio09101	生物科学	B
Che01201	化学	C
Lit02101	文学	
Cpt08201	计算机	

图 8.11　关系 Book_NTS 第一种分解结果

Book_N、Book_T 和 Book_S 都是规范化程度很高的关系模式（5NF）。但以上诸关系通过自然连接的结果实际上是它们的笛卡尔积，元组增加了，而数据信息丢失了，如无法查询 Art04101 的图书所属类型和存放区域。因此 ρ_1 这种分解方法不具有无损连接性，是无用的，也是不可取的。

第二种分解方法，ρ_2 将 Book_NTS 分解为下面两个关系模式：

Book_NS（Bno，Bseat）；Book_TS（Btype，Bseat）

分解后的关系如图 8.12 所示。

Book_NS		Book_TS	
Bno	Bseat	Btype	Bseat
Art04101	A	艺术	A
Bio09101	B	生物科学	B
Che01201	C	化学	C
Lit02101	A	文学	A
Cpt08201	C	计算机	C

图 8.12　关系 Book_NTS 第二种分解结果

对 Book_NS 和 Book_TS 关系做自然连接后的结果如图 8.13 所示。

Bno	Btype	Bseat
Art04101	艺术	A
Art04101	文学	A
Bio09101	生物科学	B
Che01201	化学	C
Che01201	计算机	C
Lit02101	艺术	A
Lit02101	文学	A
Cpt08201	化学	C
Cpt08201	计算机	C

图 8.13 Book_NS ⋈ Book_TS 的结果

从 Book_NS ⋈ Book_TS 的结果可以看出其结果，比原关系 Book_NTS 增加了四个元组，即（Art04101，文学，A）、（Che01201，计算机，C）、（Lit02101，艺术，A）和（Cpt08201，化学，C），因而无法知道图书 Art04101 到底是艺术类还是文学类，其他多出来的元组也引发类似问题，这种分解后的关系通过自然连接无法恢复成原关系，会造成信息的丢失，所以 ρ_2 也不具有无损连接性。

第三种分解方法，ρ_3 将 Book_NTS 分解为下面两个关系模式：

Book_NT（Bno，Btype）；Book_NS（Bno，Bseat）

分解后的关系如图 8.14 所示。

Book_NT

Bno	Btype
Art04101	艺术
Bio09101	生物科学
Che01201	化学
Lit02101	文学
Cpt08201	计算机

Book_NS

Bno	Bseat
Art04101	A
Bio09101	B
Che01201	C
Lit02101	A
Cpt08201	C

图 8.14 关系 Book_NTS 第三种分解结果

对 Book_NT 和 Book_NS 关系做自然连接后的结果如图 8.15 所示。

Bno	Btype	Bseat
Art04101	艺术	A
Bio09101	生物科学	B
Che01201	化学	C
Lit02101	文学	A
Cpt08201	计算机	C

图 8.15 Book_NT ⋈ Book_NS，Book_NT ⋈ Book_TS 的结果

Book_NT ⋈ Book_NS 的结果与原关系 Book_NTS 完全一样，没有丢失任何信息，因此 ρ_3 这种分解方法具有无损连接性。

但是，ρ_3 这种分解方法却没有解决好插入异常、删除异常、修改复杂、数据冗余等问题。如假设图书馆共有 10 万册图书，40 种图书类型，存放在 25 个区域，这时 Book_NT 和 Book_NS 关系就会各自存储 10 万个元组，其中图书类型和存放区域的数据冗余非常大，另外，当上架一本新书时，要同时把数据插入两个关系，否则会破坏数据库的一致性。出现这些问题的原因是 ρ_3 这种分解得到的两个关系模式不是相互独立的，Book_NTS 中的函数依赖 Btype→Bseat 既没有投影到关系模式 Book_NT 上，也没有投影到关系模式 Book_NS 上，也就是说，这种分解方法没有保持原关系中的函数依赖。

定义 8.18 设 $\rho = \{R_1<U_1, F_1>, R_2<U_2, F_2>, \cdots, R_n<U_n, F_n>\}$ 是关系模式 R<U, F>的一个分解，若

$$\bigcup_{i=1}^{n} F_i^+ = F^+$$

则称分解 ρ 具有保持函数依赖性。

显然，ρ_3 这种分解不具有保持函数依赖性。

看第四种分解方法，ρ_4 将 Book_NTS 分解为下面两个关系模式：

Book_NT（Bno，Btype）；Book_TS（Btype，Bseat）

分解后的关系如图 8.16 所示。

Book_NT		Book_TS	
Bno	Btype	Btype	Bseat
Art04101	艺术	艺术	A
Bio09101	生物科学	生物科学	B
Che01201	化学	化学	C
Lit02101	文学	文学	A
Cpt08201	计算机	计算机	C

图 8.16　关系 Book_NTS 第四种分解结果

对 Book_NT 和 Book_TS 自然连接的结果与原关系相同，没有任何信息丢失，这说明 ρ_4 具有无损连接性。同时原关系模式 Book_NTS 的函数依赖 Bno→Btype 投影到关系模式 Book_NT 上，Btype→Bseat 投影到关系模式 Book_TS 上，ρ_4 具有保持函数依赖性，一定程度上解决了数据冗余、修改复杂、插入异常、删除异常等问题，所以这种分解方法是最合适的。

如果一个分解具有无损连接性，则它能够保证不丢失信息。如果一个分解保持了函数依赖，则它可以减轻或解决各种异常情况。分解具有无损连接性和保持函数依赖性是两个互相独立的标准。一个分解可能只满足无损连接性或只满足保持函数依赖性，或同时满足两者，最理想的情况是同时满足两者，次之是满足无损连接性。如【例 8-6】中第四种分解方法，ρ_4 既具有无损连接性，又具有保持函数依赖性，对于原关系模式 Book_NTS 来说这种分解方法是最好的。

8.5　数据库模式求精

8.5.1　模式求精的必要性及步骤

如果设计者能深入分析应用需求，并正确设计出所有的实体集和联系集，则由 E-R 图转换而来的关系模式通常不需要进行太多的规范化。然而，E-R 图的设计是一个复杂且主观的过程，并且有些约束条件并不能通过 E-R 图表达出来。一些"不好"的关系模式可能忽略数据之间的约束关系而产生冗余，特别是在数据库设计时更是如此。另外，关系模式不一定都是严格地由 E-R 图转换得到，也有可能是设计者根据需求灵活即席产生。因此，进一步对关系模式进行模式求精就很有必要。

模式求精是运用关系数据库规范化理论对已有关系模式进行结构调整、分离、合并和优化，以满足应用系统的功能及性能等需求。

基于函数依赖理论的模式求精步骤可概括如下：

（1）确定函数依赖。根据需求分析得到的数据需求，确定关系模式内部各属性之间以及不同关系模式的属性之间存在的数据依赖关系。

（2）确定关系模式所属范式。按照数据依赖关系对关系模式进行分析，检测是否存在部分函数依赖或传递函数依赖，以判定该模式属于第几范式。

（3）分析是否满足应用的需求。按照需求分析得到的数据处理要求，分析现有模式是否满足应用需求，并决定是否需要对模式进行分解或合并。

（4）模式分解。根据需求选择范式要求（3NF 还是 BCNF），运用规范化方法将关系模式分解为所要求范式的关系模式。

（5）模式合并。在分解过程中可能需要进行模式合并。如当查询经常涉及多个关系模式的属性时，系统将经常进行连接操作，而连接运算会影响查询的速度，在这种情况下可考虑将这几个关系模式进行合并，用空间换时间。

8.5.2　模式求精的实例

下面将通过一个实例来具体讲解模式求精的步骤。

【例 8-7】假设有一个图书借阅的关系模式可设计为

Book_BR1（Bno，CallNo，Bname，Btype，Rno，Rname，BrwDate，RtnDate）

其中，Bno 表示图书编号，CallNo 表示索书号，Bname 表示书名，Btype 表示图书类型，Rno 表示读者编号，Rname 表示读者姓名，BrwDate 表示借书日期，RtnDate 表示还书日期。（Bno，Rno，BrwDate）是该关系模式的主码。试对该模式进行求精，以达到 BCNF 要求。

步骤 1：确定关系模式 Book_BR1 的函数依赖，并判断其所属范式。

通过对该关系模式的分析，可知其最小函数依赖集：

Bno→CallNo

CallNo→Bname，CallNo→Btype

Rno→Rname

（Bno，Rno，BrwDate）→RtnDate

显然，存在非主属性对码的部分函数依赖和传递函数依赖，故 Book_BR1 ∈ 1NF，达不到所要求的 BCNF。

步骤 2：模式分解。

关系模式 Book_BR1 中涉及图书信息、读者信息和借阅信息，按"一事一地"的模式设计原则，可将其分解为

Book_IS（Bno，CallNo，Bname，Btype）

Reader（Rno，Rname）

Brw_Rtn（Bno，Rno，BrwDate，RtnDate）

我们可以验证以上分解具有无损连接性和保持函数依赖性，且关系模式 Reader 和 Brw_Rtn 已满足 BCNF 的要求，但关系模式 Book_IS 中仍存在传递函数依赖，达不到 BCNF 的要求。因此还要进一步分解为

Books（Bno，CallNo）

Book_info（CallNo，Bname，Btype）

我们可以验证关系模式 Books 和 Book_info 已满足 BCNF 的要求，且以上分解具有无损连接性和保持函数依赖性。

步骤 3：综合上述分解结果，关系模式 Book_BR1 可以分解为如下满足 BCNF 要求的四个关系模式。

Books（Bno，CallNo）

Book_info（CallNo，Bname，Btype）

Reader（Rno，Rname）

Brw_Rtn（Bno，Rno，BrwDate，RtnDate）

仔细分析可以发现，上述分解得到的关系模式，等价于一个图书实体集和读者实体集以及它们之间多对多联系集。其中因为每种图书有多个复本，为对每个复本加以区分，图书实体集转化为两个关系模式 Books 和 Book_info 来体现。

8.6　小结

为了解决关系模式中可能存在的数据冗余、更新异常、插入异常和删除异常等问题，本章介绍了基于函数依赖和多值依赖的关系数据库规范化理论和方法，讨论了关系数据库中的模式设计问题，即如何将一个低级别范式的关系模式不断转换为若干个高级别范式的关系模式。本章主要内容小结如下：

（1）一个"好"的关系模式应当不会发生插入异常、删除异常、更新异常等问题，数据冗余应尽可能地少。

（2）数据依赖是关系模式中属性与属性之间的一种约束关系，其中最重要的是函数依赖和多值依赖。这种约束关系既可以是现实世界事物或联系的属性之间客观存在的约束，也可以是数据库设计者根据应用或设计需要强加给数据的一种约束。无论是哪种约束，一旦确定，数据库中所有数据都必须严格遵守。

（3）R（U）是属性集 U 上的一个关系模式，X 和 Y 均为 U 的子集，r 为 R 的任一具体关系，r 中不可能存在两个元组在 X 上的属性值相等，而在 Y 上的属性值不等，称 Y 函数依赖于 Y，记为 X→Y。

（4）X→Y 是完全函数依赖意指 Y 不依赖于 X 的任何子属性（集），而部分函数依赖则指 Y 依赖于 X 的部分属性（集）。

（5）若 X→Y，Y→Z，且 Y $\nsubseteq$ X，Z $\nsubseteq$ Y，Y $\nrightarrow$ X，则必存在 X→Z，称 X→Z 为传递函数依赖。

（6）R（U）是属性集 U 上的一个关系模式，X，Y，Z 是 U 的子集，并且 Z=U−X−Y。对 R（U）的任一个关系 r，给定一对（x，z）值，有一组 Y 的值，这组值仅仅决定于 x 值而与 z 值无关，称 Y 多值依赖于 X，记为 X→→Y。若 Z=∅，则称 X→→Y 为平凡多值依赖。否则，称 X→→Y 为非平凡的多值依赖。

（7）如果一个关系模式 R（U）的每一个分量都是不可再分的数据项，则称 R（U）属于第一范式（1NF）。第一范式是对关系模式的最基本要求。

（8）如果一个关系模式 R（U）属于第一范式，且所有非主属性都完全函数依赖于 R（U）的码，则称 R（U）属于第二范式（2NF）。2NF 消除了由于非主属性对码的部分函数依赖所引起的数据冗余及各种异常，但没有排除传递依赖。

（9）如果一个关系模式 R（U）属于第二范式，且所有非主属性都直接函数依赖于 R（U）的码（即不存在非主属性传递函数依赖于码），则称 R（U）属于第三范式（3NF）。3NF 消除了由于非主属性对码的传递函数依赖所引起的数据冗余及各种异常。

（10）关系模式 R（U）中，如果每一个非平凡函数依赖 X→Y 的决定因素都含有码，则称 R（U）属于 Boyce-Codd 范式（BCNF）。BCNF 消除了由于主属性对码的部分函数依赖和传递函数依赖所引起的数据冗余及各种异常问题。BCNF 是基于函数依赖理论能够达到的最好关系模式。

一个满足 BCNF 的关系模式必然满足：①所有非主属性都完全函数依赖于每个候选码；②所有主属性都完全函数依赖于每个不包含它的候选码；③没有任何属性完全函数依赖于非候选码的任何一组属性。

（11）关系模式 R<U，F>∈1NF，如果对于 R 的每个非平凡多值依赖 X→→Y（Y⊄X），X 都含有码，则称 R 属于第四范式（4NF）。4NF 消除了由于非平凡且非函数依赖的多值依赖所引起的数据冗余及修改复杂问题。

（12）模式分解的三个准则：

①分解具有无损连接性。

②分解要保持函数依赖。

③分解既要保持函数依赖，又要具有无损连接性。

关系模式 R<U，F>的一个分解 ρ 具有无损连接性是指分解后的关系能够通过连接运算还原为原关系。如果一个分解具有无损连接性，则它能够保证不丢失信息。

关系模式 R<U，F>的一个分解 ρ 具有保持函数依赖性，当且仅当 $\bigcup_{i=1}^{n}F_i^+=F^+$。

如果一个分解保持了函数依赖，则它可以减轻或解决各种异常情况。

（13）模式求精是运用关系数据库规范化理论对已有关系模式进行结构调整、分解、合并和优化，以满足应用系统的功能及性能等需求。基于函数依赖理论的模式求精步骤为：①确定函数依赖；②确定所属范式；③分析是否满足需求；④模式分解；⑤模式合并。

习题

1. 理解并给出下列术语的定义：

函数依赖、部分函数依赖、完全函数依赖、传递函数依赖、多值依赖、候选码、主码、外码、全码、1NF、2NF、3NF、BCNF、4NF。

2. 什么是关系模式分解？模式分解要遵循什么准则？

3. 建立一个关于学院、学生、班级、学会等诸信息的关系数据库。

描述学生的属性有：学号、姓名、出生年月、学院名、班号、宿舍区；

描述班级的属性有：班号、专业名、学院名、人数、入校年份；

描述学院的属性有：学院名、学院号、学院办公地点、人数；

描述学会的属性有：学会名、成立年份、地点、人数。

有关语义如下：一个学院有若干专业，每个专业每年只招一个班，每个班有若干学生。一个学院的学生住在同一宿舍区。每个学生可参加若干学会，每个学会有若干学生。学生参加某学会有一个入会年份。

请给出关系模式，写出每个关系模式的极小函数依赖集，指出是否存在传递函数依赖，对于函数依赖决定因素是多属性的情况，讨论函数依赖是完全函数依赖还是部分函数依赖。指出各关系的候选码、外部码，并说明是否有全码存在。

4. 设有关系模式为课程选修（学号，姓名，专业，课程名，成绩），其语义为一个专业有多个学生，一个学生只能在一个专业学习；一个学生可以选修多门课程，一门课程可以被多个学生选修。请指出该关系模式属于第几范式，如果不属于第三范式，请将它分解为属于第三范式的若干子模式。

5. 假设要为某个工厂开发一套信息管理系统，涉及的对象包括员工、部门和产品，信息描述如下。

描述员工的属性：工号、姓名、性别、年龄、职称、部门号；

描述部门的属性：部门号、名称、规模；

描述产品的属性：产品号、产品名、数量、价格。

相应语义是：每个员工属于一个部门，可以生产多种产品，一种产品也可以为多个员工所生产；工号、部门号、产品号在工厂内都是唯一的。系统要能够方便计算每个员工以及每个部门所创造的价值（产品数量×产品价格）。

请根据语义要求，为系统设计相应的关系模式。

9 数据库设计及案例讲解

【学习目的及要求】

本章围绕"图书管理系统"设计开发实例介绍数据库设计的方法和步骤。通过本章学习，学生要达到以下目标：

● 了解进行一个具体的管理系统开发的整体思路与方法。

● 掌握数据库设计的概念，理解数据库设计是数据库应用系统设计的重要组成部分。

● 掌握需求分析阶段的任务。

● 掌握概念结构设计阶段和逻辑结构设计阶段的设计实现方法。

● 了解数据库物理结构设计的内容。

● 了解数据库的实施、运行和维护阶段的工作内容。

● 理解数据操作的关键语句。

● 针对现实世界一个具体的数据库应用系统开发，能够完成数据库设计的工作。

【本章导读】

数据库的应用非常广泛，它是现代各种计算机信息系统的基础和核心，也是信息资源开发、管理和服务的最有效手段，在信息管理系统中占有非常重要的地位。在数据库领域内，我们通常把使用数据库的各类信息系统都称为数据库应用系统。例如，以数据库为基础的各种管理信息系统、办公自动化系统、电子政务系统、电子商务系统、地理信息系统等。

广义地讲，数据库设计是数据库及其应用系统的设计，即设计整个数据库应用系统；狭义地讲，数据库设计是设计数据库本身，即设计数据库的各级模式并建立数据库，是设计数据库应用系统的重要部分，其设计的好坏将直接对应用系统的效率以及实现的效果产生影响。本书重点讲解的是狭义的数据库设计。

本章主要围绕数据库设计的步骤，结合 MySQL 数据库系统，以学校图书管理系统的设计、实现为例来进行讲解。其中，9.1 节介绍图书管理系统的系统分析和系统设计的总体思路，让读者先对该应用系统有一个直观、初步的认识和了解；9.2 节结合图书管理系统这一实例对数据库设计的步骤进行重点讲解；9.3 节介绍了图书管理系统的具体实现，为读者开发数据库应用系统提供参考。

9.1　图书管理系统的整体开发设计分析

9.1.1　开发背景

高校作为人才培养、科学研究、服务社会、文化传承的基地，图书馆是其必备场所，承担着为学校教学和科学研究服务的职能。随着社会的发展，信息量与日俱增，图书馆藏书数量大大增加，管理规模也比以往大得多，如果仍采用过去传统的人工方式管理图书资料，就不能满足人们的要求了，因此开发一套使用方便、操作简单、经济适用的图书管理系统非常必要。它能大大提升管理效率，减轻管理人员的工作强度。

学生较为熟悉图书管理系统的流程，因此，将其作为教学案例更容易被学生所接受和理解。我们根据图书管理系统的具体要求，结合 MySQL 数据库系统，进行数据库设计，为其构造出最适合的数据模型结构，并建立好数据库中的表结构及表与表之间的关系，从而使之能有效地对数据库中的数据进行存储并高效地进行访问。

9.1.2　系统分析

9.1.2.1　系统需求概述

图书管理系统共包含系统管理员、图书管理员（馆员）和读者三类用户，其中把系统管理员和图书管理员都统称为操作员，为其赋予不同的权限加以区分。

图书管理员为每个读者建立一个账户并发放借书证，账户内存储读者个人的详细信息（如借书证号、姓名、部门、班级和读者类别等信息），并依据读者类别的不同赋予不同的权限。读者可以凭借书证在图书馆进行图书的借、还、续借、查询等操作，不同类别的读者在借阅图书时，由图书管理员录入借书证号（或读者条形码），系统首先验证该借书证号的有效性，若无效，则提示无效的原因；若有效，则显示借书证号、读者姓名、借书限额、已借数量、可借数量、是否有逾期未还等信息。如果读者手中尚有逾期未还的图书，或者有尚未缴清的罚款，将不能借书，即读者的借阅功能将被禁用，且所借图书不能超过可借图书数量（不同类别的读者具有不同的可借图书数量）。完成借书操作的同时要修改相应图书信息的现有库存量，并在图书借阅表中添加相应的记录。

读者归还图书时，由图书管理员录入借书证号和待归还的图书编号，显示借书证号、读者姓名、图书编号、图书名称、借阅开始时间、到期时间等信息，如有超期归还的图书，提示用户相关超期和罚款信息，同时禁用读者的借阅功能，待用户缴清罚款后自动启用该功能。成功归还图书的同时，系统自动修改相应图书信息的现有库存量，在图书借阅表中删除相应的记录，在图书归还表中添加相应的记录，对超期归还的添加罚款记录。图书管理员根据实际情况不定期地对图书信息进行添加、修改和删除等操作，但在图书尚未归还的情况下不能对图书信息进行删除。图书管理员也可以对读者信息进行添加、修改、删除等操作，但在读者还有未归还的图书的情况下，不能删除读者信息。系统管理员主要进行图书管理员权限的设置、读者类别信息的设置、图书类别的设置等处理。

9.1.2.2　可行性研究

（1）开发目的。

高校图书馆藏书量大、图书种类多，要管理高校图书依靠传统的人工管理方式不仅要耗费大量的人力、物力，同时也远远不能满足人们的需求。因此，一套适合自己学校的图书管理系统就显得非常重要。该系统不仅可以通过软件对用户权限进行控制，对图书信息进行归类管理，对借、还书进行规范操作，而且可以进行有效的报表分析、对图书购进和废除进行统筹规划，从而提高工作效率、服务质量和管理水平。

图书管理系统是建立以数据库为后台核心应用、以服务为目的的平台，对图书资源进行科学的分配和管理，为学校的教学和科研提供文献信息服务；为借阅者提供周到的资料查阅服务；为管理者提供高效的管理服务，并为其决策提供参考。

（2）可行性研究的前提。

随着计算机应用的日益普及和深化，高校图书馆馆藏图书量的日益增加，使用信息管理系统来管理图书已经迫在眉睫。由于学校藏书较多，学生借书量大且频繁，传统的人工方式已不能满足需求，且传统模式会造成信息丢失、查询速度慢等问题，因此开发一套图书信息管理系统既能节省资源，又可以高效地存储、更新、查询信息，提高工作效率和服务质量。

①要求。

软件功能：图书管理系统将对读者信息（教师和学生）、图书信息进行有效管理，同时对图书的借阅情况、读者的借阅情况进行相关统计分析，方便管理者进行相关的决策。

软件性能：在开发软件的过程中将注重系统的操作方便性和执行效率问题，录入数据尽量考虑从 Excel 信息导入，同时将做相关的验证，保证信息准确及更新及时，降低软件的运营成本。

软件扩展：开发过程中将考虑软件的可扩展性，预留相关的接口，以便软件升级。

安全保密：该软件具有较高的安全性和一定的保密机制。

②目标。

图书管理系统主要是简化用户管理，做到与教务管理系统的学生和教师信息共享，简化图书借阅、归还的操作流程，结合工作实际产生相应的图表报表分析，减轻管理者的统计分析工作，方便决策者做出合理的决策，提高工作效率。

（3）可行性研究的方法。

该系统的可行性分析是按软件工程的规范步骤进行的，即按目前的工作流程，复查项目目标和规模，得出系统的高层逻辑模型，重新定义问题这一反复循环的过程进行，然后提出系统的实现方案，推荐最佳实现方案，通过项目组进行经济、技术等方面的评价，最后给出系统是否值得开发的结论。

9.1.3 系统设计

9.1.3.1 系统目标

本系统的目标如下：

（1）系统人机交互界面友好，信息查询方便且查询速度快，数据存储安全可靠。

（2）提高图书馆的管理效率，方便管理员和操作员实时管理操作，解决人工管理效率低、出错率高等问题。

（3）简化、规范管理流程。

（4）提供强大的图表、报表功能，方便管理员管理和决策。

（5）对图书的热门程度进行排序，方便读者选择图书。

（6）图书到期提醒功能，使读者和管理者及时掌握图书的借阅情况，以免造成不必要的经济损失，同时也降低了管理的难度。

（7）系统具有易维护性和可扩展性。

9.1.3.2 系统功能

本系统的具体功能如下：

（1）图书信息管理：新增、删除、浏览图书信息。

（2）读者借阅图书和归还图书。

（3）读者查看自己的借阅情况记录。

（4）读者借阅到期提醒。

（5）管理员可以查看图书库存情况，图书整体借阅情况，产生相应的报表。

（6）读者信息管理：读者类型管理，读者信息导入，读者信息的添加、修改和删除等。

（7）系统设置：书架设置、权限设置、编码规则设置等。

通过以上分析，我们得到该系统的功能模块，如图 9.1 所示。

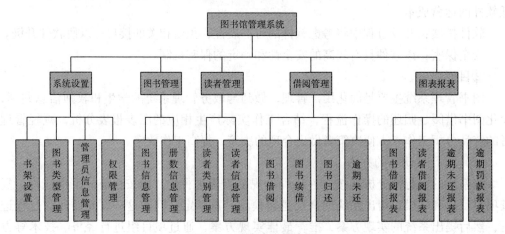

图 9.1 系统功能模块图

9.2 数据库设计

该图书管理系统是一个小型的应用系统，考虑到系统访问量和数据存储量等方面的需求，我们选择了 MySQL 数据库管理系统来组织和管理其系统数据。MySQL 是当前最为流行的开放源代码的关系型数据库管理系统（relational database management system，RDBMS）之一，并且是基于 socket 编写的 C/S 架构，所以，使用 MySQL 作为图书管理系统的后台数据库能很好地满足相关需求。

9.2.1 数据库设计概述

数据库设计（database design）是指对于一个给定的应用环境，构造最优的数据库模式，建立数据库及其应用系统，使之能够有效地存储数据，满足各种用户的应用需求（信息要求和处理要求）。

一个设计优良的数据库，可以按照特定的用户应用需求方式存储数据，一旦数据被存储到数据库中，用户便可以方便地进行查询。数据库还应该支持数据的添加、修改和删除，从而真正体现了数据库科学组织和存储数据、高效获取和维护数据的用途。

数据库设计和开发是一项大工程，涉及多学科的综合应用，它与一般的软件系统设计、开发、运行和维护有许多相同之处，更有其自身的一些特点。

（1）"三分技术，七分管理，十二分基础数据"是数据库设计的特点之一。

建设一个好的数据库应用系统不仅涉及技术，还要涉及管理，这里的管理不仅仅是系统开发本身的工程项目管理，还包括应用部门的业务管理。而"十二分基础数据"则强调了数据的收集、整理、组织和不断更新是数据库建设的重要环节。

（2）结构（数据）设计和行为设计相结合。

数据库设计应该和应用系统设计相结合。也就是说，整个数据库设计过程要把数据库结构设计和对数据的处理设计密切结合起来，将两者一体化，以缩短数据库的设计周期，提高数据库设计效率。这是数据库设计的第二个特点。因此，我们在进行数据库设计时要对应用系统功能有一个整体的设计思路。只有设计出优良的数据库，才能提高系统的性能，提供更好的服务。否则，一个糟糕的数据库设计会出现很多问题，影响我们的工作效率、服务效率和用户使用效率。优良的设计和糟糕的设计对照如表9.1 所示。

表 9.1　优良的设计和糟糕的设计对照表

优良的设计	糟糕的设计
减少数据冗余	存在大量的数据冗余
避免数据维护异常	存在数据插入、更新、删除异常
节约存储空间	浪费大量存储空间
高效访问	访问数据低效

按照结构化系统设计方法，考虑数据库及其应用系统开发全过程，一个完整的数据库设计一般分为以下六个阶段，如图 9.2 所示。

（1）需求分析。

需求分析是指分析用户的应用需求，包括数据、功能和性能需求。

（2）概念结构设计。

概念结构设计是整个数据库设计的关键，通过对用户的需求进行综合、归纳与抽象，形成一个独立于具体 DBMS 的概念模型。这里主要采用 E-R 模型进行设计。

（3）逻辑结构设计。

逻辑结构设计是将概念结构转换为某个数据库管理系统所支持的数据模型，并对其进行优化。本书主要讨论的是关系数据模型，因而，我们通常将 E-R 图转换成关系表，实现从 E-R 模型到关系模型的转换，并进行关系的规范化。

（4）物理结构设计。

物理结构设计主要是从一个满足用户需求的、已确定的逻辑模型出发，在限定的软件、硬件环境下，为所设计的数据库选择一个最合适的物理结构，包括存储结构和存储路径。

（5）数据库实施。

设计人员运用 DBMS 提供的数据定义语言及宿主语言，根据逻辑设计和物理设计的结果建立数据库，编制和调试应用程序，组织数据入库，进行试运行等。

（6）数据库运行和维护。

这一阶段的主要任务是系统的运行和数据库的日常维护，在运行过程中需要不断地对其进行评价、调整与修改。

需要指出的是，这个设计步骤既是数据库设计的过程，又包括了数据库应用系统的设计过程。该过程要把数据库的设计和对数据库中数据处理的设计紧密结合起来，将这两个方面在各个阶段同时进行，相互参照，相互补充，更好地完善两方面的设计。事实上，如果不了解应用系统对数据的处理要求，或者没有去考虑如何去实现这些处理要求，是不可能设计出一个良好的数据库结构的。

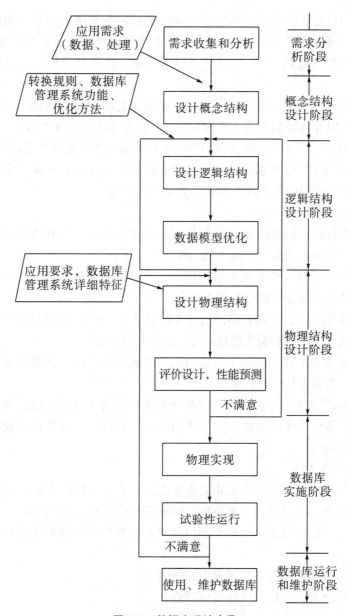

图9.2 数据库设计步骤

9.2.2 需求分析

　　需求分析是分析用户的要求，是数据库设计的第一步，其结果是否准确反映用户的实际要求将直接影响到后面各阶段的设计，并关系到整个系统的设计是否合理和实用。

9.2.2.1 需求分析的任务

　　需求分析的任务是通过详细调查现实世界要处理的对象（组织、部门、企业等），充分了解原系统（手工系统或计算机系统）的工作概况，收集系统的基础数据及其处理方法，明确用户的各种需求，然后在此基础上确定新系统的边界和功能。新系统必须充分考虑今后可能的扩充和改变，不能仅仅按当前的应用需求来设计数据库。

调查的重点是"数据"和"处理"，通过调查、收集与分析，获得用户对数据库的如下要求：

（1）信息要求：指用户需要从数据库中获得信息的内容与性质。设计人员根据用户的信息要求可以导出数据要求，即需要明白在数据库中存储哪些数据。

（2）处理要求：指用户要求完成的数据处理功能以及对处理性能的要求。

（3）安全性与完整性要求：安全性是防止用户非法使用数据库；完整性则是防止合法用户使用数据库时向数据库中加入不合语义的数据。

9.2.2.2 需求分析的基本步骤

设计人员进行需求分析时要调查清楚用户的实际需求，与其达成共识，然后准确分析与表达这些需求。调查用户需求的具体步骤如下：

（1）分析用户活动。调查组织机构情况，了解这个组织机构由哪些部门组成，各部门的职责是什么，为分析信息流程做准备。

（2）确定系统范围。了解各部门的业务活动情况，调查各部门输入和使用的数据、数据的加工、输出的部门和输出的格式等，这些都是调查的重点。

（3）在熟悉业务活动的基础上，协助用户明确对新系统的各种要求，包括信息要求、处理要求、安全性与完整性要求。

（4）确定新系统的边界。对前面的调查结果进行初步分析，确定哪些功能由计算机完成或将来准备让计算机完成，哪些活动由人工完成。由计算机完成的功能就是新系统应该实现的功能。

9.2.2.3 常用调查方法

（1）跟班作业：通过亲身参加相关业务工作来了解业务流程及业务活动的情况。

（2）开调查会：通过与用户座谈来了解业务活动情况及用户需求。

（3）请专人介绍：邀请单位相关部门负责人讲解单位处理相关工作的流程及数据报表要求。

（4）询问：找专人询问某些调查中的问题。

（5）填写调查表：请用户填写设计调查表。

（6）查阅记录：查阅与原系统有关的数据记录。

9.2.2.4 数据流图

在已有调研结果的基础上，运用需求分析的各种方法，形成用户需求的有效表达，这种表达在系统需求说明书中多以数据流图、数据字典等形式来描述。

数据流图是描述各处理活动之间数据流动的有力工具。设计人员要分析用户活动所涉及的数据，产生数据流图。数据流图可以形象地描述事务处理与所需数据的关联。数据流图中描述了以下四种元素：

（1）数据的源点或终点（宿点）。向系统提供数据的操作对象统称为数据的源点，而系统数据流向的对象则统称为数据的终点，两者均用矩形框或立方体表示，名称写在框内。

（2）数据流。数据流是指被加工的数据及其流向，用箭头表示，旁边标上数据流的名称，箭头方向代表数据流动的方向。

（3）数据加工（数据处理）。数据加工是对数据处理的抽象表示，输入数据在此进行变换并产生输出数据，该元素用椭圆形（圆形）或圆角矩形框表示，名称写在框内。

（4）数据文件（数据存储）。数据文件是数据存储的地方，是对数据库需求的最初描述，该数据文件通常用平行的双节线（或右侧未封口的矩形框）表示，并在其旁边（或框内）标注数据文件的名称。

数据流图的基本符号及含义如图 9.3 所示。

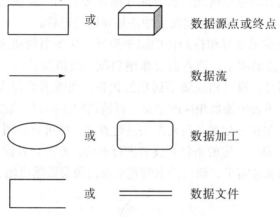

图 9.3　数据流图的基本符号及含义

为了真实反映数据处理过程中的数据加工情况，用一个数据流图往往是不够的。一个复杂的应用系统可能涉及几十种甚至几百种加工和数据流，如果用一个数据流图表示则不易阅读。因此，当系统比较复杂的时候，设计人员可以根据结构化系统自顶向下逐层分解的思想，将数据流图分层细化，如图 9.4 所示。

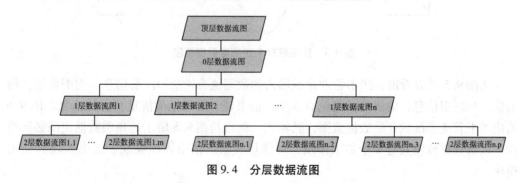

图 9.4　分层数据流图

在层次结构的数据流图中，顶层图只有一张，只包含一个数据加工，代表整个应用系统，该加工描述了应用系统与外界（源点或终点）之间的数据流；顶层图中的数据流图经过分解后的图称为 0 层图，其描述了系统的全貌，揭示了系统的组成部分及各部分之间的关系；1 层图分别描述各子系统的结构。如果系统的结构比较复杂，还可以继续细化，直到表达清楚为止。

下面结合图书管理系统说明分层数据流图的具体应用。

针对图书管理系统，在调查用户需求的基础上，经过抽象、综合后可将用户的活动归类为注册、借书、还书、图书信息查阅、读者信息查阅等活动，在此基础上可将该业务活动描述如下：

（1）注册：操作员为读者进行注册登记，发放借书证。

（2）借书：首先由操作员输入读者的借书证号（或读者条形码），系统检查借书证是否有效，若无效，则提示无效的原因；若有效，则显示读者借阅图书的信息，如果读者手中尚有过期未还图书，或者有尚未缴清罚款，借阅功能将被禁用。如不存在禁用的情况，再检查图书的库存情况，若有库存则办理借书。完成借书操作的同时要修改相应图书信息的状态，并在图书借阅表中添加相应的记录。

（3）还书：根据借书证号和待归还的图书编号，从图书借阅表中查阅与读者相关的记录，如有超期归还的图书，读者需要缴纳罚款，缴清罚款后，读者的借阅功能才能启用。在还书的同时，修改相应图书信息的状态，在图书借阅表中对相应的借书记录做标记，在图书归还表中添加相应的记录，对超期归还的图书添加罚款记录。

（4）图书查询：根据一定的条件对图书进行查询，并可查看图书详细信息。

（5）读者查询：根据一定的条件对读者进行查询，并可查看读者详细信息。

通过以上描述的业务需求，给出图书管理系统的顶层数据流图，如图 9.5 所示。

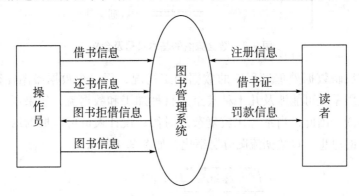

图 9.5 图书管理系统顶层数据流图

从图 9.5 可以看出，图书管理系统输入的数据流有 4 个：注册信息、图书信息、借书信息和还书信息；输出的数据流有 3 个：借书证、图书拒借信息和罚款信息。图 9.6 给出图书管理系统的 0 层数据流图，其输入、输出与图 9.5 所示的顶层数据流图必须吻合。该层数据流图共有 4 个加工模块，即注册模块、图书入库模块、借书模块和还书模块。

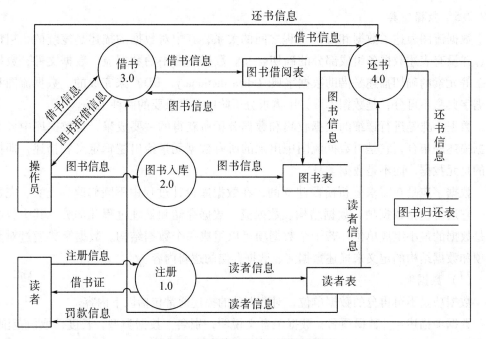

图9.6　图书管理系统0层数据流图

由于还书模块比较复杂，因此需要进一步细化。在做还书处理时，操作员需要从图书借阅表中查询读者的借书信息，如有超期的图书进行超期罚款处理，然后登记入库，若未超期，直接登记入库，再登记还书，所以需要对图书表和图书归还表进行信息更新。这样，在图9.6的基础上对还书处理进一步细化得到如图9.7所示的第1层数据流图。

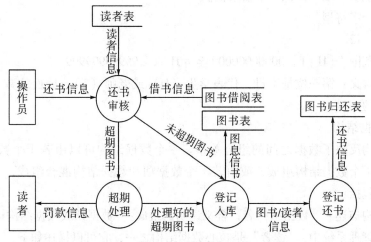

图9.7　还书4.0处理的第1层数据流图

从上述分析可知，设计人员要将事务处理功能的具体内容分解为若干子功能，再将每个子功能继续分解，直到把系统的工作过程表达清楚为止。在对事务处理功能逐步分解的同时，其所用到的数据也逐级分解，形成若干层次的数据流图。

9.2.2.5　数据字典

数据流图表达了数据和处理过程之间的关系，其中对数据的描述是笼统的、粗糙的，并没有表述数据各组成部分的确切含义。数据流图中的数据流、数据文件、数据加工等元素的确切描述是借助数据字典（data dictionary，DD）来完成的。数据流图和数据字典密不可分，是数据库设计中需求分析阶段非常重要的两种工具。

数据字典是进行详细的数据收集和数据分析所获得的主要成果，是数据库中各类数据描述的集合，它是对数据流图中出现的所有数据元素给出逻辑定义和描述，即描述的是元数据，而不是数据本身。

数据字典是在需求分析阶段建立的，在数据库设计过程中不断修改、充实、完善的。它通常包括数据项、数据结构、数据流、数据存储和处理过程几部分。其中数据项是数据的最小组成单位，若干个数据项可以组成一个数据结构。数据字典通过对数据项和数据结构的定义来描述数据流、数据存储的逻辑内容。

（1）数据项。

数据项是不可再分的数据单位，对数据项的描述通常包括以下内容。

数据项描述＝｛数据项名，数据项含义说明，别名，数据类型，长度，取值范围，取值含义，与其他数据项的逻辑关系，数据项之间的联系｝

其中，"取值范围""与其他数据项的逻辑关系"定义了数据的完整性约束条件，是设计数据检验功能的依据。

图书管理系统涉及很多数据项，其中"借书证号"数据项可以描述如下：

①数据项：借书证号。

②别名：读者条形码。

③含义说明：唯一标识一个借书证。

④类型：字符型。

⑤长度：12。

⑥取值范围：［H｜T］00000000000 至 ［H｜T］99999999999。

⑦取值含义：第一位是字母，代表学生（H）或老师（T）；后面的数字是学生的学号或老师的工号。

（2）数据结构。

数据结构反映了数据之间的组合关系。一个数据结构可以由若干个数据项组成，也可以由若干个数据结构组成，或由若干个数据项和数据结构混合组成，对数据结构的描述通常包括：

数据结构描述＝｛数据结构名，含义说明，组成：｛数据项或数据结构｝｝

在图书管理系统中，"读者"是核心数据结构之一，它可以描述如下：

①数据结构名：读者。

②含义说明：图书管理系统的主体数据结构之一，定义了一个读者的有关信息。

③组成：｛［学号｜工号］+姓名+性别+读者类型+入学年份（工作年份）+借书证号（读者条形码）+登记日期｝

（3）数据流。

数据流是数据结构在系统内传输的路径。对数据流的描述通常包括：

数据流描述＝｛数据流名，说明，数据流来源，数据流去向，组成：｛数据结构｝，平均流量，高峰期流量｝

其中，"数据流来源"说明该数据流来自哪里，可以是一个处理、源或文件；"数据流去向"是说明该数据流将到哪个处理、宿或文件中；"平均流量"是指在单位时间（每天、每周、每月等）里的传输次数；"高峰期流量"是指在高峰时期的数据流量。

"罚款信息"是图书管理系统中的一个数据流，具体描述如下：

①数据流名：罚款信息。

②说明：超期还书的结果。

③数据流来源：超期处理。

④数据流去向：读者。

⑤组成：｛借书证号（读者条形码）+姓名+图书编号（图书条形码）+书名+超期天数+罚款金额｝。

（4）数据存储。

数据存储是数据流在加工过程中产生的临时文件或在加工过程中需要查找的信息，是数据结构停留或保存的地方，也是数据流的来源或去向之一。它可以是手工文档或手工凭单，也可以是以某种格式记录在计算机内部或外部存储介质上的文档。对数据存储的描述包括：

数据存储描述＝｛数据存储名，说明，编号，输入的数据流，输出的数据流，组成：｛数据结构｝，数据量，存取频度，存取方式｝

其中，"存取频度"指每小时、每天或每周存取次数及每次存取的数据量等信息；"存取方式"指批处理还是联机处理、是检索还是更新、是顺序检索还是随机检索等；"输入的数据流"要指出其来源，"输出的数据流"要指出其去向。

"图书借阅表"是图书管理系统中的一个数据存储，具体描述如下：

①数据存储名：图书借阅表。

②说明：记录图书借阅的基本信息。

③输入的数据流：借书信息。

④输出的数据流：还书审核。

⑤组成：｛借书证号+图书编号+借阅日期+到期日期+是否允许续借｝。

⑥数据量：平均每年 30 000 条。

⑦存取方式：随机存取。

（5）处理过程。

处理过程的具体处理逻辑一般用判定表或判定树来描述。数据字典中只需要描述处理过程的说明性信息即可，通常包括：

处理过程描述＝｛处理过程名，说明，输入：｛数据流｝，输出：｛数据流｝，处理：｛简要说明｝｝

其中，"简要说明"主要说明该处理过程的功能及处理要求。功能是指该处理过程用来做什么（而不是怎么做），处理要求指处理频度要求。

处理过程"还书审核"可描述如下：

①处理过程名：还书审核。

②说明：认定该图书借阅是否超期。

③输入：还书信息、借书信息、读者信息。

④输出：超期图书或未超期图书。

⑤处理逻辑：根据图书借阅表和读者表，如果借阅图书没有超过规定的期限，认定未超期图书，否则认定为超期图书。要求从借阅之日算起，教师借阅时间不能超过60天，学生借阅时间不能超过30天。

9.2.3 概念结构设计

概念结构设计是指将需求分析得到的用户需求抽象为信息结构（概念模型）的过程，是对现实世界中实际的人、物、事和概念进行模拟和抽象，抽取人们关心的共同特征，忽略非本质的细节，并把这些特征用各种概念精确地加以描述，它是整个数据库设计的关键。

概念模型是面向用户、面向现实世界的数据模型，是与 DBMS 无关的。采用概念模型，数据库设计人员可以在设计的开始阶段，把主要精力投入了解和描述现实世界，而把涉及 DBMS 的一些技术性的问题推迟到后续设计阶段去考虑。

由于概念模型用于信息世界的建模，是现实世界到信息世界的第一层抽象，是用户与数据库设计人员之间进行交流的语言，因此概念模型一方面应该具有较强的语义表达能力，能够方便、直接地表达应用中的各种语义知识；另一方面，它还应该简单、清晰、易于用户理解。

然而不同的人对同一个场景进行研究，可能提炼出来的概念模型都不一样，所以这是颇受主观认识影响的一个过程。概念模型的质量对整个系统至关紧要，因为面向对象就是从这里开始。

概念模型的主要特点是：

①能真实地、充分地反映现实世界，是对现实世界的一个真实模拟。

②易于理解，可以用它和不熟悉数据库的用户交换意见。

③易于更改。

④易于向关系、网状、层次等各种数据模型转换。

9.2.3.1 概念结构设计的步骤

设计人员在概念结构设计时经常采用自底向上的设计策略，即自顶向下地进行需求分析，再自底向上地设计概念结构。自底向上方式的主要设计步骤如下：

（1）进行数据的抽象和概括。

（2）进行局部概念结构设计。

（3）将局部概念结构综合成全局概念结构。

概念结构设计的本质是建立概念模型，概念模型最常用的表示方法是 E-R 模型，在第1章已经对其进行了详细的介绍，接下来主要讨论一下在对现实世界进行抽象和概括时实体与属性的划分及局部概念结构（分E-R图）集成全局概念结构（基本E-R图）的问题，最后结合图书管理系统进行实例讲解。

9.2.3.2 实体与属性的划分原则

实体与属性的划分取决于被建模的实际应用及被讨论属性的相关语义。实际上实体与属性是相对而言的，没有截然划分的界限。通常将现实中的事物能做"属性"处理的就不要做"实体"对待，这样有利于简化E-R图的处理。同一事物，在一种应用环境中作为"属性"，而在另一种应用环境中就可能为"实体"，因为人们讨论问题的角度发生了变化。例如，在图书管理系统中，"读者类型"是读者实体的一个属性，但考虑到不同的读者类型有不同的借阅册数和借阅天数等，这时读者类型就是一个实体。

通常满足下述两条规则的事物，均可作为属性对待。

（1）作为属性，不能再具有要描述的性质，即属性不可分。

（2）属性不能和其他属性相联系，联系只能发生在实体之间。

另外，在第1章的介绍中我们已经知道，实体间的联系也可以看成是实体。

9.2.3.3 E-R图的集成

当所有的局部E-R图设计完毕后，设计人员就可以对局部E-R图进行集成。集成即是把局部E-R图加以综合并连接在一起，使同一实体只出现一次，消除不一致和冗余。这个过程一般分为两个步骤：

第一步是合并，解决各局部E-R图之间的冲突问题，生成初步的E-R图。

第二步是修改和重构，消除不必要的冗余，生成基本的E-R图。

（1）消除冲突，合并局部E-R图。

在把局部E-R图集成为全局E-R图时，要解决好以下三类冲突。

①属性冲突。

属性冲突包括属性域冲突和属性取值单位冲突。如读者的年龄，在有的局部E-R图中用出生日期表示，在有的局部E-R图中用整型表示；又如身高在有的局部E-R图中单位用米，而有的局部E-R图中单位用厘米。

②命名冲突。

命名冲突可能发生在属性、实体和联系之间，主要有异名同义和同名异义两种情况。

例如，在学生宿舍管理中，学生处称宿舍为寝室，总务处称宿舍为房间，这就属于异名同义的情况，这时应使用相同的命名以消除不一致。

又例如，图书管理系统中在"注册"局部应用中"类型"代表的是读者类型，而在"借书"局部应用中"类型"代表的是图书类型。这就属于同名异义的情况，这时可将一个更名来消除名称冲突。

③结构冲突。

第一，同一对象在不同的局部应用中具有不同的抽象。例如，"读者类型"在"注册"局部应用中被当作实体，而在"借书"局部应用中则被当作属性。

第二，同一实体在不同的局部E-R模型中所包含的属性不完全相同，或属性的排列次序不完全相同。这时我们可以采用各局部 E-R 模型中的属性的并集作为实体的属性，再将实体的属性做适当地调整。

第三，实体之间的联系在不同的局部 E-R 模型中具有不同的联系类型。例如，在一个局部应用中的某两个实体联系的类型为一对多，而在另外一个局部应用中它们的联系类型变为多对多。这时我们应该根据实际的语义加以综合或调整。

（2）修改与重构，生成基本 E-R 图。

在上述设计基础上形成的初步 E-R 图可能存在冗余的数据和冗余的联系。冗余的数据是指可由基本数据导出的数据。冗余联系是指可由其他联系导出的联系。冗余的存在容易破坏数据库的完整性，给数据库维护增加困难，应当加以消除。修改与重构 E-R 图主要包括合并具有相同键的实体类型，消除冗余属性、消除冗余联系等。

消除冗余主要采用分析法，即以数据流图和数据字典为依据，通过分析数据字典中关于数据项之间逻辑关系的说明来消除冗余。我们有时也会用到规范化理论来消除冗余。在规范化理论中，函数依赖的概念提供了消除冗余联系的形式化工具。

在生成基本 E-R 图的过程中，并不是所有的冗余数据和冗余联系都必须加以消除，有时为了提高效率，不得不以冗余信息作为代价。因此，在设计数据库概念结构时，哪些冗余信息必须消除，哪些冗余信息允许存在，需要根据用户的整体需求来确定。例如，在"图书借阅"联系中，"到期时间"属性是冗余信息，它可以根据借书时间、读者类型及其借阅天数来导出，但该属性需要经常使用，为提高操作效率而将它保留。

9.2.3.4 图书管理系统的概念结构设计

根据以上对图书管理系统所做的需求分析和用户进行交流，用户主要想得到如下 6 个表，如表 9.2~表 9.7 所示。

表 9.2　图书信息

索书号	书籍名称	书籍类型	作者	译者	出版社	出版年份	价格	页码	册数

表 9.3　图书借阅情况统计

索书号	书籍名称	书籍类型	作者	译者	出版社	出版年份	价格	页码	借出次数	库存剩余量	库存总量

表 9.4　读者借阅情况

读者条形码	姓名	图书条形码	书籍名称	书籍类型	开始日期	到期日期	作者	译者	出版社	出版年份	价格	页码

表9.5 罚款统计

读者条形码	姓名	图书条形码	书籍名称	书籍类型	作者	译者	欠款金额	是否交款
合计								

表9.6 读者借阅情况统计

读者条形码	姓名	读书总册数

表9.7 读者信息

姓名	读者类型	读者条形码	性别	入学年份	登记日期	是否丢失	是否禁用

在图书信息报表（索书号、书籍名称、书籍类型、作者、译者、出版社、出版年份、价格、页码、册数）中，图书信息只能表示某一索书号书本的具体信息，不能细化到每一本书，由于数据库中每一实体都必须是可以区分的，因此把该报表拆分为图书信息实体和图书实体。两个实体的 E-R 图分别如图9.8和图9.9所示。

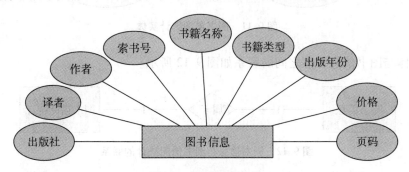

图9.8 图书信息实体

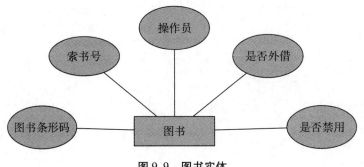

图9.9 图书实体

两个实体之间的关系如图 9.10 所示。

图 9.10　图书与图书信息的联系

图书借阅情况统计表（索书号、书籍名称、书籍类型、作者、译者、出版社、出版年份、价格、页码、借出次数、库存剩余量、库存总量），是统计每一索书号的书籍的流通情况和图书馆总体收藏情况，从数据字段看，这里如果再重新存放图书信息，将会产生大量的数据冗余，因此图书借阅统计实体的 E-R 图如图 9.11 所示。

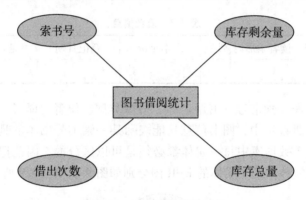

图 9.11　图书借阅统计实体

该实体与图书信息实体之间的联系如图 9.12 所示。

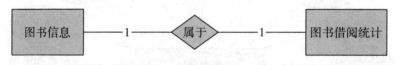

图 9.12　图书信息与图书借阅统计的联系

读者信息报表（编号、姓名、密码、读者类型、读者条形码、性别、入学年份、登记日期、是否丢失、是否禁用）对应实体的 E-R 图如图 9.13 所示。

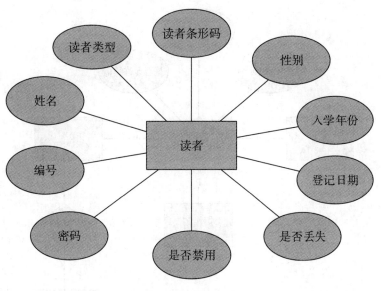

图 9.13　读者实体

图书借阅、归还时需要有相应的操作员进行相应的操作，系统需要对其进行记录，操作员实体的 E-R 图如图 9.14 所示。

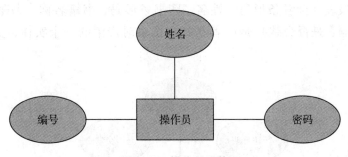

图 9.14　操作员实体

读者借阅情况报表（读者条形码、姓名、图书条形码、书籍名称、书籍类型、开始日期、到期日期、作者、译者、出版社、出版年份、价格、页码）是读者实体、图书信息实体、图书实体关联产生的一个实体。该关联关系如图 9.15 所示。

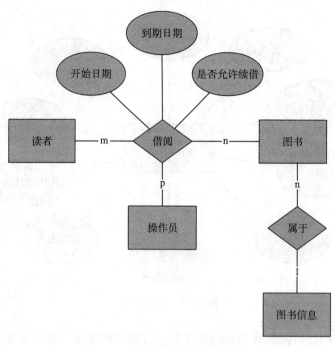

图 9.15　读者与图书的借阅联系

罚款统计报表（读者条形码、姓名、图书条形码、书籍名称、书籍类型、作者、译者、欠款金额、是否交款）是读者在归还图书时产生的一个实体，关联关系如图 9.16 所示。

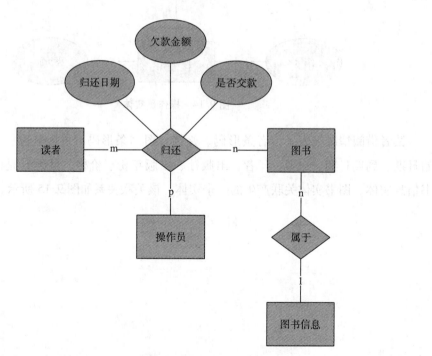

图 9.16　读者和图书的归还联系

所有实体之间的联系如图 9.17 所示。

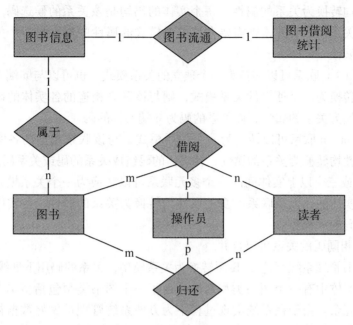

图 9.17 各实体间关联的 E-R 图

9.2.4 逻辑结构设计

逻辑结构是独立于任何一种数据模型的，在实际应用中，一般所用的数据库环境已经给定（如 MySQL）。由于目前使用的数据库基本上都是关系数据库，因此设计人员首先需要将 E-R 图转换为具体 DBMS 支持的组织层数据模型，这些模式在功能、性能、完整性和一致性约束方面要满足应用要求。

关系数据库的逻辑结构设计一般包含三项工作：

①将概念结构转换为关系数据模型。

②对关系数据模型进行优化。

③设计面向用户的外模式。

9.2.4.1 E-R 图向关系模型转换

关系的描述称为关系模式。它可以形式化地表示为 R（U，D，DOM，F），其中 R 为关系名，U 为组成该关系的属性名集合，D 为 U 中属性所来自的域，DOM 为属性向域的映射集合，F 为属性间数据的依赖关系集合。

E-R 图向关系模型的转换要解决的问题是，如何将实体型和实体间的联系转换为关系模式，如何确定这些关系的属性和码。

一般的转换原则为：一个实体型转换为一个关系模式，关系的属性就是实体的属性，关系的码就是实体的码。

对于实体型间的联系有以下不同的情况：

（1）一个 1：1 联系可以转换成一个独立的关系模式，也可以与任意一端对应的关系模式合并。如果转换为一个独立的关系模式,则与该联系相连的各实体的码以及联系本身的属性均转换为关系的属性,每个实体的码均是该关系的候选码。如果与某一端实体对应的关系模式合并,则需要在该关系模式的属性中加入另一个关系模式的码和联系本身的属性。

(2)一个 1∶n 联系可以转换为一个独立的关系模式,也可以与 n 端对应的关系模式合并。如果转换为一个独立的关系模式,则与该联系相连的各实体的码以及联系本身的属性均转换为关系的属性,而关系的码为 n 端实体的码。

(3)一个 m∶n 联系可以转换为一个关系模式,与该联系相连的各实体的码以及联系本身的属性均转换为关系的属性,各实体的码组成关系的码或关系码的一部分。

(4)三个或三个以上实体间的一个多元联系可以转换为一个关系模式。与该多元联系相连的各实体的码以及联系本身的属性均转换为关系的属性,各实体的码组成关系的码或关系码的一部分。

(5)具有相同码的关系可以合并。

下面把图书管理系统所述 E-R 图转换为关系模型,关系的码用下划线标出。

图书信息实体中有一个图书类型属性,由于一个图书类型包括多本书,因此会造成大量的数据冗余。由于在系统实现过程中为方便系统管理员做好数据初始化,简化和优化数据录入,保持数据的一致性,设计人员把图书类型作为一个实体处理。

图书类型对应的关系模式为:

图书类型(图书类型编号,名称)

图书信息对应关系模式为:

图书信息(索书号,书籍名称,类型编号,作者,译者,出版社,出版年份,价格,页码)

图书对应关系模式为:

图书(图书条形码,图书索书号,操作员,是否外借,是否禁用)

读者实体中有一个读者类型实体:一是一个类型对应于多位读者,这会造成大量的数据冗余。由于在系统实现过程中要方便系统管理员做好数据初始化,简化和优化数据录入,保持数据的一致性。二是不同类型的实体可借图书的册数等都不相同。为了满足以上两个要求,设计人员把读者类型作为一个实体处理。

读者类型对应的关系模式为:

读者类型(读者类型 ID,类型名称,可借天数,欠款额度)

读者对应的关系模式为:

读者(读者编号,姓名,密码,读者类型 ID,读者条形码,性别,入学年份,登记日期,是否丢失,是否禁用)

图书借阅过程中借阅关系有相应的属性,根据数据库理论知识可知关联关系如果有属性,则该关联关系将转换为对应的实体,故借阅关系将转换为借阅实体。

图书借阅对应的关系模式为:

图书借阅(借阅 ID,图书条形码,读者条形码,开始时间,到期时间,是否允许续借,操作员编号)

操作员对应的关系模式为：

操作员（<u>操作员编号</u>，姓名，密码）

图书借阅统计对应的关系模式为：

图书借阅统计（<u>图书索书号</u>，借出次数，库存剩余量，库存总量）

图书归还过程中归还关系有相应的属性，根据数据库理论知识可知关联关系如果有属性，则该关联关系也将转换为对应的实体，故归还关系将转换为归还实体。

图书归还对应的关系模式为：

图书归还（<u>图书归还 ID</u>，图书条形码，读者条形码，归还时间，操作员编号，借阅记录 ID，欠款金额，是否交款）

只有极少数的读者会对图书造成损坏或超期从而产生罚款，因此绝大部分记录欠款金额和是否交款两个字段值为空，同时在做罚款和欠款统计时也会影响效率，故图书归还关系进一步优化为图书归还关系模式和图书罚款关系模式。

优化后图书归还对应的关系模式为：

图书归还（<u>图书归还 ID</u>，图书条形码，读者条形码，归还时间，操作员编号，借阅 ID）

图书罚款对应的关系模式为：

图书罚款（<u>图书罚款 ID</u>，图书条形码，读者条形码，归还 ID，欠款金额，是否交款，操作员编号）

为了方便快捷地统计分析图书目前的借阅情况，在图书归还后，系统将把图书借阅关系中的对应记录删除，同时把该记录添加到图书借阅记录关系，这样如果我们要查阅图书流通情况，就只需查阅图书借阅关系，但当学校面临评估等情况，需要查阅学生的借阅情况等时，就需要查阅图书借阅关系和图书借阅记录关系，从而提高整个数据库系统的性能。

图书借阅记录对应的关系模式为：

图书借阅记录（<u>借阅 ID</u>，图书条形码，读者条形码，开始时间，到期时间，是否允许续借，操作员编号）

9.2.4.2 关系模型的优化

数据库逻辑设计的结果不是唯一的。为了进一步提高数据库应用系统的性能，设计人员还应该根据应用需要适当地修改、调整数据库的结构。关系数据模型优化通常以规范化理论为指导，方法为（该方法的具体应用已在 8.5 "数据库模式求精" 一节中讲解）：

（1）确定数据依赖。

（2）按照数据依赖的理论对关系模式逐一分析，确定关系模式属于第几范式。

（3）按用户需求分析这些模式是否合适，是否满足应用需求，并决定是否需要合并或分解。

（4）对关系模式进行必要的分解，运用规范化方法将关系模式分解成所要求的关系模式，提高数据操作效率和存储空间利用率。

（5）在分解过程中根据实际需要可以进行关系模式的合并。必须注意的是，并不是规范化程度越高的关系就越优。例如：图书借阅记录关系和图书归还记录关系就是冗余的关系，我们这样做的目的主要是提高系统的操作效率。

9.2.4.3 设计用户子模式

将概念模型转换为全局逻辑模型后，设计人员还应该根据局部应用需求，结合具体的关系数据库管理系统的特点设计用户的外模式。

外模式也称用户子模式或用户模式，是数据库用户（包括应用程序员和最终用户）能够看见和使用的局部数据的逻辑结构和特征的描述，是数据库用户的数据视图，是与某一应用有关的数据的逻辑表示。对外模式的理解如下：

（1）一个数据库可以有多个外模式。

（2）外模式就是用户视图。

（3）外模式是保证数据安全性的一个有力措施。

例如，要查找图书的详细信息，我们就可以建立一个图书详细信息视图：

图书详细信息视图（图书条形码，图书索书号，书籍名称，图书类型，作者，译者，出版社，出版年份，价格，页码，是否外借，是否禁用），用户需要查询图书的相关信息，就不需要做三张表的等值连接，而直接在图书详细信息视图中查找即可。

9.2.4.4 数据表的结构

通过以上分析优化，最终确定本系统共包含 11 张表，表的结构如表 9.8~表 9.18 所示。

表 9.8 BookInfos（图书信息）

字段	类型	空	默认	链接到	注释	MIME
CallNo（主键）	varchar（20）	否			索书号	
Name	varchar（100）	否			书籍名称	
TypeNumber	VARCHAR（10）	否		BookType-〉Number	类型编号	
Author	VARCHAR（100）	是	NULL		作者	
Translator	VARCHAR（100）	是	NULL		译者	
Press	VARCHAR（100）	是	NULL		出版社	
DatePublication	YEAR（4）	是	NULL		出版年份	
Price	DOUBLE	是	NULL		价格	
Page	INT（11）	是	NULL		页码	

表 9.9 Books（图书）

字段	类型	空	默认	链接到	注释	MIME
Barcode（主键）	VARCHAR（40）	否			图书条形码	
BookCallNo	VARCHAR（20）	否		BookInfos-〉CallNo	图书索书号	
Operator	VARCHAR	否		Operator-〉Number	操作员	

表9.9(续)

字段	类型	空	默认	链接到	注释	MIME
State	BIT（1）	否	False		是否外借（False 为在库，True 为外借）	
Disbled	BIT（1）	否	False		是否禁用（False 为启用，True 为禁用）	

表 9.10 BookStatistics（图书统计）

字段	类型	空	默认	链接到	注释	MIME
BookCallNo（主键）	VARCHAR（20）	否		BookInfos-〉CallNo	图书索书号	
NumOfLoans	INT（11）	否	0		借出次数	
Surplus	INT（11）	否	0		库存剩余量	
Total	INT（11）	否	0		库存总量	

表 9.11 BookType（图书类型）

字段	类型	空	默认	链接到	注释	MIME
Number（主键）	VARCHAR（10）	否			编号	
Name	VARCHAR（45）	否			名称	

表 9.12 Borrowing（图书借阅）

字段	类型	空	默认	链接到	注释	MIME
Id（主键）	INT（11）	否			主键	
BookBarcode	VARCHAR（40）	否		Books-〉Barcode	图书条形码	
RBarcode	VARCHAR（40）	否		Readers-〉Barcode	读者条形码	
StartTime	DATETIME	否			开始时间	
ExpiryTime	DATETIME	否			到期时间	
DisabledRenew	BIT（1）	否			是否允许续借	
Operator	VARCHAR（20）	否		Operator-〉Number	操作员	

表 9.13 BorrowingRecords（图书记录（存放图书归还后借阅数据））

字段	类型	空	默认	链接到	注释	MIME
Id（主键）	INT（11）	否			主键	
BookBarcode	VARCHAR（40）	否		Books-〉Barcode	图书条形码	

表9.13(续)

字段	类型	空	默认	链接到	注释	MIME
RBarcode	VARCHAR（40）	否		Readers-〉Barcode	读者条形码	
StartTime	DATETIME	否			开始时间	
ExpiryTime	DATETIME	否			到期时间	
DisabledRenew	BIT（1）	否			是否允许续借	
Operator	VARCHAR（20）	否		Operator-〉Number	操作员	

表 9.14　Fine（图书罚款）

字段	类型	空	默认	链接到	注释	MIME
Id（主键）	INT（11）	否			主键	
BookBarcode	VARCHAR（40）	否		Books-〉Barcode	图书条形码	
RBarcode	VARCHAR（40）	否		Readers-〉Barcode	读者条形码	
SBId	INT（11）	否		SendBack-〉Id	归还 Id	
Price	DOUBLE	否			欠款金额	
Payment	BIT（1）	否			是否交款	
Operator	VARCHAR（20）	是		Operator-〉Number	操作员	

表 9.15　Operators（操作员）

字段	类型	空	默认	链接到	注释	MIME
Number	VARCHAR（20）	否			编号（主键）	
Name	VARCHAR（20）	否			姓名	
Password	VARCHAR（20）	否			密码	

表 9.16　Readers（读者）

字段	类型	空	默认	链接到	注释	MIME
Number	VARCHAR（20）	否			编号（主键）	
Name	VARCHAR（20）	否			姓名	
Password	VARCHAR（20）	否			密码	
TypeId	INT（11）	否		ReaderType-〉Id	读者类型 Id	
Barcode	VARCHAR（40）	否			读者条形码	
Sex	VARCHAR（4）	否			性别	
EnrollmentYear	YEAR（4）	否			入学年份	
RegistrationDate	DATE	否			登记日期	
Loss	BIT（1）	否			是否丢失	

表9.16（续）

字段	类型	空	默认	链接到	注释	MIME
Disabled	BIT（1）	否			是否禁用	

表 9.17　ReaderType（读者类型）

字段	类型	空	默认	链接到	注释	MIME
Id（主键）	INT（11）	否			主键	
Name	VARCHAR（20）	否			类型名称	
LoanPeriod	INT（11）	否			可借天数	
DebitAmount	DOUBLE	否			欠款额度	

表 9.18　SendBack（图书归还）

字段	类型	空	默认	链接到	注释	MIME
Id（主键）	INT（11）	否			主键	
BookBarcode	VARCHAR（40）	否		Books-〉 Barcode	图书条形码	
RBarcode	VARCHAR（40）	否		Readers-〉 Barcode	读者条形码	
ReturnTime	DATETIME	否			归还时间	
Operator	VARCHAR（20）	否		Operator-〉 Number	操作员	
BRId	INT（11）	否		BorrowingRecords-〉 Id	借阅记录 Id	

各数据表之间的关联关系如图 9.18 所示。

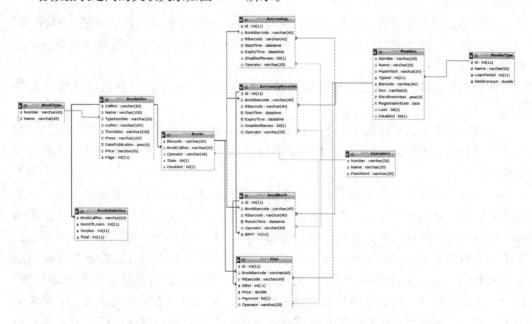

图 9.18　数据表之间的关联关系图

9.2.5　物理结构设计

数据库在物理设备上的存储结构与存取方法称为数据库的物理结构。物理结构设计是利用已确定的逻辑数据结构以及 DBMS 提供的方法、技术，以较优的存储结构、数据存取路径、合理的数据存储位置以及存储分配，设计出一个高效的、可实现的物理数据库结构。

9.2.5.1　数据库物理设计的内容和方法

不同的数据库产品所提供的物理环境、存取方法和存储结构有很大的差别，能供设计人员使用的设计变量、参数范围也很不相同，因此没有通用的物理设计方法可遵循，只能给出一般的设计内容和原则。故设计人员需优化数据库的物理结构，使得数据库上运行的各种事务响应时间小、存储空间利用率高、事务吞吐率高。设计人员首先要对事务进行详细分析，获得选择物理数据库设计所需要的参数；其次，要充分了解所用关系数据库管理系统的内部特征，特别是系统所提供的存取方法和存取结构。

以下是确定关系的存取方法的依据：

（1）对于数据查询事务，需要得到查询的关系、查询条件所涉及的属性、连接条件所涉及的属性和查询的投影属性。

（2）对于数据更新事务，需要得到被更新的关系、每个关系上的更新操作条件所涉及的属性以及修改操作要改变的属性值。

（3）除此之外，还需要制定每个事务在各关系上运行的频率和性能要求。

通常，关系数据库物理设计的内容主要包括为关系模式选择存取方法，设计关系、索引等数据库文件的物理存储结构。

9.2.5.2　关系模式存取方法选择

数据库的物理结构依赖于给定的计算机软件、硬件环境以及所选用的 DBMS，因此，设计数据库的物理结构应充分考虑数据库的物理环境，例如数据库存取设备、存储组织和存取方法。

物理结构设计的任务之一是根据关系数据库管理系统支持的存取方法确定存取方法。

存取方法是快速存取数据库中的数据的技术，数据库管理系统一般都提供多种存取方法，具体采取哪种存取方法由系统根据数据的存储方式来决定，用户一般不能干预。

用户通常可以利用建立索引的方法来加快数据的查询效率。如果建立了索引，系统就可以使用索引查找方法。建立索引的方法实际上就是根据应用要求确定在关系的哪个属性或哪些属性上建立索引，确定在哪个属性上建立复合索引，哪些索引要设计为唯一索引以及哪些索引要设计为聚簇索引，聚簇索引是将索引在物理上有序排列后得到的索引。需要注意的是，索引一般可以提高查询性能，但会降低数据修改性能。因为在修改数据时，系统要同时对索引进行维护，使索引与数据保持一致。维护索引要占用相当多的时间，而且存放索引信息也会占用空间资源，因此设计人员在决定是否建立索引时，要权衡数据库的操作：如果查询多，而且对查询的性能要求比较高，则可以考虑多建一些索引；如果数据更改多，并且对更改的效率要求比较高，则应考虑少建一些索引。

（1）建立索引的原则如下，满足以下条件之一，可以在有关属性上建立索引：

①在主键和外键上通常要建立索引。

②如果一个（或一组）属性经常在查询条件中出现，则考虑在这个属性（组）上建立索引。

③如果一个属性经常作为最大值和最小值等聚集函数的参数，则考虑在这个属性上建立索引。

④如果一个（一组）属性经常在连接操作的连接条件中出现，则考虑在这个属性（组）上建立索引。

⑤对于以读为主或者只读的关系表，只要需要且存储空间允许，就可以多建索引。

（2）凡是满足下列条件之一的属性或表，不宜建立索引：

①不出现或者很少出现在查询条件中的属性。

②属性取值个数很少的属性，如属性"性别"只有两个值，若在其上建立索引，则平均每个索引值对应一半的元组。

③属性值分布严重不均的属性。

④经常更新的属性和表。

⑤属性值过长。在过长的属性上建立索引，索引所占的存储空间比较大，而且索引的级数随之增加，将会带来许多不便。

⑥太小的表不值得使用索引。

9.2.5.3　确定数据库的存储结构

物理结构设计中一个重要的考虑因素就是确定数据记录的存储方式。常用的存储方式有以下三种：

（1）顺序存储。这种存储方式的平均查找次数为表中记录数的 $1/2$。

（2）散列存储。这种存储方式的平均查找次数由散列算法决定。

（3）聚簇存储。这种存储方式是指将不同类型的记录分配到相同的物理区域中，充分利用物理顺序性的优点，提高数据访问速度，即将经常在一起使用的记录聚簇在一起，以减少物理输入/输出次数。

确定数据的存放位置和存储结构要综合考虑数据的存取时间、存储空间利用率以及维护代价等方面的影响。在确定数据的存放位置时，为了提高系统的性能，设计人员应根据应用情况将数据的易变部分和稳定部分、经常存取部分和不经常存取的部分分开存放，放在不同的关系表中或者放在不同的外存空间。通常，常用的数据应保存在高性能的外存上，不常用的数据可保存在低性能的外存上。

9.2.5.4　评价物理结构

数据库物理设计过程需要对时间效率、空间效率、维护代价和各种用户要求进行权衡，其结果可以产生多种方案。评价物理结构的方法完全依赖于所选用的关系数据库管理系统，主要是从定量估算各种方案的存储空间、存取时间和维护代价入手，对估算结果进行权衡、比较，选择出一个较优的、合理的物理结构。

9.2.6 数据库的实施、运行和维护

9.2.6.1 数据库的实施

数据库的实施主要是根据逻辑结构设计和物理结构设计的结果，在计算机系统上建立实际的数据库结构、导入数据并进行程序的调试。这个阶段相当于软件工程中的代码编写和程序调试的阶段。

设计人员用具体的 DBMS 提供的数据定义语言（DDL），把数据库的逻辑结构设计和物理结构设计的结果转化为程序语句，然后经 DBMS 编译处理和运行后，实际的数据库便建立起来了。目前的很多 DBMS 除了提供传统的命令行方式外，还提供了数据库结构的图形化定义方式，极大地提高了工作的效率。

具体地说，建立数据库结构应包括以下几个方面：

（1）数据库模式与子模式、数据库空间的描述。

（2）数据完整性的描述。

（3）数据安全性的描述。

（4）数据库物理存储参数的描述。

9.2.6.2 数据库的试运行

当有部分数据装入数据库以后，就可以进入数据库的试运行阶段，数据库的试运行也称为联合调试。数据库的试运行对于系统设计的性能检测和评价是十分重要的，因为某些 DBMS 参数的最佳效果只有在试运行中才能确定。

由于在数据库设计阶段，设计者对数据库的评价多是在简化了的环境条件下进行的，因此设计结果未必是最佳的。在试运行阶段，除了要对应用程序做进一步的测试之外，还要重点关注对数据库的各种操作，实际测试系统的各种性能，检测是否达到设计要求。如果在数据库试运行时，所产生的实际结果不理想，则应回过头来修改物理结构，甚至修改逻辑结构。

9.2.6.3 数据库的运行和维护

数据库系统投入正式运行，意味着数据库的设计与开发阶段基本结束，运行与维护阶段开始。数据库的运行和维护是个长期的工作，是数据库设计工作的延续和提高。

在数据库运行阶段，工作人员需要完成对数据库的日常维护，掌握 DBMS 的存储、控制和数据恢复等基本操作，而且要经常性地涉及物理数据库、甚至逻辑数据库的再设计，因此数据库的维护工作仍然需要具有丰富经验的专业技术人员（主要是数据库管理员）来完成。

数据库的运行和维护阶段的主要工作有：

（1）对数据库性能的监测、分析和改善。

（2）数据库的转储和恢复。

（3）维持数据库的安全性和完整性。

（4）数据库的重组和重构。

9.3 图书管理系统的实现

本书所设计的图书管理系统是基于 PHP（超文本预处理器）程序设计语言和 MySQL 数据库开发实现的。本节属于本书内容的扩展部分，主要目的是为读者开发数据库应用系统提供参考。

9.3.1 PHP 预备知识

9.3.1.1 PHP 概述

PHP 是一种通用的开源脚本语言。其主要用于处理动态网页，也包含了命令行执行接口，或者产生图形用户界面（GUI）程序。

PHP 的应用范围较为广泛，尤其是在网页程序的开发上，一般来说，PHP 大多执行在网页服务器上，透过执行 PHP 代码来产生使用者浏览的网页。PHP 支持多种主流与非主流的数据库，尤其和 MySQL 是绝佳的组合，可以跨平台运行。

9.3.1.2 PHP 开发工具

基于 windows 平台，研究人员针对 PHP 初学者定制了一套非常好用的开发工具。PHP 开发工具包括以下四种：

（1）PHP 服务器组件。

（2）PHP IDE（Integrated Development Environment，集成开发环境）。

（3）MySQL 管理工具。

（4）文本编辑器。

9.3.1.3 PHP 运行原理

PHP 运行原理如图 9.19 所示。

图 9.19 PHP 运行原理

9.3.2 文件组织结构

为了方便管理、规范系统文件结构，文件组织结构如图 9.20 所示。

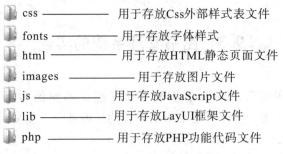

图 9.20　文件组织结构

9.3.3　数据库连接及操作类的编写

这部分主要是 PHP 与 MySQL 数据库连接及操作类的代码编写，可为使用 PHP 程序设计语言进行 Web 应用开发时访问 MySQL 数据库提供参考。

```php
<? php
if (! session_id ()) {//启用 session
    session_start ();
}
error_reporting (E_ALL & ~ E_NOTICE);    //设置 PHP 的报错级别并返回当前级别
function ConnDB () //连接数据库
{
    $ db = new PDO ("mysql：host = localhost；dbname = BMS" ,"root" ,"root" );
    if (! $ db) {
        echo"数据库连接失败!";
    }
    $ db->query ("set names utf8" );
    return $ db；
}
function Success ( $ sql, $ data, $ count) //成功返回的 json 数据
{
    return json_encode (array ("data" => $ data,"code" => 0,"msg" =>"Success" ,
"count" => $ count,"sql" => $ sql));
}
function Error ( $ msg, $ sql) //失败返回的 json 数据
{
    return json_encode (array ("code" => 1,"msg" => $ msg,"sql" => $ sql));
}
```

```
function GetAll ( $ sql, $ page, $ limit) //分页程序
{
    $ DbContext = ConnDB ( );
    $ temp = ( $ page - 1) * $ limit;
    $ tempsql = " $ sql  LIMIT $ temp, $ limit";
    $ rs = $ DbContext->query ( $ sql);
    $ count = $ rs->rowCount ( );
    $ result = $ DbContext->query ( $ tempsql);
    $ data = $ result->fetchAll (PDO:: FETCH_ASSOC);
    $ arr = $ DbContext->errorInfo ( );
    return Base ( $ arr, $ tempsql, $ data, $ count);
}
function Get ( $ sql)
{
    $ DbContext = ConnDB ( );
    $ result = $ DbContext->query ( $ sql);
    $ data = $ result->fetch (PDO:: FETCH_ASSOC);
    $ count = $ result->rowCount ( );
    $ arr = $ DbContext->errorInfo ( );
    return Base ( $ arr, $ sql, $ data, $ count);
}
function Update ( $ sql)
{
    $ DbContext = ConnDB ( );
    $ result = $ DbContext->query ( $ sql);
    $ arr = $ DbContext->errorInfo ( );
    return Base ( $ arr, $ sql, null, null);
}
function Create ( $ sql)
{
    $ DbContext = ConnDB ( );
    $ result = $ DbContext->query ( $ sql);
    $ arr = $ DbContext->errorInfo ( );
    return Base ( $ arr, $ sql, null, null);
}
function Base ( $ arr, $ sql, $ data, $ count)
{
    if ( $ arr [0] = = "00000" ) {
```

```
        return Success（$ sql，$ data，$ count）;
    }
    return Error（$ arr［2］，$ sql）;
}
function LikeScreen（& $ sql，$ lable，$ value）
{
    $ sql = $ value！= null ?"$ sql AND $ lable LIKE '% $ value%'"：$ sql;
}
function StringEqualScreen（& $ sql，$ lable，$ value）
{
    $ temp = $ value！= null ?"'$ value'"：$ value;
    EqualScreen（$ sql，$ lable，$ temp）;
}
function EqualScreen（& $ sql，$ lable，$ value）
{
    $ sql = $ value！= null ?"$ sql AND $ lable = $ value"：$ sql;
}
function SelectSql（$ sql）
{
    $ DbContext = ConnDB（）;
    $ result = $ DbContext->query（$ sql）;
    return $ result->fetch（PDO：: FETCH_ASSOC）;
}
```

9.3.4 部分程序运行界面截图及部分实现 PHP 代码

9.3.4.1 用户登录

用户登录界面如图 9.21 所示。

图 9.21 用户登录界面

用户登录程序代码如下：

```php
<? php
/ * *
* 登录 API
*/
include"./DbBase. php" ;
$ isGet = isset ( $ _GET ['action'] ) ;
$ action = ( $ isGet ? $ _GET ['action'] : $ _POST ['action']) ;
$ number = ( $ isGet ? $ _GET ['number'] : $ _POST ['number']) ;
switch ( $ action) {
    case 'CheckUserName' :
        CheckUserName ( $ isGet) ;
        break ;
    case 'Login' :
        Login ( $ isGet) ;
        break ;
    case 'CheckStatus' :
        CheckStatus ( $ isGet) ;
        break ;
}
//检查用户名
function CheckUserName ( $ isGet)
{
    $ DbContext = ConnDB ( ) ;
    $ number = ( $ isGet ? $ _GET ['number'] : $ _POST ['number']) ;
    $ action = ( $ isGet ? $ _GET ['action'] : $ _POST ['action']) ;
    $ sql ="SELECT * FROM Operators WHERE Number='$ number'" ;
    $ rs = $ DbContext->query ( $ sql) ->fetch ( PDO:: FETCH_ASSOC) ;
    $ returnValue = $ rs ! = null ;
    echo Success ( $ sql, $ returnValue, 0) ;
}
//检查用户名密码
// typeId 0 为操作员 其他为读者
function Login ( $ isGet)
{
    $ number = $ _POST ['number'] ;
    $ password = $ _POST ['password'] ;
    $ typeId = $ _POST ['typeId'] ;
    $ DbContext = ConnDB ( ) ;
```

```php
        if ( $ number = = null) {
            echo Error ("用户名不能为空");
            return;
        }
        if ( $ password = = null) {
            echo Error ("密码不能为空");
            return;
        }
        if ( $ typeId ! = 0 && $ typeId = = null) {
            echo Error ("类型不能为空");
            return;
        }
        $ sql = $ typeId = = 0 ?"SELECT Number, Name FROM Operators WHERE Number ='$ number' AND Password ='$ password'"
        :" SELECT Number, Name, TypeId, Barcode, Sex, EnrollmentYear, RegistrationDate FROM Readers WHERE Number ='$ number' AND Password ='$ password'";
        $ rs = $ DbContext->query ( $ sql) ->fetch (PDO:: FETCH_ASSOC);
        $ returnValue = $ rs ! = null;
        if ( $ returnValue) {
            $ _SESSION ['Name'] = $ rs ['Name'];
            $ _SESSION ['Number'] = $ rs ['Number'];
            $ tempId = $ typeId = = 0 ? 0 : $ rs ['TypeId'];
            $ _SESSION ['Barcode'] = $ typeId ! = 0 ? $ rs ['Barcode'] :" ";
            $ _SESSION ['TypeId'] = $ tempId;
            $ rs ["TypeId"] = $ tempId;
            echo Success ( $ sql, $ rs, 0);
        } else {
            echo Error ("用户名或密码不正确", $ sql);
        }
    }

//检查是否登录
function CheckStatus ()
{
    if (isset ( $ _SESSION ['Name'])) {
        echo Success (null, $ _SESSION ['Name'], 0);
    } else {
        echo Error ("");
    }
}
```

用户登录类型有操作员和读者两种，其中操作员又包括了系统管理员和图书管理员。现假设以系统管理员身份登录，进入管理主界面，如图9.22所示。

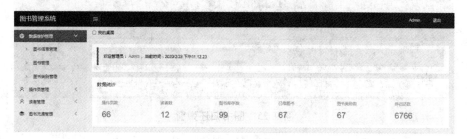

图 9.22　管理主界面

9.3.4.2　图书流通过程

图书借阅与归还是整个图书管理系统最重要的功能模块，即系统中的图书流通管理。操作员可在图书流通管理中查看图书借阅和归还情况并完成图书借阅和图书归还操作，如图9.23~图9.25所示。

图 9.23　图书借阅和归还列表

图 9.24　图书借阅操作弹窗

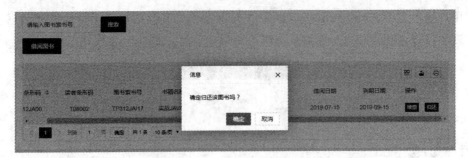

图 9.25   图书归还弹窗

图书流通代码如下：

```php
<? php
/ * *
 * 图书流通 API
 */
include "./DbBase. php";
$ isGet = isset ( $ _GET ['action'] );
$ action = ( $ isGet ? $ _GET ['action'] : $ _POST ['action'] );
if ( $ _SESSION ['Number'] = = null) {
    echo Error ("未登录或登录已失效，请重新登录!" );
    return;
}
switch ( $ action) {
    case 'GetAllBorrowing':
        GetAllBorrowing ( $ isGet);
        break;
    case 'GetAllBorrowingRecords':
        GetAllBorrowingRecords ( $ isGet);
        break;
    case 'Borrowing':
        Borrowing ( $ isGet);
        break;
    case 'ReNew':
        ReNew ( $ isGet);
        break;
    case 'SendBack':
        SendBack ( $ isGet);
        break;
    case 'GetAllSendBack':
```

```
                GetAllSendBack ( $ isGet);
                break;
            case 'GetAllFine':
                GetAllFine ( $ isGet);
                break;
            case 'PaymentById':
                PaymentById ( $ isGet);
                break;
            case 'PaymentByReader':
                PaymentByReader ( $ isGet);
                break;
        }
    // 获取未还的借阅记录
    function GetAllBorrowing ( $ isGet)
    {
        $ sql = " SELECT * , BookInfos. Name as BName, Readers. Name as
RName FROM
            Borrowing INNER JOIN Books INNER JOIN BookInfos INNER JOIN Readers
            ON BookBarcode = Books. Barcode AND CallNo = BookCallNo AND Read-
ers. Barcode = RBarcode
            WHERE 1 = 1";
        if ( $ _SESSION ['TypeId'] ! = 0) { // 若是读者登录，则只显示自己的借阅
记录
            $ barcode = $ _SESSION ['Barcode'];
            $ sql =" $ sql AND Borrowing. RBarcode = ' $ barcode'";
        }
        $ callNo = ( $ isGet ? $ _GET ['callNo'] : $ _POST ['callNo']);
        $ bName = $ isGet ? $ _GET ['bName'] : $ _POST ['bName'];
        $ rName = $ isGet ? $ _GET ['rName'] : $ _POST ['rName'];
        LikeScreen ( $ sql,"CallNo", $ callNo);
        LikeScreen ( $ sql,"BookInfos. Name", $ bName);
        LikeScreen ( $ sql,"Readers. Name", $ rName);
        echo GetAll ( $ sql, ( $ isGet ? $ _GET ['page'] : $ _POST ['page']), ( $
isGet ? $ _GET ['limit'] : $ _POST ['limit']));
    }
    // 获取已还的借阅记录
    function GetAllBorrowingRecords ( $ isGet)
    {
```

```php
        $ sql = "SELECT *, BookInfos. Name as BName, Readers. Name as
RName FROM
        BorrowingRecords INNER JOIN Books INNER JOIN BookInfos INNER
JOIN Readers
        INNER JOIN SendBack
        ON BorrowingRecords. BookBarcode = Books. Barcode AND CallNo = BookCallNo
AND Readers. Barcode = BorrowingRecords. RBarcode AND SendBack. BRId = Borrowing-
Records. Id
        WHERE 1 = 1";
    if ( $ _SESSION ['TypeId'] ! = 0) { // 若是读者登录, 则只显示自己的借阅
记录
        $ barcode = $ _SESSION ['Barcode'];
        $ sql = " $ sql AND BorrowingRecords. RBarcode = ' $ barcode'";
    }
    $ callNo = ( $ isGet ? $ _GET ['callNo'] : $ _POST ['callNo']);
    $ bName = $ isGet ? $ _GET ['bName'] : $ _POST ['bName'];
    $ rName = $ isGet ? $ _GET ['rName'] : $ _POST ['rName'];
    LikeScreen ( $ sql,"CallNo", $ callNo);
    LikeScreen ( $ sql,"BookInfos. Name", $ bName);
    LikeScreen ( $ sql,"Readers. Name", $ rName);
    echo GetAll ( $ sql, ( $ isGet ? $ _GET ['page'] : $ _POST ['page']), ( $
isGet ? $ _GET ['limit'] : $ _POST ['limit']));
    }
    // 借阅图书
    function Borrowing ( $ isGet)
    {
        $ bBarcode = ( $ isGet ? $ _GET ['bBarcode'] : $ _POST ['bBarcode']);
        $ rBarcode = ( $ isGet ? $ _GET ['rBarcode'] : $ _POST ['rBarcode']);
        if ( $ bBarcode = = null) {
            echo Error ("图书条形码不能为空" );
            return;
        }
        if ( $ rBarcode = = null) {
            echo Error ("读者条形码不能为空" );
            return;
        }
        $ DbContext = ConnDB ( );
```

```
$ otherSql ="SELECT * FROM Books WHERE Barcode='$ bBarcode'";
$ rs= $ DbContext->query ( $ otherSql) ->fetch (PDO:: FETCH_ASSOC);
if ( $ rs == null) {
    echo Error ("图书不存在");
    return;
}

if ( $ rs ["State"] == 1) {
    echo Error ("图书已外借");
    return;
}

if ( $ rs ["Disabled"]) {
    echo Error ("图书已禁用");
    return;
}

$ bookCallNo= $ rs ["BookCallNo"];
$ otherSql ="SELECT * FROM Readers INNER JOIN ReaderType ON TypeId=
ReaderType. Id WHERE Barcode='$ rBarcode'";
$ rs= $ DbContext->query ( $ otherSql) ->fetch (PDO:: FETCH_ASSOC);
$ otherSql ="SELECT SUM (Price) as Total FROM Fine WHERE Payment=False
AND   RBarcode='$ rBarcode'";
$ rs1= $ DbContext->query ( $ otherSql) ->fetch (PDO:: FETCH_ASSOC);
if ( $ rs == null) {
    echo Error ("读者不存在");
    return;
}
if ( $ rs ["Loss"]) {
    echo Error ("读者已挂失");
    return;
}
if ( $ rs ["Disabled"]) {
    echo Error ("读者已禁用");
    return;
}
if ( $ rs1 ["Total"] >= $ rs ["DebitAmount"]) {
    echo Error ("已达到欠费额度，请缴费!");
    return;
}
```

```
        $ startTime = date ('Y-m-d H: i: s');
        $ day = $ rs ['LoanPeriod'];
        $ expiryTime = date ('Y-m-d H: i: s', strtotime ("+ $ day day"));
        $ operator = $ _SESSION ['Number'];
        $ sql = "INSERT INTO Borrowing
                 (BookBarcode, RBarcode, StartTime, ExpiryTime, DisabledRenew, Op-
erator)
                 VALUES
                 ('$ bBarcode', '$ rBarcode', '$ startTime', '$ expiryTime', False,
'$ operator')";
        $ result = Create ($ sql);
        $ temp = json_decode ($ result);
        // 若借阅成功则更新图书信息
        if ($ temp->code == 0) {
            // 更新图书状态
            $ otherSql = "UPDATE Books SET State = True WHERE   Barcode =
'$ bBarcode'";
            Update ($ otherSql);
            // 更新图书库存信息
            $ otherSql = "UPDATE BookStatistics SET Surplus =   Surplus - 1, NumO-
fLoans = NumOfLoans + 1 WHERE BookCallNo = '$ bookCallNo'";
            Update ($ otherSql);
        }
        echo $ result;
    }

    // 归还图书
    function SendBack ($ isGet)
    {
        $ bBarcode = ($ isGet ? $ _GET ['bBarcode'] : $ _POST ['bBarcode']);
        if ($ bBarcode == null) {
            echo Error ("图书条形码不能为空");
            return;
        }
        $ DbContext = ConnDB ();
        $ otherSql = "SELECT * FROM Books WHERE Barcode = '$ bBarcode'";
        $ rs = $ DbContext->query ($ otherSql) ->fetch (PDO:: FETCH_ASSOC);
        if ($ rs == null) {
            echo Error ("图书不存在");
```

```
            return;
        }
    if ( $ rs ["State"] == 0) {
            echo Error ("图书未外借");
            return;
        }
    $ operator = $ _SESSION ['Number'];
    $ bookCallNo = $ rs ["BookCallNo"]; // 图书索书号用于更新库存
    $ otherSql = "SELECT * FROM Borrowing WHERE BookBarcode = '$ bBarcode'";
    $ copySql = "INSERT INTO BorrowingRecords SELECT * FROM Borrowing
WHERE BookBarcode = '$ bBarcode'";
    // 把数据转移到借阅记录表中
    Update ( $ copySql);
    // 查询借阅信息
    $ rs1 = SelectSql ( $ otherSql);
    $ rBarcode = $ rs1 ["RBarcode"];
    $ brId = $ rs1 ["Id"]; // 归还表 BRId
    // 添加归还记录
    $ time = date ('Y-m-d H: i: s');
    $ sql = "INSERT INTO SendBack
                    ( BookBarcode, RBarcode, ReturnTime, Operator, BRId)
                VALUES
                    ('$ bBarcode', '$ rBarcode', '$ time', '$ operator', $ brId)";
    $ result = Create ( $ sql);
    $ temp = json_decode ( $ result);
    // 若归还成功则更新图书信息
    if ( $ temp->code == 0) {
        // 更新图书状态
        $ otherSql = "UPDATE Books SET State = False WHERE   Barcode =
'$ bBarcode'";
        Update ( $ otherSql);
        // 更新图书库存信息
        $ otherSql = "UPDATE BookStatistics SET Surplus =   Surplus + 1 WHERE
BookCallNo = '$ bookCallNo'";
        Update ( $ otherSql);
        // 进行超期罚款
        if (strtotime ( $ rs1 ["ExpiryTime"]) < strtotime ( $ time)) {
            $ otherSql = "SELECT * FROM SendBack WHERE BRId = $ brId";
```

```
                        $ rs = SelectSql ( $ otherSql) ;
                        $ sbId = $ rs ["Id"] ;
                        $ datetime_start = new DateTime ( $ time) ;
                        $ datetime_end = new DateTime ( $ rs1 ["ExpiryTime"]) ;
                        $ days = $ datetime_start->diff ( $ datetime_end) ->days;
                    echo $ days;
                    if ( $ days >= 1) {
                            $ price = $ days * 0. 1;
                            $ otherSql ="INSERT INTO Fine
                                    (BookBarcode, RBarcode, SBId, Price, Payment)
                                VALUES
                                    ('$ bBarcode', '$ rBarcode', $ sbId, $ price, False) " ;
                        echo $ otherSql;
                        Update ( $ otherSql) ;
                    }
                }

                $ otherSql = "DELETE FROM Borrowing WHERE BookBarcode =
'$ bBarcode'" ;
            Update ( $ otherSql) ;
        } else {
                $ otherSql ="DELETE FROM BorrowingRecords WHERE BookBarcode =
'$ bBarcode'" ;
            Update ( $ otherSql) ;
        }
        echo $ result;
    }
    // 续借
    function ReNew ( $ isGet)
    {
        $ id = $ isGet ? $ _GET ['id'] : $ _POST ['id'] ;
        if ( $ id == null) {
            echo Error ("参数错误") ;
            return;
        }
        $ otherSql ="SELECT * FROM Borrowing WHERE Id ='$ id'" ;
        $ DbContext = ConnDB () ;
        $ rs = $ DbContext->query ( $ otherSql) ->fetch (PDO:: FETCH_ASSOC) ;
        if ( $ rs ["DisabledRenew"]) {
```

```
                echo Error ("不能再次续借");
                return;
        }
        $ expiryTime = $ rs ["ExpiryTime"];
        $ expiryTime = date ('Y-m-d H: i: s', strtotime ("{$ expiryTime} +15
day"));
        $ sql = "UPDATE Borrowing SET DisabledRenew = True, ExpiryTime = '$ expiryTime'
WHERE Id = '$ id'";
        echo Update ($ sql);
    }
    function GetAllSendBack ($ isGet)
    {
        $ sql = "SELECT *, BookInfos. Name as BName, Readers. Name as
RName FROM
            SendBack INNER JOIN Books INNER JOIN BookInfos INNER JOIN Readers
            ON BookBarcode = Books. Barcode AND CallNo = BookCallNo AND Read-
ers. Barcode = RBarcode
            WHERE 1 = 1";
        if ($ _SESSION ['TypeId'] ! = 0) {// 若是读者登录，则只显示自己的借阅
记录
            $ barcode = $ _SESSION ['Barcode'];
            $ sql = "$ sql AND SendBack. RBarcode = '$ barcode'";
        }
        echo $ sqlGetAll ($ sql, ($ isGet ? $ _GET ['page'] : $ _POST ['page']),
($ isGet ? $ _GET ['limit'] : $ _POST ['limit']));
    }
    function GetAllFine ($ isGet)
    {
        $ sql = "SELECT *, BookInfos. Name as BName, Readers. Name as RName,
Fine. Price as Price FROM
            Fine INNER JOIN Books INNER JOIN BookInfos INNER JOIN Readers
            ON BookBarcode = Books. Barcode AND CallNo = BookCallNo AND Read-
ers. Barcode = RBarcode
            WHERE 1 = 1";
        if ($ _SESSION ['TypeId'] ! = 0) {// 若是读者登录，则只显示自己的借阅
记录
            $ barcode = $ _SESSION ['Barcode'];
```

```
            $ sql = "$ sql AND Fine. RBarcode ='$ barcode'";
        }
        echo GetAll ( $ sql, ( $ isGet ? $ _GET ['page'] : $ _POST ['page']),
( $ isGet ? $ _GET ['limit'] : $ _POST ['limit']));
    }
    function PaymentById ( $ isGet)
    {
        $ id = $ isGet ? $ _GET ['id'] : $ _POST ['id'];
        if ( $ id == null) {
            echo Error ("参数错误" );
            return;
        }
        $ operator = $ _SESSION ['Number'];
        $ sql = "UPDATE Fine SET Payment = True, Operator ='$ operator' WHERE Id =
'$ id'";
        echo Update ( $ sql);
    }
    function PaymentByReader ( $ isGet)
    {
        $ rBarcode = $ isGet ? $ _GET ['rBarcode'] : $ _POST ['rBarcode'];
        $ operator = $ _SESSION ['Number'];
        $ sql = "UPDATE Fine SET Payment = True, Operator = '$ operator' WHERE
RBarcode ='$ rBarcode";
        echo Update ( $ sql);
    }
```

在图书归还过程中，如果有超期未还图书，则要通过罚款记录进行罚款后再进行还书处理，图书归还后，要更新还书记录，并把图书借阅关系中的对应记录删除，同时把该记录添加到图书借阅记录关系，这样便于平时统计。图书罚款记录查询如图 9.26 所示，图书借阅历史记录查询如图 9.27 所示。

图 9.26 图书罚款记录查询

图 9.27　图书借阅历史记录查询

9.4　小结

本章重点讨论了数据库设计的方法和步骤。为便于读者理解，本章在对图书管理系统设计整体分析的基础上，结合该实例详细介绍了数据库设计的六个阶段：需求分析、概念结构设计、逻辑结构设计、物理结构设计、数据库实施、数据库的运行与维护，其中的重点是需求分析、概念结构设计和逻辑结构设计。

数据库设计涉及的知识面广，研制周期长，是一项综合性的技术，需要数据库基础知识及程序设计技巧、软件工程的原理和方法、应用领域的知识等。

对于一个给定的应用环境，数据库设计是指构造最优的数据库模式，建立数据库及其应用系统，使之能有效地存储数据，满足用户的信息要求和处理要求。

数据库设计的六个阶段归纳总结如下：

（1）需求分析是整个数据库设计过程中最基础的环节，设计一个数据库，设计人员首先必须确认数据库的用户和用途，需求分析做得不好，可能会导致整个数据库设计返工重做。需求分析阶段形成用户需求的有效表达主要有数据流图、数据字典等形式。

（2）概念结构设计是将需求分析阶段所得到的用户需求抽象为信息结构，即概念模型。概念结构设计是整个数据库设计的关键，包括数据的抽象概括、局部 E-R 图的设计、合并成初步 E-R 图，即 E-R 图的优化。

（3）逻辑结构设计是将独立于 DBMS 的概念模型转化为相应的逻辑数据模型，包括 E-R 图向关系模型的转换、关系模型的优化、用户子模式的设计。

（4）物理结构设计则为给定的逻辑模型选取一个合适应用环境的物理结构，物理结构设计包括确定物理结构和评价物理结构两部分。

（5）数据库实施是根据逻辑结构设计和物理结构设计的结果，在计算机上建立实际的数据库结构，导入数据，进行应用程序的设计，并试运行整个数据库系统。

（6）数据库的运行与维护是数据库设计的最后一个阶段，包括维护数据库的安全性和完整性，监测并改善数据库性能，必要时需要进行数据库的重组和重构。

数据库设计是一个很复杂的过程，希望读者通过学习本章内容，既能掌握书中介绍的基本理论，又能在实际工作中运用这些思想和方法，设计出符合应用需求的数据库应用系统。

习题

1. 数据库设计分为哪几个阶段？
2. 需求分析的主要任务是什么？
3. 数据流图中描述的四种元素的含义是什么？
4. 数据字典通常包括哪几部分？
5. 简述概念结构设计的基本步骤。
6. 简述将 E-R 图转换为关系模型的转换规则。
7. 在逻辑结构设计中，设计外模式有哪些好处？
8. 简述关系模型的优化的步骤。
9. 数据库实现阶段主要做些什么工作。
10. 设某商业集团数据库有三类实体：商店、商品和职工。其中，商店具有商店编号、商店名、地址等属性，商品具有商品编号、商品名、规格、单价等属性，职工具有职工编号、姓名、性别和业绩等属性。每个商店可销售多种商品，每种商品可以在多个商店销售，每个商店销售的每种商品有月销售量；一个商店聘用多名职工，每个职工只能在一个商店工作，商店聘用职工有聘期和工资。
   (1) 试画成 E-R 图。
   (2) 将该 E-R 图转换成关系模型，并指出每个关系模式的主码和外码。

实验项目十六："高校学生绩点管理系统"数据库设计

一、实验目的
1. 掌握数据库设计步骤。
2. 掌握数据库概念模型设计，熟练绘制 E-R 图。
3. 掌握逻辑结构设计。
4. 掌握数据库的建立和完整性约束实现方法。
二、实验内容
1. "高校学生绩点管理系统"数据库需求分析。
2. 设计"高校学生绩点管理系统"数据库概念模型。
3. 设计"高校学生绩点管理系统"逻辑结构。
4. 数据库的实施。
三、实验要求
1. 处理对象。

（1）院系信息。

（2）专业信息。

（3）班级信息。

（4）学生个人信息。

（5）学生奖惩信息。

（6）学生证书管理。

（7）证书和奖励对应的绩点管理。

（8）用户权限处理（如学生只能查看、修改个人信息；辅导员可以查看本班所有学生信息和审核学生信息功能；学院账号可以查看本学院所有学生信息；学校账号可以查看全校所有学生信息，同时可以接受学生申请放开用户修改信息功能）。

2．处理功能及要求。

（1）能够对学生个人信息进行增加、删除、修改及多关键字检索查询。

（2）能够按条件产生相应的报表（如学生基本信息报表，学生奖励情况、获得证书情况报表，学生绩点报表）。

3．其他要求。

（1）在设计过程中注意安全性和完整性要求。

（2）创建触发器，存储过程防止数据不一致。

（3）为了加快查询速度，在相关属性列建立索引。

四、实验分析

请读者从实验过程中是否掌握了实验的目的、在实验中自己容易犯的错误及心得体会等方面去分析本次实验。

参考文献

［1］王珊，萨师煊. 数据库系统概论［M］. 5 版. 北京：高等教育出版社，2014.

［2］万常选，廖国琼，吴京慧，等. 数据库系统原理与设计［M］. 3 版. 北京：清华大学出版社，2017.

［3］李辉. 数据库系统原理及 MySQL 应用教程［M］. 北京：机械工业出版社，2017.

［4］雷景生，叶文珺，楼越焕. 数据库原理及应用［M］. 2 版. 北京：清华大学出版社，2015.

［5］毛一梅，郭红. 数据库原理与应用（SQL Server 版）［M］. 2 版. 北京：北京大学出版社，2017.

［6］蒙祖强，许嘉. 数据库原理与应用：基于 SQL Server 2014［M］. 北京：清华大学出版社，2018.

［7］赵永霞，高翠芬，熊燕，等. 数据库原理与应用技术［M］. 武汉：华中科技大学出版社，2016.

［8］ABRAHAM SILBERSCHATZ，HENRY F，SUDARSHAN S. 数据库系统概念［M］. 6 版. 杨冬青，等译. 北京：机械工业出版社，2012.

［9］张工厂. MySQL 5.7 从入门到精通［M］. 2 版. 北京：清华大学出版社，2019.

［10］任进军，林海霞. MySQL 数据库管理与开发［M］. 北京：人民邮电出版社，2017.

［11］崔洋，贺亚茹. MySQL 数据库应用从入门到精通［M］. 北京：中国铁道出版社，2016.

［12］李春翔，谢晓燕，杨圣洪. SQL Server 数据库及 PHP 技术［M］. 1 版. 北京：人民邮电出版社，2016.

［13］周屹，李艳娟. 数据库原理及开发应用［M］. 2 版. 北京：清华大学出版社，2013.

［14］施伯乐，丁宝康，杨卫东. 数据库教程［M］. 北京：电子工业出版社，2004.

［15］候振云，肖进. MySQL5 数据库应用入门与提高［M］. 北京：清华大学出版社，2015.

［16］李月军，付良廷. 数据库原理及应用［M］. 北京：清华大学出版社，2019.

［17］聚慕课教育研发中心. MySQL 从入门到项目实践［M］. 北京：清华大学出版社，2018.